新能源场站
继电保护运行
维护技术

山西电力行业专家委员会　编

中国电力出版社
CHINA ELECTRIC POWER PRESS

内容提要

本书是针对并网风电场和光伏发电站（简称新能源场站）编写的一本实用的继电保护技术书籍。本书共分八章，第 1 章介绍了新能源场站一次主接线的基本情况，第 2 章对新能源场站的继电保护配置要求进行了说明，第 3 章对涉及的继电保护及自动装置的原理进行了较为详细的介绍，第 4 章对所涉及的继电保护设备的运行维护技术进行了阐述，第 5 章给出了继电保护整定计算原则要求及实际算例，第 6 章对新能源场站继电保护管理要求和反事故措施进行了详述，第 7 章列举了有代表性的新能源场站继电保护动作分析典型案例，第 8 章对以新能源为主要特征之一的新型电力系统继电保护新技术与发展趋势进行了展望。

本书可供新能源场站调试、运行及维护人员学习使用，也可为关注新能源场站继电保护运行维护技术的人员提供有益的参考。

图书在版编目（CIP）数据

新能源场站继电保护运行维护技术 / 山西电力行业专家委员会编 . -- 北京：中国电力出版社，2024. 12.

ISBN 978-7-5198-9458-0

Ⅰ. TM77

中国国家版本馆 CIP 数据核字第 202462PF27 号

出版发行：中国电力出版社
地　　址：北京市东城区北京站西街 19 号（邮政编码 100005）
网　　址：http://www.cepp.sgcc.com.cn
责任编辑：畅　舒（010-63412312）
责任校对：黄　蓓　常燕昆
装帧设计：赵丽媛
责任印制：吴　迪

印　　刷：三河市万龙印装有限公司
版　　次：2024 年 12 月第一版
印　　次：2024 年 12 月北京第一次印刷
开　　本：787 毫米 ×1092 毫米　16 开本
印　　张：19.25
字　　数：358 千字
印　　数：0001—2000 册
定　　价：90.00 元

《新能源场站继电保护运行维护技术》
编委会

随着我国"碳达峰、碳中和"战略的有序推进，风电、光伏等新能源快速发展，大量场站并网发电，正在建设以及新投运的新能源项目呈现强劲发展趋势。截至 2024 年 6 月底，我国并网风力和太阳能发电合计装机规模达 11.8 亿 kW，首次超过煤电装机规模，同比增长 37.2%，占总装机容量比重达 38.4%。电力系统中继电保护设备的健康状态和正确动作与否，对保证电力系统安全稳定运行至关重要。新能源高比例快速并网发电，电力系统的结构、形态、特性发生了变化，对电网安全及新技术应用，特别是继电保护及自动化技术的应用提出了新的重大挑战。

山西电力行业专家委员会是服务电力企业高质量发展的专家智库。主要面向山西省内电力企业，开展相关的政策、技术、管理等课题研究，组织技术交流、技术鉴定、成果评价、管理咨询等服务，为企业提供针对性的专业意见与建议。设有发电、电网、施工与设计、数字化、低碳技术、电力市场、企业管理七个专业工作委员会。拥有电力行业全产业链专业门类齐全的专家资源，具备开展应用型课题研究和提供技术与管理咨询服务的能力。

山西电力行业专家委员会数字化技术专委会本着为新能源产业发展助力，为新能源发电企业提供智力支撑的初衷，针对新能源场站大量投运、场站运行维护人员快速增加、场站继电保护运行维护技术书籍缺乏的现状，组织业内专家编写了《新能源场站继电保护运行维护技术》，填补了新能源场站继电保护技术书籍的空白。

本书的参编人员来自科研、设计、运行、维护一线，编写的内容更加贴近现场实际。本书不仅系统介绍了新能源场站继电保护调试、运行及维护专业知识，而且针对新能源场站继电保护特殊性收集了有代表性的典型案例，是一部很好的培训教材。期待这本理论和实际相结合的书籍，能够对新能源场站专业技术与管理能力提升有所帮助，能够为新能源场站继电保护运行维护技术人员提供有益参考，能够在新能源场站继电保护运行维护技术进步中做出积极贡献，为我国建设新型能源体系，构建新型电力系统尽绵薄之力。

2024 年 8 月

随着风、光等新能源场站大量并网发电，新能源场站运行维护人员也快速增加，本书是为并网风电场和光伏发电站（简称新能源场站）广大运行维护人员及关注新能源场站运行维护技术的人员编写的一本实用的继电保护技术书籍。

本书是在山西电力行业专家委员会大力支持下，是由山西电力行业专家委员会数字化技术专委会直接组织、主持完成的，编写人员主要来自数字化技术专业委员会成员，编写人员分布在国网山西电力调控中心，国网山西电力科学研究院，中国能源建设集团山西省电力勘测设计院，山西敬天继保电力有限公司，国网山西大同、长治、太原、运城供电分公司。编写工作得到了山西敬天继保电力有限公司的大力支持和帮助。

本书在编写中尽力做到由浅入深、由易到难，力求具有电力系统基本知识的读者能够自学并且学懂。

本书主要根据 GB/T 32900—2016《光伏发电站继电保护技术规范》和 DL/T 1631—2016《并网风电场继电保护配置及整定技术规范》两个技术规范，介绍了新能源场站一次主接线的基本情况，对新能源场站的继电保护配置及要求进行了说明，对涉及的继电保护原理进行了较为详细的介绍，并对新能源场站所涉及的继电保护设备的运行维护技术进行了阐述，给出了新能源场站继电保护整定计算原则及实际算例，对新能源场站继电保护的特殊性、反事故措施要求进行了详述，列举了有代表性的新能源场站继电保护动作分析典型案例，最后，对新型电力系统下的继电保护新技术与发展趋势进行了展望。

对本书所引用的公开发表的技术规范，国内外公开发表的有关研究成果和技术成果的作者，编者表示衷心的感谢。

由于水平有限，书中难免有疏漏和不足之处，欢迎读者批评指正。

编　者

2024 年 8 月

目 录
CONTENTS

第 8 章　新型电力系统继电保护及自动化新技术　273

第1章 新能源场站一次设备及主接线

新能源项目主接线需在接入系统设计中详细论证，并经上级主管部门审查后确定。本书参考已投运新能源项目接线方案描述。

1.1 新能源场站概述

1.1.1 风电场

随着新能源技术飞速发展，陆上风机容量由 1.5、2、3MW 发展至 5.x、6.xMW，近期已有部分厂商推出 8.xMW。3MW 及以下容量的风电机组的出口电压一般为 0.69kV，5.xMW 风电机组出口电压一般为 950V，6.xMW 风电机组出口电压一般为 1140V。

50MW 规模以上风电场一般将风电机组升压至 35kV。

1. 电气主接线

风电场一般采用一机一变的单元接线方式。每个单元分别 T 接到汇集线路，接入风电场升压变电站。

2. 风电机组箱式变压器及其高、低压侧设备配置

风电机组升压变压器采用三相双绕组、无励磁调压、节能型变压器。

风电机组升压变压器高压侧（35kV 侧）：对 3MW 及以上容量的风电机组，采用真空断路器方式；对 2MW 及以下容量的风电机组，采用熔断器加负荷开关方式（该方式基本淘汰）。风电机组升压变压器低压侧（0.69kV/0.95kV/1.14kV 侧）：采用真空断路器方式；

风电机组升压变压器自用电电源由变压器低压侧的小型干式变压器（例如：1.14kV/0.38kV）提供。

风电机组接线图如图 1 - 1 和图 1 - 2 所示。

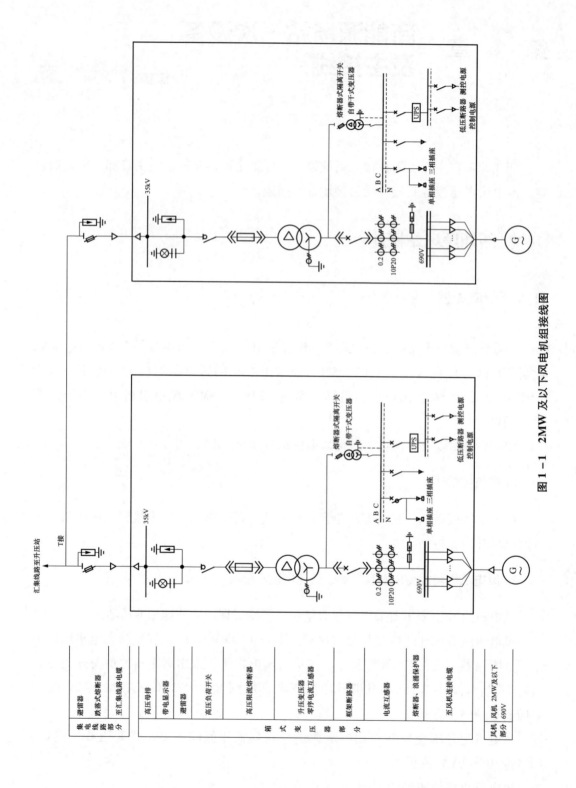

图 1 - 1 2MW 及以下风电机组接线图

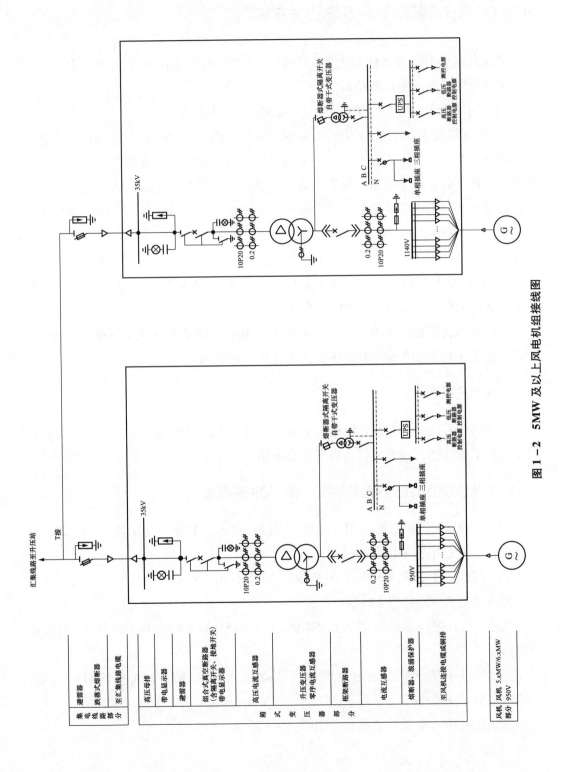

图 1-2 5MW 及以上风电机组接线图

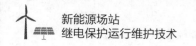

1.1.2　光伏场区电气一次设备及主接线

光伏发电场由数个光伏发电单元组成，每个发电单元由光伏组件组串、汇流箱、逆变设备及升压变压器构成。

光伏场区光伏发电单元 T 接至汇集线路传送至升压站。

从 2013 年至 2024 年，光伏组件由 245W/块发展至 580W/块。汇流箱分为直流汇流箱和交流汇流箱，直流汇流箱一般用于集中逆变器方案，交流汇流箱一般用于组串逆变器，随着技术更新，交流汇流箱功能已集成于升压变压器内。逆变器分为组串式逆变器和集中式逆变器，组串逆变器容量由 40kW 发展到 320kW，集中式逆变器容量由 500kW 发展到 3000kW，由独立配置发展成箱逆变一体机型式。箱式变压器有双分裂和双绕组两种型式，国内由于政策及地形受限，组串式单个光伏发电单元由 1MW 发展至 3.3MW，集中式单个光伏发电单元由 1MW 发展至 3.125MW，国外单个光伏发电单元已发展至 8.8MW 及以上。

组串式逆变器输出交流电压最高为 800V，集中式逆变器交流电压最高为 600V，30MW 规模以上光伏电场一般将逆变器电压升压至 35kV。

▶ 1. 电气主接线

光伏场区采用一个光伏发电单元对应一台升压变压器的接线形式。每个单元分别 T 接到汇集线路，接入光伏电场升压变电站。

▶ 2. 光伏区箱式升压变压器及其高、低压侧设备配置

光伏区升压变压器采用三相双绕组、无励磁调压、节能型变压器；国内 2013 ～ 2015 年集中式方案常采用双分裂型式。

光伏区升压变压器高压侧（35kV 侧）：一般采用熔断器加负荷开关方式；部分业主要求采用真空断路器方式；

光伏区升压变压器低压侧（0.36kV/0.4kV/0.55kV/0.6kV/0.8kV 侧）：采用真空断路器方式；

光伏区升压变压器自用电电源由变压器低压侧的小型干式变压器（例如：0.8kV/0.38kV）提供。

光伏发电单元接线图如图 1-3 和图 1-4 所示。

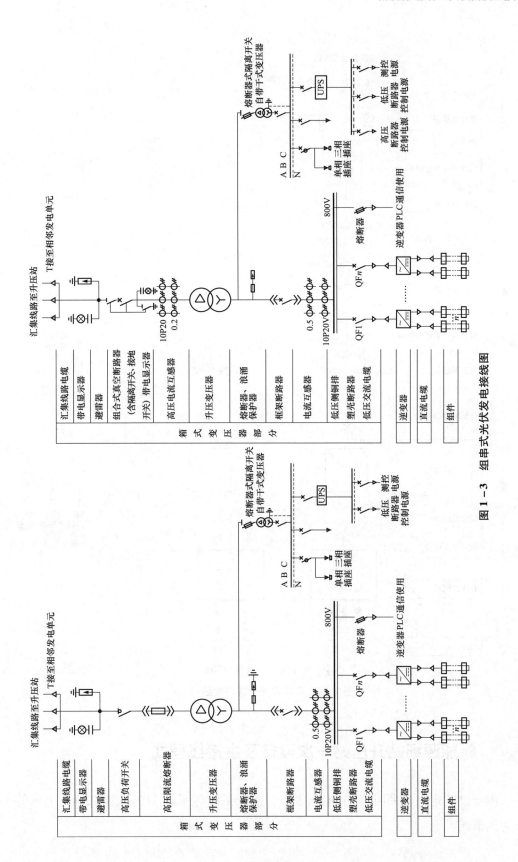

图1-3 组串式光伏发电接线图

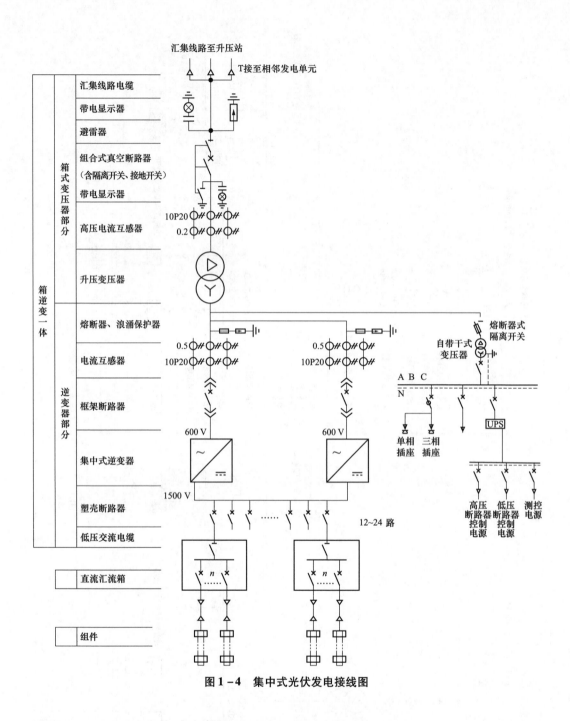

图1-4 集中式光伏发电接线图

1.2 新能源场站升压站一次设备及主接线型式

本章以汇集线路采用35kV电压等级，接入系统侧采用110kV和220kV电压等级为例描述。

1.2.1　升压站电气一次设备配置

本节包含升压站电气一次主要设备。

▶ 1. 主变压器

升压变压器一般采用三相双绕组或带平衡绕组油浸式有载调压变压器，容量按照项目规划容量选择，常规为50/100/200MVA，变比：121±8×1.25%/37kV；252±8×1.25%/37kV，接线：YNyn0+d/YNd11。

主变压器高压侧中性点设置经隔离开关和间隙接地，YNyn0+d接线型式主变压器低压侧中性点经小电阻接地，YNd11接线型式的主变压器在35kV母线侧经小电阻接地。详见图1-5。

▶ 2. 高压配电装置

110/220kV配电装置可采用屋外中型配电装置（断路器采用SF_6断路器）、GIS屋外或屋内配电装置。

▶ 3. 35kV配电装置

35kV配电装置一般采用户内金属铠装移开式开关设备。无功补偿回路开关柜一般采用SF_6断路器，其余主变压器低压侧、汇集线路、站用变压器、接地变压器、接地兼站用变压器一般采用真空断路器。

▶ 4. 无功补偿装置

风力发电机和光伏逆变器的额定功率因数大于0.95，且可自行调节补偿无功，不需要针对风机和逆变器进行无功补偿，但风力发电机组和光伏逆变器的无功容量不能满足电力系统的电压调节要求，需要在升压站内设置无功补偿装置，同时对主变压器和35kV箱式变压器的无功损耗进行补偿。

无功补偿有两种型式：动态无功补偿装置和并联电容器组。无功补偿采用户外布置，随着技术更新，动态无功补偿装置是近年主流配置。

▶ 5. 站用电系统

站用电系统设置1台站用变压器和1台备用变压器，站用变压器电源引自35kV母线，备用变压器一般由站外10kV引入。

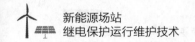
站用接线一般采用自动切换开关电器（ATS），380V 站用电接线形式采用单母线或两段母线接线。

1.2.2 升压站电气一次主接线

新能源升压站主变压器高压侧采用 110kV 及以上单回送出线路与主系统连接，主接线一般为单母线接线方式，单台变压器时也可接成线路-变压器组接线方式；升压站主变压器低压侧采用 35kV 单母线接线方式，也可采用单母分段接线。本节主接线示意以 35kV 单母线接线，110kV/220kV 单母线接线为例，详见图 1－5。

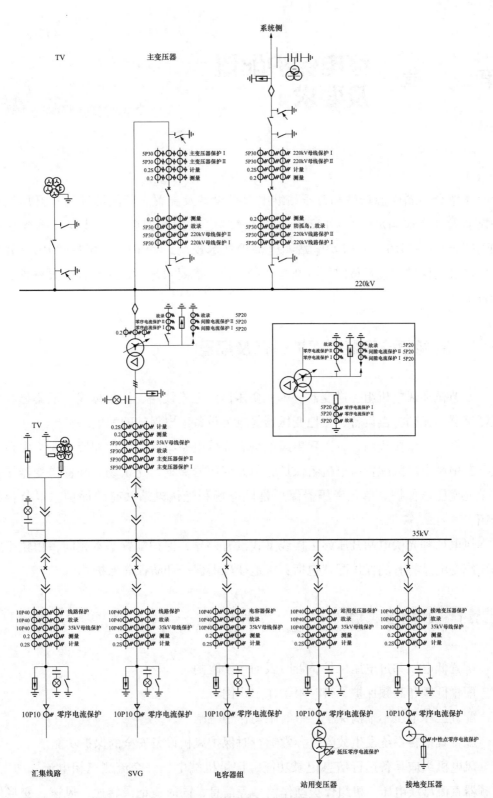

图1-5 电气一次主接线

第**2**章 继电保护配置及要求

本章介绍新能源场站和升压站继电保护设备及配置。新能源场站和升压站保护配置及要求应满足 GB/T 14285—2023《继电保护和安全自动装置技术规程》、GB/T 32900—2016《光伏发电站继电保护技术规范》和 DL/T 1631—2016《并网风电场继电保护配置及整定技术规范》的要求，满足可靠性、选择性、灵敏性、速动性的要求。

2.1 新能源场区继电保护设备及配置

本节概述风电机组、逆变器、单元变压器、汇集线路、汇集母线、汇集母线分段断路器、无功补偿设备、接地变压器等电力设备继电保护的配置。

根据上一章接线图，可以看出风电场和光伏电站特有的保护配置主要集中在场区，其中风电场区配置风电机组保护和单元变压器保护；光伏场区配置逆变器保护和单元变压器保护。单元变压器保护是风电场和光伏电站共有的保护，本节合并介绍。

风电场和光伏电站升压站主接线型式没有差异，保护配置基本相同，相较于电网系统变电站特有的保护配置包括：接地变压器保护和防孤岛保护。

2.1.1 风电机组保护

配置低电压和过电压保护，带时限动作于跳闸。

配置低频和高频保护，带时限动作于跳闸。

配置三相电压不平衡保护，带时限动作于跳闸。

配置其他在系统发生故障或异常运行时保护风机设备安全的保护功能。

风电机组应具备运行信息记录功能，记录机端电压、交流侧三相电流、功率、变频器直流母线电压、机组保护动作信号等信息，同时应记录转速、风速、变桨角等非电量及开关量。应能记录故障前 100ms 至故障后 5s 的电气量数据，采样频率不小于4000Hz。机组信息在机组掉电后不能丢失。

上述保护均由风机厂家成套提供。

2.1.2 逆变器保护

配置交流频率、交流电压及交流测短路保护，动作于跳闸。

配置直流过电压及直流过载保护，动作于跳闸。

配置直流极性误接保护，当光伏方阵线缆的极性与逆变器直流侧接线端子极性接反时，逆变器应能保护不致损坏。

配置反充电保护，当逆变器直流侧电压低于允许工作范围或逆变器处于关机状态时，逆变器直流侧应无反向电流流过。

逆变器保护由逆变器厂家成套提供。

2.1.3 单元变压器保护

变压器采用美式箱式变压器时，其高压侧配置熔断器加负荷开关作为变压器短路和过载保护，应校核其性能参数，确保满足运行要求。变压器采用欧式、华氏箱式变压器时，其高压侧配置断路器，应同时配置变压器保护装置，该装置具备完善的电流速断和过电流保护功能。

变压器低压侧配置空气断路器时，通过电流脱扣器实现风机出口至变压器低压侧的短路保护。

配置非电量保护功能。

保护装置电源采用 UPS 供电。

2.2 新能源升压站继电保护设备配置及要求

2.2.1 高压（110/220kV）送出线线路保护

（1）110kV 线路保护：配置单套主、后备保护一体化装置。以光纤纵联电流差动、光纤纵联距离保护为主保护，以三段式相间和接地距离保护、四段式零序方向电流保护为后备保护，配置三相一次重合闸（重合闸可实现三重和停用方式），主保护与后备保护一体化。

（2）220kV 线路保护：配置双套不同厂家的主、后备保护一体化装置，两套保护装置分别组柜。以光纤纵联电流差动、光纤纵联距离保护为主保护，以三段式相间和接地距离保护、四段式零序方向电流保护为后备保护，配置单相一次重合闸（重合闸可实现单重、三重、综重和停用方式），主保护与后备保护一体化。

2.2.2 高压（110/220kV）母线保护

（1）110kV 母线保护：配置单套母线保护装置。

（2）220kV 母线保护：配置双套不同厂家的母线差动保护装置，含失灵保护功能，两套保护装置分别组柜。母线保护与失灵保护共用保护出口，每套保护分别作用于断路器的一组跳闸线圈。

2.2.3 主变压器保护

（1）220kV 及以上电压等级变压器按双重化原则配置主、后备一体的电气量保护，同时配置一套非电量保护；110kV 电压等级变压器配置主、后备一体的双套电气量保护或主、后备独立的单套电气量保护，同时配置一套非电量保护；35kV 电压等级变压器配置单套电气量保护，同时配置一套非电量保护。保护应能反应被保护设备的各种故障及异常状态。

（2）电气量主保护应满足以下要求：

1）应配置纵差保护。

2）除配置稳态量差动保护外，还可配置不需整定能反映轻微故障的故障分量差动保护。

3）纵差保护应能适应在区内故障且故障电流中含有较大谐波分量的情况。

4）主保护应采用相同类型电流互感器。

（3）220kV 及以上电压等级变压器高压侧配置带偏移特性的阻抗（含相间、接地）保护，配置二段式零序电流保护，可根据需要配置一段式复压闭锁过电流保护。

（4）110kV 变压器高压侧配置一段式复压闭锁过电流保护；配置二段式零序电流保护。

（5）容量在 10MVA 及以上或有其他特殊要求的 35kV 变压器配置电流差动保护作为主保护，其余情况在高压侧配置二段式过电流保护。

（6）变压器低压侧配置二段式过电流保护；配置一段式复压闭锁过电流保护。

（7）带平衡绕组变压器低压侧除按要求配置过电流保护外，还需配置二段式零序电流保护，不带方向，作为变压器单相接地故障的主保护和系统各元件接地故障的总后备保护。低压侧过电流及零序电流保护延时动作跳变压器各侧断路器，同时切除所接汇集母线的所有断路器。零序电流保护的电流应取自中性点零序 TA。

（8）阻抗保护具备振荡闭锁功能。

（9）配置间隙电流保护和零序电压保护。间隙电流应取中性点间隙专用 TA，间隙电压应取变压器本侧 TV 开口三角电压或自产电压。

（10）配置过负荷保护，过负荷保护延时动作于信号。

（11）330kV 及以上电压等级变压器高压侧配置过励磁保护，保护应能实现定时限告警和反时限特性功能，反时限曲线应与变压器过励磁特性匹配。

（12）变压器非电量保护应设置独立的电源回路和出口跳闸回路，且应与电气量保护完全分开。

（13）变压器间隔断路器失灵保护动作后通过变压器保护跳各侧断路器。

（14）非电量保护应满足以下要求：

1）非电量保护动作应有动作报告。

2）跳闸类非电量保护，启动功率应大于 5W，动作电压在 55% ~ 70% 额定电压范围内，额定电压下动作时间为 10 ~ 35ms，应具有抗 220V 工频干扰电压的能力。

3）变压器本体宜具有过负荷启动辅助冷却器功能，变压器保护可不配置该功能。

4）变压器本体宜具有冷却器全停延时回路，变压器保护可不配置该延时功能。

（15）变压器保护各侧 TA 变比，不宜使平衡系数大于 10。

2.2.4　汇集线路保护

每回汇集线路应在升压站汇集母线侧配置一套线路保护，在风机侧、逆变器侧可不配置线路保护。

对于相间短路，应配置阶段式过电流保护，还宜选配阶段式相间距离保护。

中性点经低电阻接地系统，应配置反应单相接地短路的两段式零序电流保护，动作于跳闸。

线路保护应能反映被保护线路的各种故障及异常状态，满足就地开关柜分散安装。

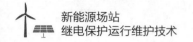

2.2.5　汇集母线保护

汇集母线应装设单套母线保护装置。

母线保护装置应具有差动保护、分段充电过电流保护、分段死区保护、TA 断线判别、抗 TA 饱和、TV 断线判别等功能。

母线保护应具有复合电压闭锁功能。

母线保护应允许使用不同变比 TA，通过软件自动校正，并适应于各支路 TA 变比差不大于 10 倍的情况（一般设计不超过 4 倍）。

母线保护各支路宜采用专用 TA 绕组，母线保护各电流互感器选型时，应保证相关特性一致，避免在遇到较大短路电流时，因各电流互感器的暂态特性不一致导致保护误动。

母线保护应具有 TA 断线告警功能，除母联（分段）外。其余支路 TA 断线后均闭锁差动保护。

母线保护应能自动识别分段断路器的充电状态，合闸于死区故障时，应瞬时跳开分段断路器，不应误切运行母线。

母线保护应具有其他保护动作联跳功能。

2.2.6　汇集母线分段断路器保护

配置由连接片投退的三相充电过电流保护，具有瞬时和延时段。

2.2.7　无功补偿设备保护

本节介绍电容器组、直挂式 SVG 和降压式 SVG 保护配置。

▶ 1. 电容器组保护

配置电流速断和过电流保护，作为电容器组和断路器间连接线相间短路保护，动作于跳闸。

配置过电压保护，采用线电压，动作于跳闸。

配置低电压保护，采用线电压，动作于跳闸。

配置中性点不平衡电流、开口三角电压、桥式差电流或相电压差动等不平衡保护，作为电容器内部故障保护，动作于跳闸。

对于低电阻接地系统，还应配置二段式零序电流保护作为接地故障主保护和后备保护，动作于跳闸。

2. 降压式 SVG 变压器保护

容量在 10MVA 及以上或有其他特殊要求的 SVG 变压器应配置电流差动保护作为主保护。

容量在 10MVA 以下的 SVG 变压器应配置电流速断保护作为主保护。

配置过电流保护作为后备保护。

配置非电量保护。

对于低电阻接地系统，还应配置二段式零序电流保护作为接地故障主保护和后备保护，动作于跳闸。

3. 直挂式 SVG 保护

应配置电流速断保护作为主保护。

配置过电流保护作为后备保护。

对于低电阻接地系统，还应配置二段式零序电流保护作为接地故障主保护和后备保护，动作于跳闸。

2.2.8 站用变压器保护

容量在 10MVA 及以上或有其他特殊要求的变压器应配置电流差动保护作为主保护。

容量在 10MVA 以下的变压器应配置电流速断保护作为主保护。

配置过电流保护作为后备保护。

配置非电量保护。

对于低电阻接地系统，还应配置二段式零序电流保护作为接地故障主保护和后备保护，动作于跳闸。

2.2.9 接地变压器保护

接地变压器电源侧配置电流速断保护、过电流保护作为内部相间故障的主保护和后备保护。

配置二段式零序电流保护作为接地变压器单相接地故障的主保护和系统各元件

单相接地故障的总后备保护。

在汇集母线分段断路器断开的情况下，接地变压器电流速断保护、过电流保护及零序电流保护动作跳所接母线的所有断路器。

在汇集母线分段断路器并列的情况下，接地变压器电流速断保护、过电流保护及零序电流保护除跳所接母线的所有断路器外，还应跳另一母线的所有断路器。

配置非电量保护。

电流速断及过电流保护应采取软件滤除零序分量的措施，防止接地故障时保护误动作。

零序电流保护的零序电流应取自接地变压器中性点零序 TA。

2.2.10 小电流接地故障选线装置

汇集系统中性点经消弧线圈接地的升压站应按汇集母线配置小电流接地故障选线装置。

在汇集系统发生单相接地故障时，应选线准确。在系统谐波含量较大或发生铁磁谐振接地时不应误报、误动。

具备在线自动监测功能，在正常运行期间，装置中单一电子元件（出口继电器除外）损坏时，不应造成装置误动作，且应发出装置异常信号。

具备跳闸出口功能，在发生单相接地故障时快速切除故障线路，若不成功，则通过跳相应主变压器各侧断路器方式隔离故障。

汇集线路应配置专用的零序 TA，供小电流接地故障选线装置使用。

2.2.11 故障录波装置

升压站应配置微机型故障录波器，故障录波器数量根据现场实际情况配置。

装置记录送出线线路电流、主变压器高压侧三相电流及零序电流、高低压母线电压、35kV 各回路电流、接地电阻零序电流、所有断路器的状态、所有继电保护装置动作信号、直流电源母线电压等。

装置应能记录故障前不小于 10s 至故障后 60s 的电气量数据，采样频率不低于 4000Hz，分辨率小于 1ms，装置具有波形记录、事件记录以及故障测距等功能，故障测距误差小于线路长度的 3%。装置具备组网、完善的分析和通信管理功能，配备完整的主站功能，可将录波信息上传至调度部门。

2.2.12　防孤岛保护

　　光伏发电站配置独立的防孤岛保护装置，应包含过电压和低电压保护功能、过频率和低频率保护功能。

2.2.13　安全自动装置

　　部分新能源场站按照接入系统要求配置安全自动装置，实现自动低频、低压减负荷保护功能。

第**3**章 新能源场站继电保护装置基本原理

从继电保护的组成来看，继电保护装置是由测量元件、逻辑环节和执行输出三部分有机组成的一个自动控制系统，采用计算机（微机）保护后，继电保护装置就是一个计算机控制系统。

从实现保护装置的硬件看，继电保护技术的发展可以概括为三个阶段、两次飞跃。三个阶段是机电式、半导体式、微机式。第一次飞跃是由机电式到半导体式，主要体现在无触点化、小型化、低功耗。第二次飞跃是由半导体式到微机式，主要体现在数字化和智能化。

从继电保护的基本原理上看，在 20 世纪 30 年代末，现在普遍应用的继电保护原理基本上都已建立。进入计算机（数字）保护时代后，继电保护的基本原理和新原理都是依靠计算机控制系统来实现的。这样，我们就可以把这类计算机控制系统叫作继电保护系统。

综上所述，可以把继电保护技术的核心分为两个部分：一是继电保护系统的数学模型，包括电力系统故障分析、继电保护基本原理、新算法、新原理、控制逻辑等；二是继电保护系统的配置和结构构成，包括计算机（软硬件）技术、网络技术、通信技术、集成芯片、传感器技术、电子技术、机械工程、二次回路等。

3.1 微机保护装置硬件原理

计算机在继电保护领域中的应用和发展。近几十年来电子计算机技术发展很快。在继电保护技术领域，20 世纪 60 年代末期提出用计算机构成保护装置的倡议。到 20 世纪 70 年代末期，出现了一批功能足够强的微型计算机，价格也大幅度降低，因而无论在技术上还是经济上，都已具备用一台微型计算机来完成一个电气设备保护功能的条件，从此掀起了新一代的继电保护——微机保护的研究热潮。

微机保护是指将微型机、微控制器等器件作为核心部件构成的继电保护。1984年上半年，华北电力学院研制的第一套以 6809（CPU）为基础的距离保护样机投入试运行。1984 年底在华中工学院召开了我国第一次计算机继电保护学术会议，这标志着我国计算机保护的开发开始进入了重要的发展阶段。现在新投入使用的继电保护设备均为微机保护产品。

微机保护是一个智能化的工业控制设备。它关键的器件有微处理器、模数转换器、数字运算器和逻辑运算器等。早期微机保护用8位单片机，运算速度低，性能较差，不能满足要求。后来人们采用16位，运算速度更高、性能更强的单片机。为了实现复杂的数字滤波计算，辅以数字信号处理器（DSP）。目前出现的ARM系列的32位的单片机，它的功能又远远超过16位的单片机；芯片中有极大的数据、程序存储空间，有与DSP相比拟的运算速度。早期微机保护用12位，转换速度为$25\mu s$的模数转换器（A/D）。为了提高精度和便于采样数据共享，人们又采用压频转换器（VFC）代替12位A/D。现在14位和16位的A/D器件具有更高精度和速度，$2\sim3\mu s$的转换速度，又取代了VFC。

早期微机保护用通用的逻辑芯片构成微机系统，如并行接口、串行接口、时钟、与非门等芯片。目前采用可编程逻辑器件，一片就可以实现所有逻辑功能。高技术的应用使微机保护可靠性更高、性能更强、体积和功耗更小，可以实现非常复杂的保护功能，软件开发可以采用高级语言。

3.1.1 微机保护的硬件组成

（1）数据采集系统DAS（或模拟量输入系统）。数据采集系统包括电压形成、模拟滤波（ALF）、采样保持（S/H）、多路转换（MPX）以及模拟转换（A/D）等功能块，完成将模拟输入量准确地转换为微型机所需的数字量。

（2）微型机主系统（CPU）。微型机主系统包括微处理器（MPU）、只读存储器（ROM）或闪存内存单元（FLASH）、随机存取存储器（RAM）、定时器、并行接口以及串行接口等。微型机执行存放在只读存储器中的程序，将数据采集系统输入至RAM区的原始数据进行分析处理，完成各种继电保护的功能。

（3）开关量（或数字量）输入，输出系统。开关量输入/输出系统由微型机若干个并行接口适配器、光电隔离器件及有触点的中间继电器等组成，以完成各种保护的出口跳闸、信号报警、外部触点输入及人机对话、通信等功能。

图3-1所示为一种典型的微机保护硬件结构示意图。

1. 数据采集系统DAS（或模拟量输入系统）

数据采集系统包括电压形成、模拟滤波（ALF）、采样保持（S/H）、多路转换（MPX）以及模拟转换（A/D）等功能块，完成将模拟输入量准确地转换为微型机

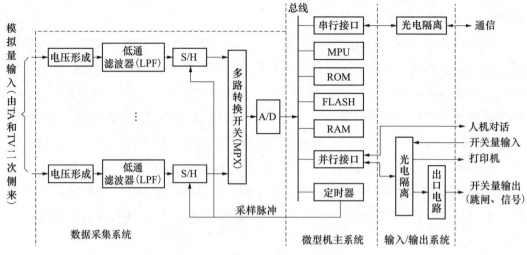

图 3－1　微机保护硬件结构示意框图

所需的数字量。

模数转换器有 V/F 型、计数器式、双积分、逐次逼近方式等多种工作方式。

（1）电压频率转换器 VFC（Voltage Frequency Converter）是一种实现模数转换 A/D 功能的器件。可以将 VFC 器件与其他电路一起构成数据采集系统，从而实现模数转换的功能。电压、电流信号经电压形成回路后，均变换成与输入信号成比例的电压量，经过 VFC，将模拟电压量变换为脉冲信号，该脉冲信号的频率与输入电压成正比，经快速光电耦合器隔离后，由计数器对脉冲进行计数，随后，微型机按采样间隔 T_s 读取的计数值就与输入模拟量在 T_s 内积分成正比，达到了将模拟量转换为数字量的目的，实现了数据采集系统的功能，如图 3－2 所示。

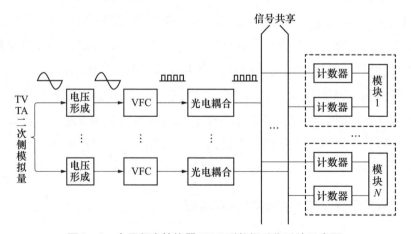

图 3－2　电压频率转换器 VFC 型数据采集系统示意图

（2）模数转换器 A/D。AD7665 是一种逐次逼近型的 16 位快速模数转换器，转换速率为 500KSPS（Samples Per Second）或 570KSPS。器件内部包含了一个高速的 16 位数转换电路，一个适用于不同输入范围的电阻电路，一个用于控制转换的内部时钟，一个纠错电路，如图 3 - 3 所示。输出方式既可以是串行接口也可以是并行接口，以便于和各种微机接口。

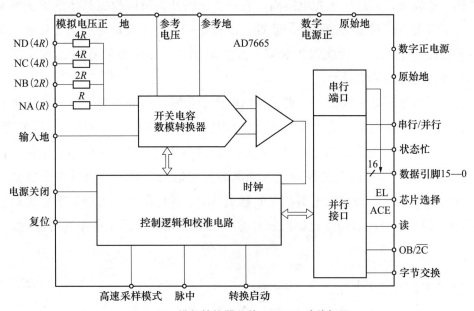

图 3 - 3　模数转换器芯片 AD7665 功能框图

2. CPU 主系统

微机保护的 CPU 主系统包括中央处理器（CPU）、只读存储器（EPROM）、电擦除可编程只读存储器（E^2PROM）、随机存取存储器（RAM）、定时器等。

CPU 主要执行控制及运算功能。

EPROM 主要存储编写好的程序，包括监控、继电保护功能程序等。

E^2PROM 可存放保护定值，保护定值的设定或修改可通过面板上的小键盘来实现。

RAM 是采样数据及运算过程中数据的暂存器。

定时器用来计数、产生采样脉冲和实时钟等。

CPU 主系统中的小键盘、液晶显示器和打印机等常用设备用于实现人机对话。

3. 开关量（或数字量）输入、输出系统

开关量输入/输出系统由微型机若干个并行接口适配器、光电隔离器件及有触点的中间继电器等组成，以完成各种保护的出口跳闸、信号报警、外部触点输入及

人机对话、通信等功能。

（1）开关量输出电路。在微机保护装置中设有开关量输出（DO，简称开出）电路，用于驱动各种继电器。例如跳闸出口继电器、重合闸出口继电器、装置故障告警继电器等。开关量输出电路主要包括保护的跳闸出口、本地和中央信号及通信接口、打印机接口，一般都采用并行接口的输出口来控制有触点继电器的方法，为提高抗干扰能力，经过一级光电隔离。设置多少路开关量应根据具体的保护装置考虑。一般情况下，对输电线路保护装置，设置6~16路开关量即可满足要求；对发电机-变压器组保护、母线保护装置，开关量输入、输出电路数量比线路保护要多。具体情况应按要求设计。

开关量电路可分为两类：一类是开出电源受告警，启动继电器的触点闭锁开出量；另一类是开出电源不受闭锁的开出量。图3-4是一个开出量输出电路原理图。并行口B的输出口先驱动两路开出量电路，经过与非门后和另外两路开出量进行组合，再经过7400与非门电路控制光电隔离芯片的输入，光电隔离的输出驱动三极管，开出电源24V经告警继电器的动断触点AXJ、光电隔离、三极管驱动出口继电器CKJ1。24V电源经启动继电器的触点QDJ控制，增加了输出电路的可靠性。

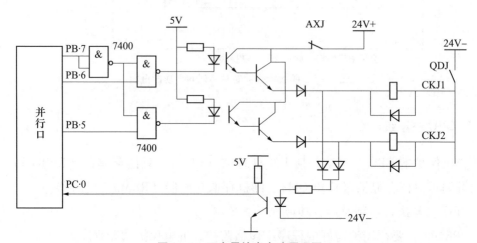

图3-4　开出量输出电路原理图

（2）开关量输入电路。微机保护装置中一般应设置几路开关量输入电路。开关量输入（DI，简称开入）主要用于识别运行方式、运行条件等，以便控制程序的流程。所谓开关量输入电路主要是将外部一些开关触点引入微机保护的电路，通常这些外部触点不能直接引入微机保护装置，而必须经过光电隔离芯片引入。开关量输入电路包括断路器和隔离开关的辅助触点或跳合闸位置继电器触点输入，外部装置闭锁重合闸触点输入，轻瓦斯和重瓦斯继电器触点输入，及装置上连接片位置输入等回路。开关量输入回路原理图如图3-5所示。

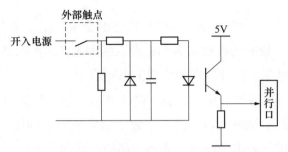

图 3-5　开关量输入电路原理图

3.1.2　微机保护 CPU 主系统芯片

▶ 1. 单片机 8XC196KB 内容介绍

单片机 8XC196KB 结构示意图见图 3-6。

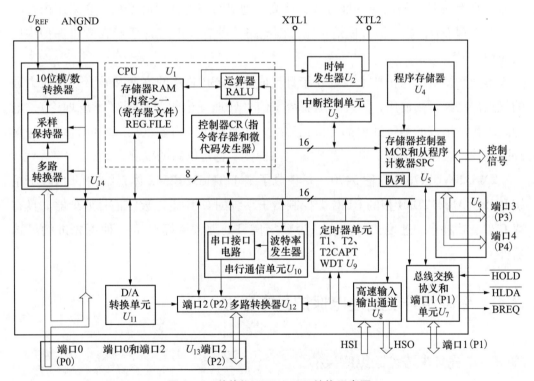

图 3-6　单片机 8XC196KB 结构示意图

▶ 2. DSP + CPU 系统

早期应用于电力系统的微机保护产品采用的 CPU 大多为 8 位或 16 位单片机，由于受硬件资源及功能较简单的限制，微机产品的优势难以充分发挥，其采样能力及采样精度上无法满足一些复杂的原理和算法的要求，基于常规 CPU 的保护产品也都难以胜任。基于 DSP 的数据采集和处理系统由于其强大的数学运算能力和特殊设计，使得它在继电保护各种原理的实现上得心应手。

DSP 是数字信号处理的简称，它是一门涉及电子学、计算机、应用数学等许多学科且广泛应用于许多领域的新兴技术。数字信号处理是利用计算机或专用设备，以数字形式对信号进行采集、变换、滤波、估值、增强、压缩、识别等处理，以达到符合人们需要的信号形式。

DSP 技术的实现主要基于 DSP 芯片。DSP 芯片是基于超大规模集成电路技术和计算机技术发展起来的一种高速专用微处理器，其程序存储器和数据存储器是完全隔离的，解决了总线拥挤的问题，具有双地址发生器、独立的乘法器和累加器、多总线（CPU 总线和 DMA 总线）结构和流水线指令处理方法，具有强大的运算功能和高速的数据传输能力，能方便地处理以运算为主的不允许时延的实时信号，具有独具一格的逆寻址方式，能高效地进行快速傅里叶变换，它采用内存映射方式管理 I/O，能灵活方便地扩充外围电路。目前 DSP 芯片已经在微机保护中广泛应用。

电力系统继电保护技术在近几年日趋成熟，DSP 芯片的高速和并行处理能力强的优点，已经得到使用；另外，随着数字信号处理理论的新发展（小波理论），电力系统暂态谐波的测量处理都可得到解决，从而对于电力系统故障瞬间许多无法解决的难题也会逐个突破。电力系统继电保护技术将得以新的发展。

TMS320VC5470（简称 5470）是集成了基于 TMS320C54x 体系结构的 DSP 子系统和基于 ARM7TDMI 核的 RISC 微控制器子系统的 CPU 定点数字信号处理器。具有双 CPU、功耗小、速度快等特点，为数字信号处理领域提供了一种更先进的可选器件。

3.2　新能源升压站继电保护基本原理

3.2.1　光纤电流差动纵联保护

◐　1. 纵联保护

靠保护安装处测量到的电流、电压、零序电流等电气量，只反映输电线路一端电气量的变化，这种反映一端电气量变化的保护从原理上讲是区分不开本线路末端和相邻线路始端的短路。本线路末端和相邻线路始端两点的电气距离很近，相隔几米或十几米，这两点发生故障时，保护安装处测量到的电流、电压、零序电流等电气量基本相同，保护无法区分是本线路末端还是相邻线路始端发生故障。

既然反映一侧电气量变化的保护无法区别本线路末端还是相邻线路始端的短路，安装在线路另一侧的保护却很容易区分是正向还是反向。能综合反映两端电气量变化的保护，这样的保护可以区分两侧保护安装区间是区内还是区外发生短路。它的一个最大的优点就是可以瞬时切除本线路全长范围内的短路。这种综合反映两端电气量变化的保护就称作纵联保护。

综合反映两端电气量的变化，是将两端的电气量进行传输和交换，这就需要传输和交换的通道和介质，通道有短引线、高频通道、微波通道和光纤通道，使用高频通道的称为高频保护，使用光纤通道的称为光纤保护，它们都是纵联保护。按构成原理有方向纵联保护（纵联方向保护）、距离纵联保护（纵联距离保护）、电流差动纵联保护（纵联电流差动保护，简称纵差保护）。

纵联保护的缺点是不能保护在相邻线路上的短路，不能做相邻线路上短路的后备，所以这种保护也称作具有绝对选择性的保护。

2. 光纤通道

用光纤通道做成的纵联保护也称作光纤保护。将光纤与架空地线结合在一起制造成复合地线式光缆（OPGW）的广泛使用，作为纵联保护的通道方式。由于光纤通信容量大又不受电磁干扰，可靠性高，传输距离远，采用专用光纤传输通道，传输距离已可以达到120km。可以利用光纤传输构成输电线路的分相纵联保护，例如分相纵联电流差动保护。

3. 光纤纵联电流差动保护

光纤通道由于通信容量很大，所以输电线路纵联保护采用光纤通道做成分相式的电流纵差保护。输电线路两端的电流信号通过编码成码流形式，然后转换成光的信号经光纤传送到对端。传送的电流信号可以是该端采样以后的瞬时值，该瞬时值包含了幅值和相位的信息，当然也可以传送电流相量的实部和虚部。保护装置收到对端传来的光信号先转换成电信号，再与本端的电流信号构成纵差保护。输电线路分相电流纵差保护本身有天然的选相功能，哪一相纵差保护动作哪一相就是故障相。这一点在同杆并架线路上发生跨线故障时能准确切除故障相上显示出突出的优点。

（1）纵联电流差动继电器的原理。在图 3 - 7（a）的系统图中，设流过两端保护的电流 $\dot{I}_M$、$\dot{I}_N$ 以母线流向被保护线路的方向规定为其正方向，如图中箭头方向所示。以两端电流的相量和作为继电器的动作电流 I_d，如式（3 - 1）的上面一个公式，该电流有时也称作差动电流、差电流。另以两端电流的相量差作为继电器的制动电流 I_d，如式（3 - 1）的下面一个公式。

$$\left.\begin{aligned} I_d &= |\dot{I}_M + \dot{I}_N| \\ I_r &= |\dot{I}_M - \dot{I}_N| \end{aligned}\right\} \qquad (3 - 1)$$

纵联电流差动继电器的动作特性一般如图 3 - 7（b）所示，阴影区为动作区，非阴影区为不动作区。这种动作特性称作比率制动特性，是差动继电器（线路、变压器、发电机、母线差动保护中用的差动继电器）常用的动作特性。图中 I_{qd} 为差动继电器的启动电流，K_r 是该斜线的斜率。当斜线的延长线通过坐标原点时，该斜线的斜率也等于制动系数。制动系数定义为动作电流与制动电流的比值，$K_r = I_d/I_r$。图 3 - 7（b）所示的两折线的动作特性以数学形式表述为式（3 - 2）中的两个关系式的"与"逻辑。

$$\left.\begin{aligned} I_d &> I_{qd} \\ I_d &> K_r I_r \end{aligned}\right\} \qquad (3 - 2)$$

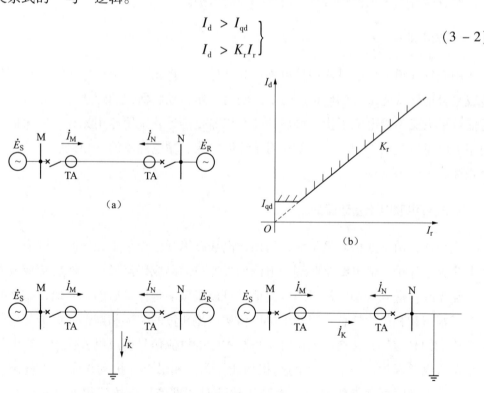

图 3 - 7　纵联电流差动保护原理
（a）系统图；（b）比率制动特性；（c）内部短路；（d）外部短路

当线路内部短路时，如图 3 - 7（c）所示，两端电流的方向与规定的正方向相同。根据节点电流定理 $\dot{I}_M + \dot{I}_N = \dot{I}_K$，故 $I_d = |\dot{I}_M + \dot{I}_N| = I_K$，此时动作电流等于短路点的电流 I_K，动作电流很大。制动电流较小，小于短路点的电流 I_K。如果两端电流幅值、相位相同的话，制动电流甚至为零，$I_r = |\dot{I}_M - \dot{I}_N| = 0$。因此工作点落在动作特性的动作区，差动继电器动作。当线路外部短路时，$\dot{I}_M$、$\dot{I}_N$ 中有一个电流反相。例如在图 3 - 7（d）中，流过本线路的电流是穿越性的短路电流 $\dot{I}_K$，如果忽略线路上的电容电流则 $\dot{I}_M = \dot{I}_K$、$\dot{I}_N = -\dot{I}_K$。因而动作电流 $I_d = |\dot{I}_M + \dot{I}_N| = |\dot{I}_K - \dot{I}_K| = 0$，制动电流 $I_r = |\dot{I}_M - \dot{I}_N| = |\dot{I}_K + \dot{I}_K| = 2I_K$。此时动作电流是零，制动电流是 2 倍的穿越性的短路电流，制动电流很大，因此工作点落在动作特性的不动作区，差动继电器不动作。所以这样的差动继电器可以区分线路外部短路（含正常运行）和线路内部短路。继电器的保护范围是两端 TA 之间的范围。

（2）差动继电器。输电线路纵联电流差动保护中的差动继电器的动作特性一般是如图 3 - 7（b）所示的比率制动特性。构成的差动继电器有如下几种类型：

1）稳态量的分相差动继电器。用输电线路两端的相电流构成，其动作电流 $I_{d\varphi}$ 和制动电流 $I_{r\varphi}$ 分别为

$$\left.\begin{array}{l} I_{d\varphi} = |\dot{I}_{M\varphi} + \dot{I}_{N\varphi}| \\ I_{r\varphi} = |\dot{I}_{M\varphi} - \dot{I}_{N\varphi}| \end{array}\right\} \qquad (3-3)$$

式中：φ 为 A、B、C 相。

由于是分相差动，因此有选相功能。稳态量的差动继电器可做成二段式，瞬时动作的第 I 段和略带延时的第 II 段。瞬时动作的第 I 段依靠定值躲电容电流的影响，其启动电流 I_{qd} 值取为正常运行情况下本线路电容电流的 4 ~ 6 倍。第 II 段差动继电器的启动电流 $I_{d\varphi}$ 值取为正常运行情况下本线路电容电流的 1.5 倍，并带 40ms 延时出口。依靠定值加延时躲电容电流的影响。

2）工频变化量的分相差动继电器。使用输电线路两端的工频变化量的相电流来构成差动继电器。工频变化量的分相差动继电器的动作电流 $\Delta I_{d\varphi}$ 和制动电流 $\Delta I_{r\varphi}$ 分别为

$$\left.\begin{array}{l} \Delta I_{d\varphi} = |\Delta \dot{I}_{M\varphi} + \Delta \dot{I}_{N\varphi}| = |\Delta(\dot{I}_{M\varphi} + \dot{I}_{N\varphi})| \\ \Delta I_{r\varphi} = |\Delta \dot{I}_{M\varphi}| + |\Delta \dot{I}_{N\varphi}| \end{array}\right\} \qquad (3-4)$$

式中：φ 为 A、B、C 相。

由于是分相差动，因此有选相功能。工频变化量差动继电器也做成具有比率制动特性。由于工频变化量继电器是工作在暂态过程中的，因此其启动电流 I_{qd} 值与

上述稳态 I 段取值相同，可取为正常运行情况下本线路电容电流的 4 ~ 6 倍。

前已述及在重负荷的输电线路内部发生经高阻接地时差动继电器的灵敏度可能不够。正如式（3 - 4）所示的，此时短路电流不很大而动作电流较小，负荷电流很大而制动电流较大。对付这些问题恰好是工频变化量继电器的长处。

工频变化量差动继电器的特点是：

a. 不反应负荷电流，负荷电流已不再成为制动电流了，原因是在求电流变化量时已把负荷分量减掉了。所以凡是工频变化量的继电器都不反映负荷分量，它只反映故障分量，反映的是短路附加状态里的电气量。所以穿越性的负荷电流总是差动继电器的制动电流，这一点对于工频变化量差动继电器来说是不成立的。

b. 受过渡电阻的影响小。所以工频变化量差动继电器很灵敏，用它来解决重负荷输电线路内部发生经高阻接地时差动继电器的灵敏度问题是十分理想的。

3）零序差动继电器。用输电线路两端的零序电流构成差动继电器。其动作电流和制动电流分别为

$$\left. \begin{array}{l} I_{d0} = |I_{M0} + I_{N0}| \\ I_{r0} = |I_{M0} - I_{N0}| \end{array} \right\} \tag{3 - 5}$$

由于该继电器反映的是两端零序电流的关系，没有选相功能，所以应再用稳态量的分相差动继电器选相。零序差动继电器与稳态量的分相差动继电器构成"与"逻辑，延时 100ms 选跳故障相。零序差动继电器也做成具有比率制动特性，它有如下特点：

a. 该继电器比率制动特性中的启动电流 I_{qd} 只躲过外部接地短路时本线路的稳态零序电容电流以及外部相间短路（不接地）时的稳态零序不平衡电流。该值比较小，一般可取为与整套保护的零序启动元件的启动电流定值一致。

b. 由于负荷电流是正序分量的电流，因而负荷电流也不成为该继电器的制动电流。

c. 零序电流受过渡电阻的影响也较小。由于上述原因，零序差动继电器很灵敏，可用以解决重负荷线路内部经高阻短路时的灵敏度问题。作为选相用的稳态量分相差动继电器也要做成高灵敏度的，以不影响零序差动继电器的灵敏度。

4）影响输电线路纵联电流差动保护的主要问题：

a. 输电线路电容电流的影响。

b. 外部短路或外部短路切除时，由于两端电流互感器的变比误差不一致、短路暂态过程中由于两端电流互感器的暂态特性不一致、二次回路的时间常数的不一致产生的不平衡电流。

c. 重负荷线路区内经高电阻接地时灵敏度不足。

d. 正常运行时电流互感器 TA 断线造成的纵联电流差动保护误动。

e. 由于输电线路两端保护采样时间不一致产生的不平衡电流。

f. 新能源电站对输电线路纵联电流差动保护的影响。

3.2.2 距离保护

1. 距离保护的作用原理

将输电线路保护安装处测量到的电压 $\dot{U}_m$、电流 $\dot{I}_m$ 加到继电器中，继电器反映它们的比值，电压与电流的比值为阻抗，因此称为阻抗继电器，$Z_m = \dot{U}_m / \dot{I}_m$ 为阻抗继电器的测量阻抗 Z_m。正常运行时，加在阻抗继电器上的电压是额定电压 $\dot{U}_N$，电流是负荷电流 $\dot{I}_l$。阻抗继电器的测量阻抗是负荷阻抗 $Z_m = Z_l = \dot{U}_N / \dot{I}_l$。短路时，加在阻抗继电器上的电压是母线处的残压 $\dot{U}_{mK}$，电流是短路电流 $\dot{I}_K$。阻抗继电器的测量阻抗是短路阻抗 Z_K，$Z_m = Z_K = \dot{U}_{mK} / \dot{I}_K$。由于 $|\dot{U}_{mK}| < |\dot{U}_N|$，而 $|\dot{I}_K| > |\dot{I}_l|$，因而 $|Z_K| < |Z_l|$。所以，阻抗继电器的测量阻抗可以区分正常运行和短路故障。如果在 K 点发生的是金属性短路，短路点到保护安装处的线路阻抗为 Z_K，流过保护的电流为 I_K，则保护安装处的电压为 $\dot{U}_{mK} = \dot{I}_K \times Z_K$。阻抗继电器的测量阻抗是 $Z_m = \dot{U}_{mK} / \dot{I}_K = Z_K$。这说明阻抗继电器的测量阻抗反映了短路点到保护安装处的阻抗，也就是反映了短路点的远近。所以把以阻抗继电器为核心构成的反映输电线路一端电气量变化的保护称作距离保护。距离保护其突出的优点是受运行方式变化的影响小。距离保护第Ⅰ段只保护本线路的一部分，在保护范围内金属性短路时，一般在短路点到保护安装处之间没有其他分支电流，所以它的测量阻抗完全不受运行方式变化的影响。距离保护第Ⅱ、Ⅲ段其保护范围伸到相邻线路上，在相邻线路上发生短路时，由于在短路点和保护安装处之间可能存在分支电流，所以它们在一定程度上将受运行方式变化的影响。

第Ⅰ段按躲过本线路末端短路（本质上是躲过相邻元件出口短路）时继电器的测量阻抗（也就是本线路阻抗）整定。它只能保护本线路的一部分，其动作时间是保护的固有动作时间（软件算法时间），一般不带专门的延时。第Ⅱ段应该可靠保护本线路的全长，它的保护范围将伸到相邻线路上，其定值一般按与相邻元件的瞬动段例如相邻线路的第Ⅰ段定值相配合整定。以 t_{II} 延时发跳闸命令。第Ⅲ段作为本线路Ⅰ、Ⅱ段的后备，在本线路末端短路要有足够的灵敏度。在 110kV 系统中，第

Ⅲ段还作为相邻线路保护的后备，在相邻线路末端短路要有足够的灵敏度。第Ⅲ的定值一般按与相邻线路Ⅱ、Ⅲ段定值相配合并躲最小负荷阻抗整定。以$t_{Ⅲ}$延时发跳闸命令。在220kV及以上系统中，在装设了双重化配置的两套功能完整的纵联保护的情况下，为了简化后备保护的整定，第Ⅱ、Ⅲ段允许与相邻线路的主保护（纵联保护、线路Ⅰ段）和变压器的主保护（差动保护、瓦斯保护）配合整定。

▶ **2. 短路时保护安装处电压计算的一般公式**

在图3-8所示的系统中，线路上K点发生短路。保护安装处某相的相电压应该是短路点该相与输电线路上该相的压降之和。而输电线路上该相的压降是该相上的正序、负序和零序压降之和。如果考虑到输电线路的正序阻抗等于负序阻抗，则保护安装处相电压的计算公式为

$$\dot{U}_\varphi = \dot{U}_{K\varphi} + \dot{I}_{1\varphi}Z_1 + \dot{I}_{2\varphi}Z_2 + \dot{I}_0Z_0 + \dot{I}_0Z_1 - \dot{I}_0Z_1$$

$$= \dot{U}_{K\varphi} + (\dot{I}_{1\varphi} + \dot{I}_{2\varphi} + \dot{I}_0)Z_1 + 3\dot{I}_0\frac{Z_0 - Z_1}{3Z_1}Z_1$$

$$= \dot{U}_{K\varphi} + (\dot{I}_\varphi + K \times 3\dot{I}_0)Z_1$$

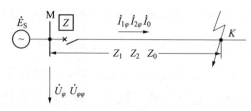

图3-8 短路故障示意图

式中：φ 为 A、B、C 相；$\dot{I}_{1\varphi}$、$\dot{I}_{2\varphi}$、$\dot{I}_0$ 为流过保护的该相的正序、负序、零序电流；Z_1、Z_2、Z_0 为短路点到保护安装处的正、负、零序阻抗；K 为零序电流补偿系数，$K = \frac{Z_0 - Z_1}{3Z_1} = Z_M/Z_1$，$Z_M$ 为输电线路相间的互感阻抗；$\dot{U}_{K\varphi}$ 为短路点的该相电压；$(\dot{I}_\varphi + K \times 3\dot{I}_0)Z_1$ 为输电线路上短路点到保护安装处该相电压降。

保护安装处相间电压的计算公式为

$$\dot{U}_{\varphi\varphi} = \dot{U}_{K\varphi\varphi} + \dot{I}_{\varphi\varphi}Z_1 \tag{3-6}$$

▶ **3. 阻抗继电器的工作电压**

阻抗继电器的工作电压 $\dot{U}_{OP}$ 可按下式计算获得

$$\dot{U}_{OP} = \dot{U}_m - \dot{I}_m Z_{set} \tag{3-7}$$

式中：$\dot{U}_\mathrm{m}$、$\dot{I}_\mathrm{m}$ 为加到阻抗继电器上的由接线方式决定的测量电压、测量电流；Z_set 为阻抗继电器的整定阻抗（定值）。

$\dot{U}_\mathrm{m}$、$\dot{I}_\mathrm{m}$ 值可根据采样的数据经运算后获得，Z_set 是定值单中给定的。所以微机保护可算出 $\dot{U}_\mathrm{OP}$ 的值。由式（3-7）确定的阻抗继电器的工作电压有时也称作补偿电压，记为 U' 或称作距离测量电压。

从式（3-7）可见，$\dot{U}_\mathrm{m}$、$\dot{I}_\mathrm{m}$ 是保护安装处的电压和电流。如果从保护安装处到保护范围末端没有其他分支电流而是同一个 $\dot{I}_\mathrm{m}$ 电流时（例如正常运行、区外故障、系统振荡），$\dot{I}_\mathrm{m}Z_\mathrm{set}$ 是从保护安装处到保护范围末端这一段线路上的压降。此时阻抗继电器的工作电压其物理概念是保护范围末端的电压，即由保护安装处求得的补偿到保护范围末端的电压，所以把它称作补偿电压。但在区内短路时，由于从保护安装处到短路点和从短路点到保护范围末端流的不是同一个电流，此时由式（3-7）计算出的工作电压并不是真正的保护范围端的电压，而是假想的如果从保护安装处到保护范围末端都流有与加入到保护装置中的电流相同的电流时的保护范围末端的电压。

（1）正向短路情况。在图 3-9（a）所示的系统中，保护正方向 K 点发生金属性短路。加在保护上的电压 $\dot{U}_\mathrm{m}$ 和电流 $\dot{I}_\mathrm{m}$ 直接理解成阻抗继电器接线方式里的电压和电流。其正方向按传统规定的正方向确定，即电流 $\dot{I}_\mathrm{m}$ 以母线流向被保护线路的方向为正方向，如图 3-9（a）中箭头所示。电压 $\dot{U}_\mathrm{m}$ 以母线电位为正，中性点电位为负为其正方向。Z_K 为从短路点 K 到保护安装处的正序阻抗。由于是金属性短路，所以 $\dot{U}_\mathrm{m} = \dot{I}_\mathrm{m}Z_K$，故工作电压表达式为

$$\dot{U}_\mathrm{OP} = \dot{U}_\mathrm{m} - \dot{I}_\mathrm{m}Z_\mathrm{set} = \dot{U}_\mathrm{m} - \dot{I}_\mathrm{m}Z_K\frac{Z_\mathrm{set}}{Z_K} = \dot{U}_\mathrm{m}\left(1 - \frac{Z_\mathrm{set}}{Z_K}\right) = (1 - n)\dot{U}_\mathrm{m} \quad (3-8)$$

令 $Z_\mathrm{set} = nZ_K$。一般整定阻抗 Z_set 的阻抗角与线路阻抗角相同，故 n 是正的实数。将上述关系式代入式（3-8）得

$$\dot{U}_\mathrm{OP} = \dot{U}_\mathrm{m} - \dot{I}_\mathrm{m}Z_\mathrm{set} = \dot{U}_\mathrm{m} - \dot{I}_\mathrm{m}Z_K\frac{Z_\mathrm{set}}{Z_K} = \dot{U}_\mathrm{m}\left(1 - \frac{Z_\mathrm{set}}{Z_K}\right) = (1 - n)\dot{U}_\mathrm{m} \quad (3-9)$$

正向区内短路时，$Z_K < Z_\mathrm{set}$，所以 $n > 1$，式（3-9）中 $(1-n)$ 为负值，因而 $\dot{U}_\mathrm{OP}$ 与 $\dot{U}_\mathrm{m}$ 相位相反。正向区外短路时，$Z_K > Z_\mathrm{set}$，所以 $n < 1$，式（3-9）中 $(1-n)$ 为正值，因而 $\dot{U}_\mathrm{OP}$ 与 $\dot{U}_\mathrm{m}$ 相位相同。

（2）反向短路情况。在图 3-9（b）所示的系统中，保护反向 K 点发生金属性短路。加在保护上的电压 $\dot{U}_\mathrm{m}$ 和电流 $\dot{I}_\mathrm{m}$ 同样直接理解成阻抗继电器接线方式里的电

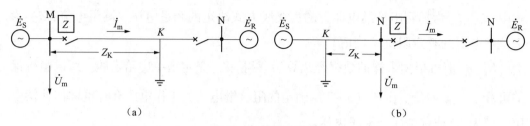

图 3 - 9   短路系统图
(a) 正向短路；(b) 反向短路

压和电流。其正方向也按传统规定的正方向确定，即电流 $\dot{I}_{\mathrm{m}}$ 以母线流向被保护线路的方向为正方向，如图 3 - 9（b）中箭头所示。电压 $\dot{U}_{\mathrm{m}}$ 以母线电位为正，中性点电位为负为其正方向。Z_{K} 为从短路点 K 到保护安装处的正序阻抗。由于是金属性短路，并考虑到电压、电流规定的正方向，所以 $\dot{U}_{\mathrm{m}} = -\dot{I}_{\mathrm{m}} Z_{\mathrm{K}}$，故工作电压表达式为

$$\dot{U}_{\mathrm{OP}} = \dot{U}_{\mathrm{m}} - \dot{I}_{\mathrm{m}} Z_{\mathrm{set}} = -\dot{I}_{\mathrm{m}} Z_{\mathrm{K}} - \dot{I}_{\mathrm{m}} Z_{\mathrm{set}} = -\dot{I}_{\mathrm{m}}(Z_{\mathrm{K}} + Z_{\mathrm{set}}) \qquad (3-10)$$

同样令 $Z_{\mathrm{set}} = n Z_{\mathrm{K}}$，并代入式（3 - 10）得

$$\dot{U}_{\mathrm{OP}} = -\dot{I}_{\mathrm{m}} Z_{\mathrm{K}}(1 + n) = (1 + n)\dot{U}_{\mathrm{m}} \qquad (3-11)$$

考虑到 n 是正的实数，所以 $\dot{U}_{\mathrm{OP}}$ 与 $\dot{U}_{\mathrm{m}}$ 相位相同。

从上分析可见，在区内和区外金属性短路时 $\dot{U}_{\mathrm{OP}}$ 相位截然相反。在正向区内金属性短路时，$\dot{U}_{\mathrm{OP}}$ 与 $\dot{U}_{\mathrm{m}}$ 相位相差 180°，继电器此时应最灵敏地动作。正向区外和反方向金属性短路时，$\dot{U}_{\mathrm{OP}}$ 与 $\dot{U}_{\mathrm{m}}$ 相位差相同为 0°，继电器此时应最可靠，不动作。因此阻抗继电器的动作方程应为

$$(180° - 90°) < \arg\frac{\dot{U}_{\mathrm{OP}}}{\dot{U}_{\mathrm{m}}} < (180° + 90°)$$

$$\qquad (3-12)$$

$$90° < \arg\frac{\dot{U}_{\mathrm{OP}}}{\dot{U}_{\mathrm{m}}} < 270°$$

式中：arg 为角度，是后面相量的幅角，表示分子相量超前分母相量的角度。

式（3 - 12）称作相位比较动作方程。继电器是否动作，要看是否满足动作方程。区内金属性短路时，$\arg(\dot{U}_{\mathrm{OP}}/\dot{U}_{\mathrm{m}}) = 180°$，满足式（3 - 12），继电器能动作，且距两个边界最远，所以它动作最灵敏。区外或反方向金属性短路时，$\arg(\dot{U}_{\mathrm{OP}}/\dot{U}_{\mathrm{m}}) = 0°$，不满足式（3 - 12）的动作方程，继电器不动作，由于距两个边界最远，所以它最可靠地不动作。按式（3 - 12）动作方程构成的阻抗继电器可以满足我们的要求。

在发生区内、区外和反方向金属性短路时，阻抗继电器的工作电压 $\dot{U}_{\mathrm{OP}}$ 与 $\dot{U}_{\mathrm{m}}$

的相位关系也可以从图3-10的电压分布图中清晰地看出。设阻抗继电器装于 MN 线路的 M 端，E_S 和 E_R 是两侧的电动势，该电动势在短路前后不变。Y 点是保护范围末端。在各个短路点 F 发生金属性短路时 F 点的电压为零，图3-10中各斜线表达了各 F 点处发生金属性短路时系统中各点的电压分布，斜线的斜率反映的是相应点发生金属性短路时的电流 $\dot{I}_m$ 值。图3-10中 $\dot{U}_{OP}$、$\dot{U}_m$ 是各处发生短路情况下保护范围末端 Y 点和保护安装处 M 点的电压。区内 F_1 点金属性短路时工作电压和保护安装处的电压分别为 $\dot{U}_{OP1}$ 和 $\dot{U}_{m1}$；区外 F_2 点金属性短路时工作电压和保护安装处的电压分别为 $\dot{U}_{OP2}$ 和 $\dot{U}_{m2}$；反方向 F_3 点金属性短路时工作电压和保护安装处的电压分别为 $\dot{U}_{OP3}$ 和 $\dot{U}_{m3}$。显见，区内金属性短路时 $\dot{U}_{OP}$ 与 $\dot{U}_m$ 反向，区外和反方向金属性短路时 $\dot{U}_{OP}$ 与 $\dot{U}_m$ 同向。保护范围末端短路时 $\dot{U}_{OP}$ 值为零。如果以 $\dot{U}_m$ 为参考相量，在区内和区外金属性短路时以及在区内和反方向金属性短路时 $\dot{U}_{OP}$ 相位都有一个跃变。

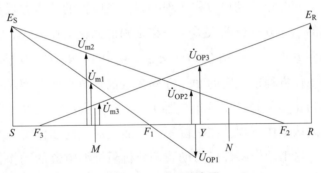

图3-10 电压分布图

工作电压 $\dot{U}_{OP}$ 之所以是阻抗继电器的一个重要参数，是因为：①工作电压决定了继电器的保护范围（Z_{set}），而所有阻抗继电器都是有一定的保护范围的。②在保护范围内、外发生金属性短路时，求得的工作电压相位截然相反有一个跃变，这一点是构成阻抗继电器时可以利用的一个重要特征。正因为这样，所以所有的阻抗继电器其相位比较动作方程中都有工作电压这一项。③从工作电压中可以知道该阻抗继电器的接线方式，所谓阻抗继电器的接线方式就是在工作电压计算中所用到的电压和电流。

在相位比较动作方程中，如果相位比较动作方程的两个边界角是90°和270°，与工作电压比较相位的另一个电压，并用其作为相位比较的基准相量，这个电压就称作极化电压。由于工作电压是所有阻抗继电器都有的，不同动作特性的阻抗继电器其实质是由于采用了不同的极化电压。许多专家学者致力于阻抗继电器原理的研究与分析，实质上是研究阻抗继电器应该采用什么样的极化电压最好，而在式（3-12）表达的动作方程中采用的极化电压是 $\dot{U}_m$。（注：上述以及以下几节的论述是针对第 I 类阻抗继电器而言的。对于第 II 类阻抗继电器即多相补偿阻抗继电器，其相位比较动作方程中的两个电压是相互极化的，不在此列。）

▶ **4. 阻抗继电器的动作方程和动作特性**

（1）阻抗继电器的实现方法。在微机保护出现以前的模拟型保护时代，所有的阻抗继电器都有其动作方程，继电器是否动作就看是否满足动作方程。而一定的动作方程在阻抗复数平面上对应一定的动作特性。微机保护出现后，阻抗继电器的实现方法有两大类。一类也是按动作方程来实现的。另一类是在阻抗复数平面上先固定一个动作特性（例如多边形特性），短路后利用微机的计算功能（例如微分方程算法）求出继电器的测量电抗 X_m 和测量电阻 R_m，从而得到测量阻抗 Z_m，$Z_m = R_m + jX_m$。进而判断测量阻抗相量在阻抗复数平面上是否落在规定的动作特性内，以决定它是否动作。下面介绍按动作方程实现的阻抗继电器的动作方程和动作特性。

阻抗继电器的动作方程分两大类。一类是幅值比较动作方程，$|\dot{A}| > |\dot{B}|$。另一类是相位比较动作方程，$\varphi_1 < \arg(\dot{C}/\dot{D}) < \varphi_2$。式中 A、B、C、D 是某些电气量的组合。无论哪一类动作方程，一定的动作方程在阻抗复数平面上都对应一定的动作特性（这里暂且不讨论多相补偿阻抗继电器）。需要指出：阻抗继电器本身是按动作方程实现的，它只认动作方程。在阻抗复数平面上对应的动作特性是人们根据动作方程分析出来的，这个动作特性可帮助我们分析阻抗继电器的动作行为，并可以就其动作特性对阻抗继电器的性能做出评述。

（2）阻抗继电器的动作方程及其动作特性。

1）方向阻抗继电器动作方程。设相位比较动作方程为

$$90° < \arg\frac{Z_m - Z_{set}}{Z_m} < 270° \qquad (3-13)$$

式中：Z_m、Z_{set} 为继电器测量阻抗和整定阻抗。

式（3-13）表达的动作方程在阻抗复数平面上对应的以测量阻抗 Z_m 为自变量的动作特性，如图 3-11 所示，它是以（$+Z_{set}$）和坐标原点（O）两点连线为直径的圆。圆内是动作区。若测量阻抗 Z_m 落在直径左边的圆周上时，从动作特性上看，继电器处在动作边界。从动作方程来看，（$Z_m - Z_{set}$）相量恰好超前 Z_m 相量的角度为90°，式（3-13）也恰好处于动作边界。若测量阻抗 Z_m 落在直径左边的半个圆内时，从动作特性看继电器应该动作，而（$Z_m - Z_{set}$）相量超前 Z_m 相量的角度大于90°且小于180°，也满足式（3-13）的动作方程，继电器动作。所以直径左边

的半个圆对应于式（3－13）左边的半个动作方程，即 $90° < \arg\ (Z_m - Z_{set})\ /Z_m <$ $180°$。同理可证明直径右边的半个圆正好对应于式（3－13）右边的半个动作方程，即 $180° < \arg\ (Z_m - Z_{set})\ /Z_m < 270°$。所以图 3－11 的整个圆与式（3－28）的整个动作方程相对应，自变量测量阻抗 Z_m 落在圆内时继电器动作。具有图 3－11 所示动作特性圆的阻抗继电器称作方向阻抗继电器（或称作欧姆继电器），因为反方向短路时测量阻抗在第Ⅲ象限，继电器是不动作的。整定阻抗 Z_{set} 是该动作特性圆的直径，在 Z_{set} 的方向上，继电器有最大的保护范围。因此 Z_{set} 的阻抗角（Z_{set} 与 R 轴的夹角）称作最大灵敏角。通常最大灵敏角取线路阻抗角，这样线路上发生金属性短路时，继电器的保护范围最大。

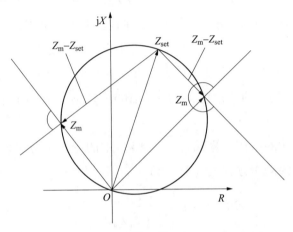

图 3－11　$90° < \arg \dfrac{Z_m - Z_{set}}{Z_m} < 270°$ 的动作特性

只根据式（3－13），还不知道阻抗继电器是怎样构成的。为了得到阻抗继电器可用以实现的动作方程，需对式（3－13）加以改造。将式（3－13）中的分子、分母同乘以加在继电器上的电流 $\dot{I}_m$，根据相量的基本知识可知，分子与分母乘以同一个相量后它们的夹角不变。再考虑到 $\dot{U}_m = \dot{I}_m Z_m$ 的关系，则式（3－13）演变成式（3－14）

$$90° < \arg \frac{\dot{U}_m - \dot{I}_m Z_{set}}{\dot{U}_m} < 270° \qquad (3-14)$$

式（3－14）中的 $\dot{U}_m$、$\dot{I}_m$ 是根据阻抗继电器的接线方式决定的加在继电器上的电压与电流，保护装置经过采样和计算，它们是已知的。Z_{set} 是整定值，也是已知的，所以式（3－14）是可用以实现阻抗继电器的动作方程。由于式（3－14）是从式（3－13）推导出来的，所以式（3－14）动作方程在阻抗复数平面上对应的动作特性也如图 3－11 所示的动作特性圆。

式（3-13）称作以阻抗形式表达的动作方程，式（3-14）称作以电压形式表达的动作方程。对比式（3-14）和式（3-12）可见它们是完全一样的。所以在阻抗继电器的工作电压一节中所述的阻抗继电器实际上就是方向阻抗继电器。式（3-14）中的分子（$\dot{U}_m - \dot{I}_m Z_{set}$）即是阻抗继电器的工作电压 $\dot{U}_{OP}$，极化电压为 $\dot{U}_m$。

2）偏移阻抗继电器动作方程。设相位比较动作方程为

$$90° < \arg \frac{Z_m - Z_{set}}{Z_m + Z_A} < 270° \tag{3-15}$$

式中：Z_m、Z_{set} 为继电器测量阻抗和整定阻抗；Z_A 为一个已知阻抗。

式（3-15）表达的动作方程在阻抗复数平面上对应的以测量阻抗 Z_m 为自变量的动作特性如图3-12所示。它是以（$+Z_{set}$）和（$-Z_A$）两点连线为直径的圆。仿照前面的方法不难证明式（3-15）的左边半个动作方程 $90° < \arg(Z_m - Z_{set})/(Z_m + Z_A) < 180°$，对应于直径的左边半个圆；右边的半个动作方程 $180° < \arg(Z_m - Z_{set})/(Z_m + Z_A) < 270°$，对应于直径的右边半个圆。整个动作方程对应整个圆，测量阻抗 Z_m 落在圆内继电器动作。图3-12所示的动作特性圆称作偏移特性圆。

将阻抗形式表达的动作方程式（3-15）中的分子、分母同乘以电流 $\dot{I}_m$ 可得到以电压形式表达的动作方程式（3-16）。

$$90° < \arg \frac{\dot{U}_m - \dot{I}_m Z_{set}}{\dot{U}_m + \dot{I}_m Z_A} < 270° \tag{3-16}$$

分子（$\dot{U}_m - \dot{I}_m Z_{set}$）是阻抗继电器的工作电压 $\dot{U}_{OP}$，分母（$\dot{U}_m + \dot{I}_m Z_A$）是极化电压。式（3-16）是可用以实现的动作方程。

归纳式（3-13）和式（3-15）两个以阻抗形式表达的动作方程所对应的两个动作特性分别见图3-11和图3-12，可总结出在阻抗复数平面上画出动作特性的方法：假如以阻抗形式表达的相位比较动作方程中，分子、分母都有测量阻抗 Z_m 这一项。如果两个边界角分别是90°和270°，则该阻抗继电器以测量阻抗 Z_m 为自变量的动作特性，就是以某两个端点的连线为直径的圆。这两个端点由分子、分母各决定一个点，其值为除测量阻抗 Z_m 这一项外的其他阻抗表达式的负值。当这两个相量的端点确定后，直径就确定了，该继电器的动作特性圆就唯一确定了。如果分子或分母中只有 Z_m 一项，如式（3-13）所示，那么除 Z_m 外，其他阻抗及它的负值都是零。它在阻抗复数平面上对应的端点就是坐标原点。同时还应指出，假如以阻抗形式表达的相位比较动作方程中分子、分母都有测量阻抗 Z_m 这一项，只要两个边界角之差是180°，则该阻抗继电器以测量阻抗 Z_m 为自变量的动作特性就是一个圆。

3）四边形阻抗继电器。如图3-13所示的四边形特性，它是由四条直线动作

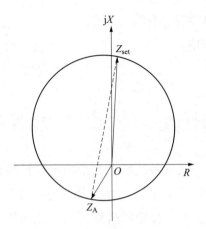

图 3 – 12 $90° < \arg \dfrac{Z_m - Z_{set}}{Z_m + Z_A} < 270°$ 的动作特性

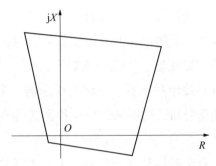

图 3 – 13   四边形特性的复合阻抗继电器

特性组合而成的。

上面的一条直线是电抗线，沿 R 方向向下倾斜，是为了保护范围末端外经过渡电阻短路时避免阻容性超越。右面的一条电阻线用来躲事故过负荷时的最小负荷阻抗。

下面的一条线一般叫方向线，防止反方向短路误动，该直线略微在坐标原点下移并且沿 R 方向向下倾斜，是为了在正方向出口短路即使过渡电阻的附加阻抗是阻容性时也没有死区。

左面的一条直线与 jX 轴一般有一个 20°左右的角度，保证测量阻抗在灵敏角上时可靠动作。它与 jX 轴的夹角也不能太大，使系统振荡时阻抗继电器动作的时间不致太大。

为了避免在反方向出口短路时保护的误动，应再采取其他措施。

4）影响距离保护阻抗继电器正确动作的因素。

a. 助增电流与外汲电流 – 分支电流；

b. 短路点过渡电阻；

c. 二次交流失压、TV 断线闭锁；

d. 系统振荡、振荡闭锁；

e. 输电线路串补电容。

3.2.3　变压器保护

变压器是把不同电压等级的系统联系起来的电压转换设备，是电力系统中的一个重要电气设备。变压器的种类很多，大致分为电力变压器和特种变压器两大类。电力变压器根据使用特点，有其特定的名称，如升压变压器、降压变压器、联络变压器、配电变压器、厂用变压器等，不同的变压器的类型不同，其保护配置、整定等也有一定差异。下面介绍常见的一些分类。

（1）按用途分：有升压变压器、降压变压器、联络变压器、配电变压器以及用于直流输电的换流变压器等。不同用途的变压器其后备保护的整定有较大差异。

（2）按相数分：有单相变压器、三相变压器等。

（3）按绕组数分：有双绕组变压器、三绕组变压器、多绕组变压器、自耦变压器、分裂变压器等。绕组类型和结构不同，对保护配置等有一定差异，如一般绕组变压器和自耦变压器。

（4）按调压方式分：有无励磁调压变压器、有载调压变压器、无分接变压器。

（5）按绝缘介质分：有油浸变压器和干式变压器。

（6）按冷却方式分：有油浸自冷（ONAN）变压器、油浸风冷（ONAF）变压器、强迫油循环风冷（OFAF）变压器、强迫油循环水冷（OFWF）变压器、强迫油导向循环风冷（ODAF）变压器、强迫油导向循环水冷（ODWF）变压器以及蒸发冷却变压器。

新能源电站所用主变压器为：升压变压器、三相变压器、双绕组变压器或三绕组变压器、有载调压变压器、油浸变压器、油浸风冷（ONAF）变压器。

双绕组变压器为 YNd11 接线，或是三绕组变压器为 YNyn12d11 接线。双绕组变压器低压侧外接接地变压器，接地变压器经小电阻接地；三绕组变压器星形低压侧中性点经小电阻接地，三角形侧为平衡绕组，三角形侧绕组接地不引出线。

● 1. 变压器保护配置

（1）瓦斯保护。瓦斯保护用来反映变压器的内部故障和漏油造成的油面降低，同时也能反映绕组的开焊故障。即使是匝数很少的短路故障，瓦斯保护同样能可靠反应。

瓦斯保护有重瓦斯、轻瓦斯之分。一般重瓦斯动作于跳闸，轻瓦斯动作于信号。当变压器的内部发生短路故障时，电弧分解油产生的气体在流向储油柜的途中冲击气体继电器，使重瓦斯动作于跳闸。当变压器由于漏油等造成油面降低时，轻瓦斯动作于信号。由于瓦斯保护反应油箱内部故障所产生的气流（或油流）或漏油而动作，所以应注意出口继电器的触点抖动，动作后应有自保持措施。

（2）纵差动保护和电流速断保护。用来反映变压器绕组的相间短路故障、绕组的匝间短路故障、中性点接地侧绕组的接地故障以及引出线的接地故障。应当看到，对于变压器内部的短路故障，如星形接线中绕组尾部的相间短路故障、绕组很少匝间的短路故障，纵差动保护和电流速断保护是反映不了的，即存在保护死区；此外，也不能反映绕组的开焊故障。注意到瓦斯保护不能反映油箱外部的短路故障，故纵差动保护和瓦斯保护均是变压器的主保护。

（3）反映相间短路故障的后备保护。用作变压器外部相间短路故障和作为变压器内部绕组、引出线相间短路故障的后备保护。根据变压器的容量和在系统中的作用，可分别采用过电流保护、复合电压启动的过电流（方向）保护、阻抗保护。

（4）反映接地故障的后备保护。变压器中性点直接接地时，用零序电流（方向）保护作为变压器外部接地故障和中性点直接接地侧绕组、引出线接地故障的后备保护。

变压器中性点不接地时，可用零序电压保护、中性点的间隙零序电流保护作为变压器接地故障的后备保护。

（5）过负荷保护。用来反映变压器的对称过负荷。用过电流反映过负荷，过负荷保护可只用一相电流监视，延时作用于信号。

（6）过励磁保护。在超高压变压器上才装设过励磁保护，过励磁保护具有反时限特性以充分发挥变压器的过励磁能力。过励磁保护动作后可发信号或动作于跳闸。

（7）其他非电量保护。变压器本体和有载调压部分的油温、油位保护；变压器的压力释放保护。此外，还有变压器带负荷后启动风冷的保护；过载闭锁带负荷调压的保护。

● 2. 变压器保护配置纵差保护

（1）变压器纵差保护的作用及保护范围。变压器纵差保护作为变压器绕组故障时变压器的主保护，差动保护的保护区是构成差动保护的各侧电流互感器之间所包围的部分。包括变压器本身、电流互感器与变压器之间的引出线。

内部电气故障的危害是非常严重的，立即会造成变压器的严重损坏，如绕组线圈短路等故障。绕组和绕组端部的短路和接地故障通常可被差动保护检测出。对于在同一相绕组内导线间击穿的匝间故障，若短路的匝数较多，也可被检测出来。匝间故障是变压器电气保护中最难检测出来的绕组故障。

仅有几匝击穿的匝间小故障所引起的电流不能被检测出，严重程度要一直发展到纵差保护灵敏度达到动作或成为接地故障为止。由于这个原因，重要的是差动保护要具有高灵敏度，这就要求有对外部故障时不会引起误动作的灵敏整定值。

故障的变压器快速切除也是重要的。由于差动保护为单元保护，因此可被用作快速跳闸，必须保证故障变压器有选择性的断开。差动保护绝不应在保护区外的故障下误动作。

（2）数字式微机型纵差动保护的构成。为了在正常运行或外部故障时流入差动继电器的电流为零，应有相位校正和幅值校正（幅值校正通常称为电流平衡调整），同时还应扣除进入差动回路的零序电流分量。在微机变压器保护中考虑到微机保护软件计算的灵活性，由软件来进行相位校正和电流平衡调整是很方便的，在这种情况下无论变压器是什么接线，两侧电流互感器均可接成星形。这样电流平衡的调整更加简单，电流互感器的二次负载又可得到下降。

1）相位校正。图 3－14 示出了微机纵差动保护在正常情况下 Yd 侧电流的相位情况。其中变压器 T 为 YNd11 接线，两侧电流互感器均为星形接线。

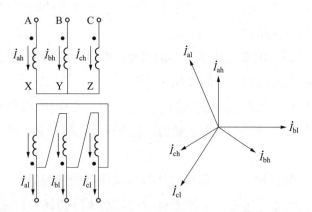

图 3－14　YNd11 接线变压器正常情况下 Y、d 侧电流相位关系

从图 3－14 可以看出，在正常情况下星形和三角侧同名相电流的相位相差 30°。例如 $\dot{I}_{al}$ 超前于 $\dot{I}_{ah}$ 30°。如果直接用这两个电流构成变压器纵差保护，即使它们的幅值相同也会产生很大的不平衡电流，所以需要用软件进行校正。校正方法有两种，一种是以 Y 侧为基准，将 d 侧电流进行移相，使 d 侧电流相位与 Y 侧电流相位一致；另一种是以 d 侧为基准，使 Y 侧电流相位与 d 侧一致。

a. 以 d 侧电流相位为基准，用 Y 侧电流进行移相。

由软件可求得 Y 侧用作差动计算的三相电流表达式为

$$\dot{I}_{AH} = (\dot{I}_{ah} - \dot{I}_{bh}) \tag{3-17}$$

$$\dot{I}_{BH} = (\dot{I}_{bh} - \dot{I}_{ch}) \tag{3-18}$$

$$\dot{I}_{CH} = (\dot{I}_{ch} - \dot{I}_{ah}) \tag{3-19}$$

由图 3 – 15 可见，正常运行和外部短路时 $\dot{I}_{al}$ 与 $\dot{I}_{AH}$ 相位相同，只要幅值相同用这两个电流构成的纵联差动保护其不平衡电流就为零。

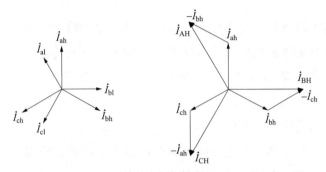

图 3 – 15　以 d 侧为基准的软件校正后 Y、d 侧电流相位

在模拟型变压器保护中，两相电流之差是靠变压器 Y 侧的差动 TA 接成三角形接线来实现的，用三角形接线的输出实现如式（3 – 17）~式（3 – 19）所示的两相电流之差。在微机型的变压器保护中，一般式（3 – 17）~式（3 – 19）所示的相位校正都在软件中实现，两侧的差动 TA 都是 Y 接线。当然也可以将相位校正用的两相电流之差靠变压器 Y 侧的差动 TA 接成三角接线来完成，在软件中只实现幅值校正。

b. 以变压器 Y 侧电流相位为基准，用 d 侧电流进行移相。

由软件按下式可求得 d 侧用作差动计算的三相电流表达式为

$$\dot{I}_{AL} = (\dot{I}_{al} - \dot{I}_{cl}) / \sqrt{3} \tag{3-20}$$

$$\dot{I}_{BL} = (\dot{I}_{bl} - \dot{I}_{al}) / \sqrt{3} \tag{3-21}$$

$$\dot{I}_{CL} = (\dot{I}_{cl} - \dot{I}_{bl}) / \sqrt{3} \tag{3-22}$$

由图 3 – 16 可见，正常运行和外部短路时 $\dot{I}_{ah}$ 与 $\dot{I}_{AL}$ 相位相同，只要幅值相同用这两个电流构成的纵联差动保护其不平衡电流就为零。

2）消除零序电流进入差动元件的措施。对于 YNd 接线而且高压侧 Y 侧中性点接地的变压器，当高压侧线路上发生接地故障时（对纵差保护而言是区外故障），高压侧 Y 接线有零序电流流过，而由于变压器低压侧绕组为 d 联结，在变压器的低压侧 d 接线外无零序电流输出，两侧零序电流不能平衡。这样，若不采取相应的措

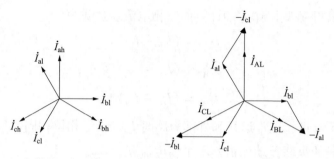

图 3-16 以 Y 侧为基准的软件校正后 Y、d 侧电流相位

施,在变压器高压侧系统中发生接地故障时,纵差保护将会误动。为使变压器纵差保护不误动,应对装置采取措施使零序电流不进入差动元件。

对于在变压器 Y 侧移相的变压器纵差保护无论是用软件实现还是用差动 TA 的三角接线实现,由于从 Y 侧通入各相差动元件的电流已经是相应的两相电流之差了,故已将零序电流滤去,所以没必要再采取其他措施。

对于用软件在变压器 d 侧进行移相的变压器纵差保护,应对 Y 侧的零序电流进行补偿,为此 Y 侧流入各相差动元件的电流应分别为

$$\dot{I}_{AH} = \dot{I}_{ah} - \frac{1}{3}(\dot{I}_{ah} + \dot{I}_{bh} + \dot{I}_{ch})$$

$$\dot{I}_{BH} = \dot{I}_{bh} - \frac{1}{3}(\dot{I}_{ah} + \dot{I}_{bh} + \dot{I}_{ch})$$

$$\dot{I}_{CH} = \dot{I}_{ch} - \frac{1}{3}(\dot{I}_{ah} + \dot{I}_{bh} + \dot{I}_{ch})$$

因为 $\frac{1}{3}(\dot{I}_{ah} + \dot{I}_{bh} + \dot{I}_{ch})$ 为零序电流,故在 Y 侧系统中发生接地故障时,就不会有零序电流进入各相差动元件。

新能源升压变压器应整定为 YNd 或 Dd 接线组别,以消除零序的影响。

3)幅值校正。由于变压器的变比、各侧实际使用的 TA 变比之间不能完全满足一定的关系,在正常运行和外部故障时变压器两侧差动 TA 的二次电流幅值不完全相同,即使经过相位校正,从两侧流入各相差动元件的电流幅值也不相同,在正常运行或外部故障时无法满足 $\sum \dot{i} = 0$ 的关系。

在实现变压器纵差保护时,采用"作用等效"的概念。即使两个不相等的电流产生的作用(对差动元件)相同。

在电磁型变压器纵差保护装置中(BCH 型继电器),采用"安匝数"相同原理;而在晶体管保护及集成电路保护中,将差动两侧大小不同的两个电流通过变换器(例如电抗变换器)变换成两个完全相等的电压。

在微机型变压器保护装置中，采用在软件上进行幅值校正。引入了一个将两个大小不等的电流折算成作用完全相同的电流的折算系数，将该系数称作为平衡系数。将一侧电流作为基准，将另一侧电流乘以该侧的平衡系数，使正常运行或外部故障时经过相位校正和幅值校正以后两侧的电流幅值相等，满足 $\sum i = 0$ 的关系。

根据变压器的容量，接线组别、各侧电压及各侧差动 TA 的变比，可以计算出差动两侧之间的平衡系数。

设变压器的容量为 S_N，接线组别为 YNd11，两侧的电压（指的是线电压）分别为 U_Y 及 $U_\triangle$，两侧差动 TA 的变比分别为 n_Y 及 $n_\triangle$，若以变压器的 d 侧为基准侧，计算出变压器 Y 侧的平衡系数 K。

a. 差动 TA 的接线为 Dy（用变压器绕组 Y 侧的差动 TA 为 d 接线进行移相）。

变压器绕组 Y 接线和 d 接线两侧流入差动元件的二次电流 I_Y 及 $I_\triangle$ 分别为

$$I_Y = \frac{\sqrt{3}S_N}{\sqrt{3}U_Y n_Y} = \frac{S_N}{U_Y n_Y} \qquad (3-23)$$

$$I_\triangle = \frac{S_N}{\sqrt{3}U_\triangle n_\triangle} \qquad (3-24)$$

如果以变压器 d 侧的电流 $I_\triangle$ 为基准，要使 $KI_Y = I_\triangle$，则变压器 Y 侧的平衡系数 K 为

$$K = \frac{I_\triangle}{I_Y} = \frac{U_Y n_Y}{\sqrt{3}U_\triangle n_\triangle} \qquad (3-25)$$

b. 差动 TA 接线为 Yy，由软件在变压器高压侧（Y 侧）移相。

变压器两侧流入差动元件的二次电流分别为

$$I_Y = \frac{S_N}{\sqrt{3}U_Y n_Y} \qquad I_\triangle = \frac{S_N}{\sqrt{3}U_\triangle n_\triangle}$$

每相差动元件两侧的计算电流分别为：

高压侧：由式（3-17）~式（3-19）软件移相，得到的是两相电流之差

$$I_Y' = \frac{S_N}{\sqrt{3}U_Y n_Y} \times \sqrt{3} = \frac{S_N}{U_Y n_Y}$$

低压侧：

$$I_\triangle' = \frac{S_N}{\sqrt{3}U_\triangle n_\triangle}$$

如果以变压器 d 侧的电流 $I_\triangle'$ 为基准，要使 $KI_Y' = I_\triangle'$，则变压器 Y 侧的平衡系数 K 为

$$K = \frac{I'_\triangle}{I'_Y} = \frac{U_Y n_Y}{\sqrt{3} U_\triangle n_\triangle} \qquad (3-26)$$

可以看出：式（3-25）与式（3-26）完全相同。

由上所述，对于 YNd 接线的变压器，用改变变压器 Y 侧 TA 的接线方式移相或根据式（3-17）~式（3-19）用软件在高压侧移相，差动元件两侧之间的平衡系数完全相同。该平衡系数只与变压器两侧的电压（或者说变比）及差动 TA 的变比有关，而与变压器的容量无关。

c. 差动 TA 接线为 Yy，由软件在变压器低压侧（d 侧）移相。计算变压器 d 侧的平衡系数。

变压器两侧流入差动元件的二次电流分别为

$$I_Y = \frac{S_N}{\sqrt{3} U_Y n_Y}$$

$$I_\triangle = \frac{S_N}{\sqrt{3} U_\triangle n_\triangle}$$

每相差动元件两侧的计算电流分别为：

高压侧：$I'_Y = I_Y = \dfrac{S_N}{\sqrt{3} U_Y n_Y}$；

低压侧：由式（3-20）~式（3-22）软件移相，得到 $I'_\triangle = \dfrac{S_N}{\sqrt{3} U_\triangle n_\triangle} \times \dfrac{\sqrt{3}}{\sqrt{3}} =$

$\dfrac{S_N}{\sqrt{3} U_\triangle n_\triangle}$。

如果以变压器 Y 侧的电流 I'_Y 为基准，要使 $KI'_\triangle = I'_Y$，则变压器 d 侧的平衡系数 K 为

$$K = \frac{I'_Y}{I'_\triangle} = \frac{U_\triangle n_\triangle}{U_Y n_Y}$$

Yyd 变压器纵差保护各侧之间的平衡系数见表 3-1。

表 3-1　　　Yyd 变压器纵差保护各侧之间的平衡系数（以低压侧为基准值）

项目名称	各侧系数		
	高压侧（H）	中压侧（M）	低压侧（L）
TA 接线	Y	Y	Y
TA 二次电流	$\dfrac{S_N}{\sqrt{3} U_b n_b}$	$\dfrac{S_N}{\sqrt{3} U_m n_m}$	$\dfrac{S_N}{\sqrt{3} U_L n_L}$

续表

项目名称	各侧系数		
	高压侧（H）	中压侧（M）	低压侧（L）
各相差动元件的计算电流	$\dfrac{S_N}{U_b n_b}$	$\dfrac{S_N}{U_m n_m}$	$\dfrac{S_N}{\sqrt{3}U_L n_L}$
对低压侧的平衡系数	$\dfrac{U_h n_h}{\sqrt{3}U_L n_L}$	$\dfrac{U_m n_m}{\sqrt{3}U_L n_L}$	1

注　1. 表中列出的平衡系数的平衡系数是用软件在高压侧、中压侧移相或用改变高压侧、中压侧 TA 接线方式
　　　移相的条件下计算出来的。

　　2. S_N 为变压器的额定容量；U_h、n_h 分别为高压侧额定电压及 TA 的变比；U_m、n_m 分别为变压器中压侧额
　　　定电压及 TA 的变比；U_L、n_L 分别为变压器低压侧额定电压及 TA 变比。

　　3. 表中没有列出用软件在低压侧（d 侧）移相时的平衡系数。

4）差动元件的比率制动特性曲线。目前，在变压器纵差保护装置中，为提高内部故障时的动作灵敏度及可靠躲过外部故障的不平衡电流，均采用具有比率制动特性曲线的差动元件。

不同型号的纵差保护装置，其差动元件的动作特性不相同。差动元件的比率制动特性曲线有一段折线式、两段折线式及三段折线式。

a. 动作特性与动作方程。

（a）一段折线式差动元件。国外生产的变压器纵差保护中，有采用一段折线式比率制动特性的差动元件。其比率制动特性如图 3 - 17 所示，当计算得到的差电流 I_{dz} 和制动电流 I_{zd} 所对应的工作点位于该折线的上方，差动元件动作。故其动作方程如式（3 - 27）所示

$$I_{dz} \geqslant I_{dz0} + K_z I_{zd} \tag{3-27}$$

式中：I_{dz} 为差电流，也称作动作电流，$I_{dz} = \left| \sum\limits_{i=1}^{m} \dot{i}_i \right|$，即各侧电流的相量和，对于双绕组变压器而言，$I_{dz} = |\dot{i}_1 + \dot{i}_2|$（$\dot{i}_1$、$\dot{i}_2$ 分别为差动元件两侧的电流）；I_{dz0} 为差动元件的启动电流，也称最小动作电流，或初始动作电流；K_z 为折线的斜率，也叫比率制动系数；I_{zd} 为制动电流，一般取差动元件各侧电流中的最大者，即 $I_{zd} = \max\{|I_1| |I_2| \cdots |I_m|\}$，也有采用 $I_{zd} = \dfrac{1}{2} \sum\limits_{i=1}^{m} |\dot{i}_i|$，即各侧电流标量和（绝对值和）的一半。

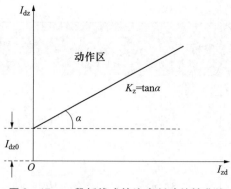

图 3 – 17　一段折线式的比率制动特性曲线

（b）两段折线式差动元件。在国内，广泛采用的变压器纵差保护，多采用具有两段折线式比率制动特性的差动元件。其特性如图 3 – 18 所示，当计算得到的差电流 I_{dz} 和制动电流 I_{zd} 所对应的工作点位于两折线的上方时，差动元件动作。故其动作方程是式（3 – 28）两个方程的逻辑"与"。

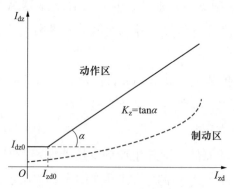

图 3 – 18　两段折线式的比率制动

$$\begin{cases} I_{dz} \geqslant I_{dz0} & I_{zd} \leqslant I_{zd0} \\ I_{dz} \geqslant K_z (I_{zd} - I_{zd0}) I_{zd0} + I_{dz0} & I_{zd} > I_{zd0} \end{cases} \qquad (3-28)$$

式中：I_{zd0} 为拐点电流，即开始出现制动作用的最小制动电流；其他符号的物理意义同式（3 – 27）。

（c）三段折线式差动元件。三段折线式比率制动特性曲线如图 3 – 19 所示，当计算得到的差电流 I_{dz} 和制动电流 I_{zd} 所对应的工作点位于三折线的上方，差动元件动作。故其动作方程是式（3 – 29）三个方程的逻辑"与"。

$$\begin{cases} I_{dz} \geqslant I_{dz0} & I_{zd} \leqslant I_{zd0} \\ I_{dz} \geqslant I_{dz0} + K_{z1} (I_{zd} - I_{zd0}) & I_{zd0} < I_{zd} \leqslant I_{zd1} \\ I_{dz} \geqslant I_{dz0} + K_{z1} (I_{zd1} - I_{zd0}) + K_{z2} (I_{zd} - I_{zd1}) & I_{zd1} \leqslant I_{zd} \end{cases} \qquad (3-29)$$

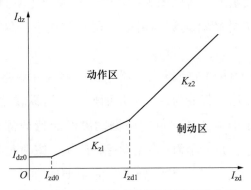
图 3－19　三段折线式的比率制动特性曲线

式中：K_{z1} 为第二段折线的斜率；K_{z2} 为第三段折线的斜率；I_{zd1} 为第二个拐点电流；其他符号的物理意义同式（3－27）。

　　b. 比率制动特性曲线的参数。图 3－17 所示的一段折线式的比率制动特性由于在制动电流较小时其动作区小，在匝间短路的情况下灵敏度很差，所以在变压器差动保护中应用是不合适的。目前采用较多的是如图 3－18 所示的二段折线式的比率制动特性。该特性曲线由三个参数来决定：即启动电流 I_{dz0}、拐点电流 I_{zd0} 及比率制动系数 K_{z1}。（特性曲线的斜率）。由于差动元件的动作灵敏度及躲区外故障的能力与其动作特性有关，因此也与这三个参数有关。

　　在评价差动元件灵敏度时应该在两个参数不变的情况下，看随第三个参数变化时动作区的变化。例如在图 3－18 中，在比率制动系数 K_z、拐点电流 I_{zd0} 不变情况下，启动电流 I_{dz0} 越小，其动作区越大，差动元件的灵敏度越高；在比率制动系数 K_z、启动电流 I_{dz0} 不变情况下，拐点电流 I_{zd0} 越大，其动作区越大，差动元件的灵敏度越高；在启动电流 I_{dz0}、拐点电流 I_{zd0} 不变情况下，比率制动系数 K_z 越小，其动作区越大，差动元件的灵敏度越高。

　　在发生外部短路时，流经变压器的是一个穿越性的短路电流。理想情况下，差动元件的差电流应该是零。可是由于变压器的励磁电流影响、各侧 TA 变比误差的不同、各侧 TA 暂态特性的不同、各侧电流回路的时间常数不同，以及变压器有载调压的影响等原因，实际上差电流不是零，这种在外部短路时（包括正常运行时）出现的差电流称作不平衡电流。流经变压器的穿越性的短路电流越大，不平衡电流也越大，但它们不完全是线性关系。当制动电流为 $I_{zd} = \dfrac{1}{2}\sum_{i=1}^{m} |i_i|$ 时，外部短路时的制动电流就是流经变压器穿越性的短路电流，因此可以画出不平衡电流随着制动电流变化而变化的关系曲线，如图 3－18 中的虚线所示。

　　变压器比率制动特性的三个参数的选择应该在保证外部短路不误动的前提下，

尽量提高内部短路的灵敏度。所以图 3 – 18 中两折线的比率制动特性曲线应该位于不平衡电流曲线的上方并留有足够的裕度。在此前提下，尽量提高内部短路的灵敏度。

5）差动电流速断元件。在空投变压器和变压器区外短路切除时会产生很大的励磁涌流，而且该励磁涌流都成为差电流从而使变压器纵联差动保护误动。为此变压器纵差保护都设置了涌流闭锁元件，根据励磁涌流特征例如用"波形畸变"或"谐波分量"判断出现了励磁涌流时将差动保护闭锁，来避免差动保护误动。

但是判断"波形畸变"或"谐波分量"是需要时间的，这将造成变压器内部严重故障时差动保护不能迅速切除故障的不良后果，此外变压器内部严重故障时如果 TA 饱和，TA 二次电流的波形将发生严重畸变，并含有大量的谐波分量，从而使涌流判别元件误判断成励磁涌流，致使差动保护拒动，造成变压器严重损坏。

为克服纵差保护的上述缺点，设置了差动速断元件。它的动作电流整定值很大，比最大的励磁涌流值还大，依靠定值来躲励磁涌流。这样差动速断元件可以不经励磁涌流判据闭锁，也不经过过励磁判据、TA 饱和判据的闭锁。所以对于变压器内部的严重故障，只要差电流大于电流定值就可以快速跳闸。

6）变压器纵差动保护需要解决的励磁涌流问题。从变压器的等值电路可以看出，变压器的励磁电流如同在变压器内部发生短路一样是从变压器纵联差动保护范围内部往外流出的电流，因此励磁电流将成为差电流（动作电流）。而励磁涌流是在空投变压器和变压器区外短路切除这两种特殊情况下的励磁电流，所以此时的励磁涌流也将成为差电流。由于励磁涌流的幅值很大，不采取措施将造成差动保护误动。

a. 励磁涌流的特点。在某台变压器空投时变压器三相励磁涌流的波形如图 3 – 20 所示。

由图 3 – 20 可以看出励磁涌流有以下几个特点：

（a）偏于时间轴的一侧，即涌流中含有很大的直流分量。

（b）波形是间断的，且间断角很大，一般大于 60°。

（c）在一个周期内正半波与负半波不对称。

（d）含有很大的二次谐波分量，若将涌流波形用傅里叶级数展开或用谐波分析仪进行测量分析，绝大多数涌流中二次谐波分量与基波分量的百分比大于 15%，有的甚至达 50% 以上。

（e）在同一时刻三相涌流之和近似等于零。

（f）励磁涌流是衰减的，衰减的速度与合闸回路及变压器绕组中的时间常数 T 有关。T 为电感 L 与电阻 R 的比值。当合闸回路及变压器绕组中的有效电阻及其他

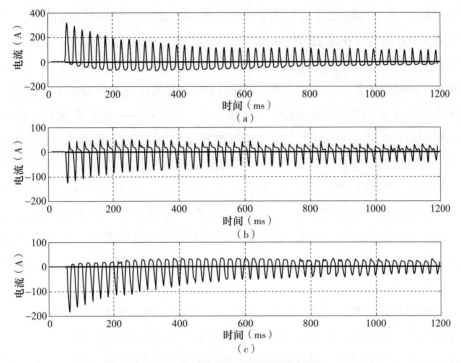

图3－20 空投变压器的励磁涌流

(a) A相；(b) B相；(c) C相

有效损耗越小，时间常数 T 越大，励磁涌流衰减得越慢。

b. 影响励磁涌流大小的因素。空投变压器铁芯中的磁通的大小与 Φ_{m}、$\cos\alpha$、Φ_{s} 以及合闸角 α 有关。而励磁涌流的大小与铁芯中磁通的大小有关。磁通越大，铁芯越饱和，励磁涌流就越大。因此，影响励磁涌流大小的因素主要有：

（a）电源电压。变压器合闸后，铁芯中强迫磁通的幅值为 $\Phi_{\mathrm{m}} = \dfrac{U_{\mathrm{m}}}{W_{\omega}}$。因此，合闸前电源电压越高 Φ_{m} 越大，励磁涌流越大。

（b）合闸角 α。当合闸角 $\alpha=0$ 时，也就是在电压瞬时值为零时合闸，合闸瞬间（$t=0$）磁通的强迫分量达最大值 $-\Phi_{\mathrm{m}}$，为了保持合闸瞬间磁链守恒，磁通的自由分量 $\Phi_{\mathrm{m}}\cos\alpha$ 也达到最大值 Φ_{m}，使铁芯中的总磁通 Φ 与空投前的磁通一样为剩磁 Φ_{s}。这样半周以后铁芯中的最大磁通可以达到 $2\Phi_{\mathrm{m}}+\Phi_{\mathrm{s}}$，所以在电源电压的瞬时值过零瞬间空投变压器时，励磁涌流的数值最大；而当合闸角 $\alpha=90°$ 时，也就是在电压瞬时值为峰值时合闸，合闸瞬间（$t=0$）磁通的强迫分量 $-\Phi_{\mathrm{m}}\cos(\omega t+\alpha)$ 为零，磁通的自由分量 $\Phi_{\mathrm{m}}\cos\alpha$ 也是零，只有剩磁 Φ_{s}，铁芯中的最大磁通也只是 $\Phi_{\mathrm{m}}+\Phi_{\mathrm{s}}$。所以在电源电压的瞬时值过零瞬间空投变压器时，励磁涌流最大，在电源电压的瞬时值为最大值瞬间空投变压器时，励磁涌流的数值最小。

（c）剩磁 Φ_s。合闸之前，变压器铁芯中的剩磁越大，励磁涌流就越大。另外，当剩磁 Φ_s 的方向与合闸之后 $\Phi_m \cos\alpha$ 的方向相同时，励磁涌流就大。当剩磁 Φ_s 的方向与合闸之后 $\Phi_m \cos\alpha$ 的方向相反时，励磁涌流就小。

此外，励磁涌流的大小，尚与变压器的结构、铁芯材料及设计的工作磁密有关。变压器的容量越小，空投时励磁涌流与其额定电流之比值——励磁涌流的倍数越大。

测量表明：空投变压器时，变压器与电源之间的联系阻抗越大，励磁涌流越小。在末端变电站，空投变压器时的励磁涌流可能小于其额定电流的 2 倍。

c. 躲励磁涌流的措施。在变压器纵差保护中，对差电流进行励磁涌流特征的判别。在工程中曾得到应用的有：二次谐波含量高、波形不对称和波形间断角比较大三种原理，尤其是前两种应用最为普遍。当识别出是励磁涌流时，将差动保护闭锁来防止纵差保护误动。数字式变压器微机保护躲励磁涌流使用二次谐波制动原理来实现。

二次谐波制动原理是利用流过差动元件差电流中的二次谐波电流作为制动量，区分出差流是内部故障的短路电流还是励磁涌流，实现励磁涌流闭锁的。

具有二次谐波制动的差动保护中，采用一个重要的物理量，即二次谐波制动比来衡量二次谐波电流的制动能力。

所谓二次谐波制动比 $K_{2\omega z}$ 是指：在通入差动元件的电流（差流）中，含有基波分量电流和二次谐波分量电流，差电流中二次谐波分量电流与基波分量电流比值的百分比，称作二次谐波制动比 $K_{2\omega z}$。当二次谐波制动比 $K_{2\omega z}$ 大于二次谐波制动比的定值 K_2 时闭锁差动保护，反之当小于二次谐波制动比的定值 K_2 时开放差动保护。即满足下式所示的动作方程时将差动保护闭锁。

$$K_{2\omega z} = \frac{I_{2\omega}}{I_{1\omega}} \times 100\% > K_2 \qquad (3-30)$$

式中：$K_{2\omega z}$ 为二次谐波制动比；$I_{1\omega}$ 为基波电流；$I_{2\omega}$ 为二次谐波电流；K_2 为二次谐波制动比的整定值，一般取 15%。

在对具有二次谐波制动的差动保护进行定值整定时，二次谐波制动比的整定值越大，该差动保护躲过励磁涌流的能力越弱，越容易误动；反之，二次谐波制动比的整定值越小，差动保护躲励磁涌流的能力越强。

7）提高变压器纵差动保护可靠性措施。运行实践及统计表明，在变压器纵差保护不正确动作的类型中，因整定值不妥及 TA 二次回路不良占的比率很大。因此，为提高保护的可靠性，除了必须保证保护装置高质量之外，还必须对其各元件整定值进行合理的整定及确保其二次回路的正确性、良好性。

统计表明，经常发生的差动保护不正确动作的类型有：正常运行时（系统无故障及无冲击）的误动，区外故障时误动、系统短路故障被切除时误动。

a. 变压器正常运行时差动保护误动原因分析。分析及统计表明，正常运行时差动保护误动的主要原因有：

（a）由于 TA 二次回路中接线端子螺钉松动，而使回路连线接触不良或短时开路。

（b）TA 二次回路中一相接触不良，在接触不良点产生电弧进而造成单相接地或两相之间短路（指 TA 二次回路短路）。

（c）TA 二次电缆芯线（相线）外层绝缘破坏或损伤，在运行中由于振动等原因造成接地短路。

（d）差动 TA 二次回路多点接地，其中一个接地点在保护装置盘上，其他接地点在变电站端子箱内，两个接地点之间的地电位相差太大，或由于试验等原因，在差动元件中产生差流使其误动。

b. 区外故障切除时的误动原因分析。区外故障被切除时，流过变压器的电流突然减小到额定负荷电流之下。在此暂态过程中，由于电流中非周期分量和谐波分量的存在，在两侧 TA 暂态特性有差别时两侧差动 TA 二次电流之间的相位与幅值差短时（40~60ms）发生了变化，在差动元件中产生差流。两侧差动 TA 的暂态特性相差越大，差流值越大，且持续时间越长。又由于流过变压器的电流较小，差动元件的制动电流较小；当差动元件拐点电流整定得过大时，差动元件处于无制动状态。此时，若初始动作电流定值偏小，保护容易误动。

c. 区外故障时的误动原因分析。区外故障差动保护误动的情况有两种，一种是近区故障（故障点距变压器近）而故障电流很大；另一种是远区故障而故障电流很小（比变压器额定电流大得不多）。

前一种故障时保护误动的原因，多因一侧的 TA 饱和，在差动元件中产生的差流特别大；后一种故障时保护误动的原因，多是两侧差动 TA 暂态特性相差大及差动元件定值整定有误（拐点电流过大、启动电流过小等）所致。

d. 提高可靠性措施。为提高纵差保护的动作可靠性，应做好以下工作：

（a）严防 TA 二次回路接触不良或开路。在保护装置安装并调试之后，或变压器大修后投运之前，应仔细检查 TA 二次回路，拧紧二次回路中各接线端子的螺钉，且螺钉上应有弹簧垫或防震片。

（b）严格执行反措要求。所有差动 TA 二次回路只能有一个公共接地点，且该接地点应在保护盘上。

（c）确保差动 TA 二次电缆各芯线之间及各芯线对地的绝缘。

应结合主设备检修，定期检查差动 TA 二次电缆各芯线对地及各芯线之间的绝缘；用1000V 绝缘电阻表测量时，各绝缘电阻应不小于 5MΩ。另外，在配线过程中，不要损坏电缆芯线外层的绝缘，接端子线的裸体外露部分尽量要短，以免因振动等原因而造成接地或相间短路。

（d）纵差保护用 TA 的选择。在选择变压器纵差保护 TA 时，一定要保证各组 TA 的容量及精度等级。优先采用暂态特性好的 TP 级 TA。另外，选择二次电缆时，差动 TA 二次回路电缆芯线的截面应足够。对于长电缆，其芯线截面应不小于 $4mm^2$（铜线）。

（e）合理的整定值。在对变压器纵差保护各元件的定值进行整定时，应根据变压器的容量、结构、在系统中的位置及系统的特点，合理而灵活地选择定值，以确保保护的动作灵敏度及可靠性。运行实践表明：过分追求差动保护的动作灵敏度及动作的快速性，是一种误区。

3. 变压器复合电压闭锁的（方向）过电流保护

为确保动作的选择性要求，在两侧或三侧有电源的三绕组变压器上配置复压闭锁的方向过电流保护，作为变压器和相邻元件（包括母线）相间短路故障的后备保护。

（1）功率方向元件基本原理。功率方向元件的电压、电流取自于本侧的电压、电流。下面介绍 90°接线的功率方向元件的基本原理。

功率方向元件的 90°接线，接线方式如表 3 - 2 所示。因为当功率因数为 1（即设同名相的电压与电流相位相同）时，接入继电器的电流 $\dot{I}_g$ 与接入继电器的电压 $\dot{U}_g$ 间有 90°相角差，故称为 90°接线，但它绝不表示发生短路时加入功率方向元件的电压与电流相位相差 90°。

表 3 - 2   90°接线的功率方向元件接线

接线方式	接入继电器电流 $\dot{I}_g$	接入继电器电压 $\dot{U}_g$
A 相功率方向元件	$\dot{I}_A$	$\dot{U}_{BC}$
B 相功率方向元件	$\dot{I}_B$	$\dot{U}_{CA}$
C 相功率方向元件	$\dot{I}_C$	$\dot{U}_{AB}$

在分析功率方向元件的行为前，先分析它的构成原理。

在图 3 - 21 中，作出 $\dot{U}_g$ 相量，再向超前方向作 $\dot{U}_g e^{j\alpha}$ 相量，垂直 $\dot{U}_g e^{j\alpha}$ 相量的直线 ab 的阴影线侧即为正方向短路时 $\dot{I}_g$ 的动作区，$\dot{I}_g$ 落在这一侧功率方向元件动作。$\dot{I}_g$ 落在 $\dot{U}_g e^{j\alpha}$ 方向上，功率方向元件动作最灵敏，在 $\dot{U}_g e^{j\alpha}$ 方向左右 90°是方向元件的动作区。因此正方向功率方向元件的动作方程可写为

$$-90° < \arg \frac{\dot{I}_g}{\dot{U}_g e^{j\alpha}} < 90°（正向元件） \tag{3-31}$$

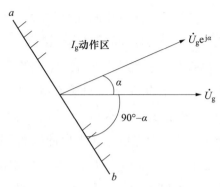

图3-21 90°接线的功率方向元件工作原理

一般称 α 为90°接线的功率方向元件的内角（30°或45°），显而易见，当 $\dot{I}_g$ 超前 $\dot{U}_g$ 的相角正好为 α 时，正向元件动作最灵敏。如果以 $\dot{I}_g$ 滞后 $\dot{U}_g$ 的角度为正角度，那么 $\dot{I}_g$ 超前 $\dot{U}_g$ 的角度就是负角度。则最大灵敏角为 $-30°$ 或 $-45°$，即最大灵敏角为 $\varphi_{sen} = -\alpha$。$\dot{I}_g$ 超前 $\dot{U}_g$ 的相角为30°或45°时，正向元件动作最灵敏。

在分析短路以后功率方向元件的动作行为时，只要根据故障分析的有关知识画出加在功率方向元件上的电压、电流的相量图，如果最大灵敏角为 $-30°$，那么在 $\dot{U}_g$ 相量向滞后60°（即90°-30°）的方向上画一条直线如图3-21中的 ab 线就是电流的动作边界线。该线向着 $\dot{U}_g$ 的一侧就是电流的动作区（阴影区）。

（2）复合电压闭锁元件。复合电压闭锁元件由相间低电压元件和负序过电压元件按"或"逻辑构成。采用负序过电压元件在不对称短路时有很高的灵敏度，而且在YNd接线变压器各侧发生不对称短路时负序电压的幅值不受星—角转换的影响。但负序过电压元件不能保护三相短路，所以另外采用相间低电压元件用于保护三相短路。

复合电压闭锁元件的动作判据是

$$\min(\dot{U}_{ab},\dot{U}_{bc},\dot{U}_{ca}) < \dot{U}_{<zd} \tag{3-32}$$

$$\dot{U}_2 > \dot{U}_{2zd} \tag{3-33}$$

式中：$U_{<zd}$ 为本侧母线相间电压的低电压定值；U_{2zd} 为负序电压定值。

满足上述任意一个条件表明复合电压闭锁元件动作。

（3）过电流元件。采用保护安装侧TA的三相电流构成过电流元件。过电流元件的动作方程是

$$I_\varphi \geq I_{zd} \tag{3-34}$$

式中：I_{zd} 为电流元件的定值；φ 为A、B、C。

（4）复合电压闭锁方向过电流保护的逻辑关系。保护由相间功率方向元件、过电流元件及复合电压元件构成。复合电压元件由相间低电压元件和负序电压元件的

"或"逻辑构成。同名相的过电流元件和相间功率方向元件先构成"与"逻辑，然后再与复合电压元件构成"与"逻辑后经延时出口跳闸。

（5）TV 断线对复合电压闭锁过电流（方向）保护的影响。由于功率方向元件、复合电压元件都要用到电压量，所以 TV 断线对它们将产生影响。复合电压闭锁过电流（方向）保护应采取如下一些措施：低压侧固定不带方向，低压侧的复合电压元件正常时取用本侧（或本分支）的复合电压。在判出低压侧 TV 断线时，在发 TV 断线告警信号同时将该侧复压元件退出，保护不经过复压元件闭锁。高（中）压侧如果采用功率方向元件的话正常时用本侧的电压，复合电压元件正常时由各侧复合电压的"或"逻辑构成。在判出高（中）压某侧 TV 断线时，在发 TV 断线告警信号同时该侧复压闭锁方向过电流保护中的复压元件采用其他侧的复压元件，另外将方向元件退出。这种情况下，发生不是整定方向的接地短路时保护动作是允许的。

TV 断线的判别可以用下面两个判据：

1）保护的启动元件未启动，正序电压小于 30V，且任一相电流大于 $0.04I_N$ 或开关在合位状态，延时 10s 报该侧母线 TV 异常。该判据用以判定 TV 三相断线。

2）保护的启动元件未启动，负序电压大于 8V，延时 10s 报该侧母线 TV 异常。该判据用于判定 TV 一相或两相断线。

4. 变压器零序电流（方向）保护

对于中性点直接接地的变压器，应装设零序电流（方向）保护，作为变压器和相邻元件（包括母线）接地短路故障的后备保护。

（1）零序方向元件原理。普通三绕组变压器高压侧、中压侧同时接地运行时，任一侧发生接地短路故障时，在高压侧和中压侧都会有零序电流流通，为使两侧变压器的零序电流保护相互配合，有时需要加零序方向元件。对于三绕组自耦变压器，高压侧和中压侧除电的直接联系外，两侧共用一个中性点并接地，自然任一侧发生接地故障时，零序电流可在高压侧和中压侧间流通，同样需要零序电流方向元件以使两侧变压器的零序电流保护相互配合。

但是，对于普通三绕组变压器来说，低压绕组一般总是接成三角形接线，在零序等值电路中，变压器的三角绕组是短路运行的。倘若三绕组变压器低压绕组的等值漏电抗等于零，则高压侧（中压侧）发生接地短路故障时，中压侧（高压侧）就没有零序电流流通，两侧变压器的零序电流保护不存在配合问题，无须设零序方向元件；自然，当三绕组变压器低压绕组的等值漏电抗不等于零时，就需要零序方向元件。

因此，在变压器的零序电流保护中，只有在低压侧绕组等值漏电抗不等于零且高压侧和中压侧中性点均接地的三绕组变压器以及自耦变压器上，才需要零序方向元件。当然，YNd 接线的双绕组变压器的零序电流保护，不需要零序方向元件。

图 3-22 示出了高压侧和中压侧中性点均接地的三绕组变压器，设高压侧系统 1 的零序等值阻抗为 Z_{H0}，中压侧系统 2 的零序等值阻抗为 Z_{M0}。以下讨论装设在变压器高压侧零序电流保护中的零序方向元件当正方向指向变压器、正方向指向系统（系统 1）时的 $\dot{I}_{H0}$ 与 $\dot{U}_{H0}$ 的相位关系，其中 $\dot{I}_{H0}$ 的正方向从本侧母线（H）指向变压器（即 TA 正极性端在母线侧），$\dot{U}_{H0}$ 电压降方向由母线（H）对地。

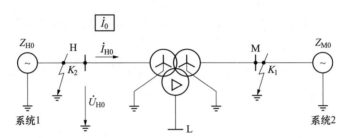

图 3-22　高压侧和中压侧中性点均接地的三绕组变压器

图 3-23（a）示出了在图 3-22 中中压母线 M 处 K_1 点发生接地短路故障时的零序网络图，由图可见，$\dot{U}_{H0}$ 与 $\dot{I}_{H0}$ 的关系为

$$\dot{U}_{H0} = -\dot{I}_{H0}Z_{H0} \tag{3-35}$$

如果零序方向元件正方向（动作方向）是指向变压器，就相当于在保护正方向上发生了接地短路故障，式（3-35）表明了该零序方向元件的相位关系。应当指出，变压器内部匝间短路和高压绕组或中压绕组内部接地时，$\dot{U}_{H0}$ 与 $\dot{I}_{H0}$ 也有相同的相位关系。

图 3-23（b）示出了图 3-22 中高压母线 H 系统 1 侧 K_2 点发生接地短路故障时的零序网络图，如果 $\dot{I}_{H0}$ 的正方向仍是母线流向变压器，则由图可见 $\dot{U}_{H0}$ 与 $\dot{I}_{H0}$ 的关系式为

$$\dot{U}_{H0} = \dot{I}_{H0}\left[Z_{T1} + (Z_{T2} + Z_{M0})//Z_{T3} \right] \tag{3-36}$$

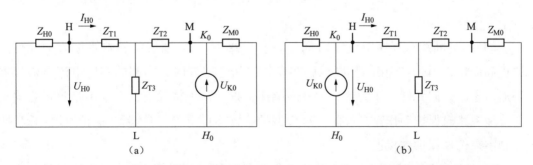

图 3-23　在图 3-22 中压母线 M 处、高压母线系统 1 侧分别接地时的零序网络图

（a）中压母线 M 处 K_1 点接地时；（b）高压母线系统 1 侧 K_2 点接地

如果零序方向元件的正方向（动作方向）是指向本侧系统（母线），相当于在保护正方向上发生了接地短路故障，式（3-36）表明了该零序方向元件的相位关系。

根据式（3-35）的相位关系，正方向（动作方向）指向变压器的零序方向元件的动作方程如式（3-37）所示

$$-90° < \arg \frac{3\dot{U}_0}{3\dot{I}_0 e^{j(\varphi_{M0}+180°)}} < 90° \text{（动作方向指向变压器）} \qquad (3-37)$$

如果零序阻抗角 φ_{M0} 是 75°，由式（3-37）可见最大灵敏角是 255°，也就是 -105°。

根据式（3-36）的相位关系，正方向（动作方向）指向本侧系统（母线）的零序方向元件的动作方程应该如式（3-38）所示。

$$-90° < \arg \frac{3\dot{U}_0}{3\dot{I}_0 e^{j\varphi_{M0}}} < 90° \text{（动作方向指向本侧系统）} \qquad (3-38)$$

如果零序阻抗角 φ_{M0} 是 75°，由式（3-38）可见，最大灵敏角是 75°。

在保护装置定值单中设有控制字来控制零序方向的指向。当控制字为"1"时，表示方向指向系统（母线），最大灵敏角为 75°；当控制字为"0"时，表示方向指向变压器，最大灵敏角为 255°。

需注意的是，方向元件所用的零序电压固定为自产零序电压。用自产零序电流时，TA 的正极性端在母线侧，用变压器中性点的零序电流时，TA 的正极性端在变压器侧。

（2）零序电流元件。当 $3I_0$ 电流大于该段零序电流定值时，该段零序过电流元件动作。

（3）零序电流（方向）保护的动作逻辑。零序电流（方向）保护由零序过电流元件与零序方向元件的"与"逻辑构成。如果有些场合不带方向的话，就纯粹是一个零序电流保护。

（4）TV 断线对零序电流（方向）保护的影响。TV 断线将影响零序方向元件的正确动作，因此当判出 TV 断线后在发告警信号的同时，本侧的零序电流方向保护退出零序方向元件，成为纯粹的零序电流保护。这种情况下，发生不是整定方向的接地短路时保护动作是允许的。这样保护装置不再设置"TV 断线保护投退原则"控制字来选择保护的投退。

（5）本侧电压退出对零序电流方向保护的影响。当本侧 TV 检修或旁路代路未切换 TV 时，为保证本侧零序电流方向的正确动作，需将本侧的"电压投/退"连接片置于退出位置。此时零序电流方向保护退出零序方向元件，成为纯粹的零序电

流保护。

（6）零序过电流各段经谐波制动闭锁。为防止变压器和应涌流对零序电流方向保护的影响，装置设有谐波制动闭锁措施。当谐波含量超过一定比例时，闭锁零序电流方向保护。

5. 变压器中性点间隙保护和零序电压保护

对于中性点直接接地的变压器，装设零序电流（方向）保护，作为接地短路故障的后备保护。对于中性点不接地的半绝缘变压器，装设间隙保护作为接地短路故障的后备保护。

所谓半绝缘变压器即其中性点线圈的对地绝缘比其他部位弱。所以中性点的绝缘容易被击穿。

在电力系统运行中，希望每条母线上的零序综合阻抗尽量维持不变，这样零序电流保护的保护范围也比较稳定。因此接在母线上的几台变压器的中性点采用部分接地。当中性点接地的变压器检修时，中性点不接地的变压器再将中性点接地，保持零序综合阻抗不变。

这样带来了一个新的问题。如果发生单相接地短路时所有中性点接地的变压器都先跳了，而中性点不接地的变压器还在运行，这时成了一个小接地电流系统带单相接地短路运行，中性点的电压将升高到相电压，对于半绝缘变压器中性点的绝缘会被击穿。

在20世纪90年代之前，为确保变压器中性点不被损坏，将变电站（或发电厂）所有变压器零序过电流保护的出口横向联系起来，去启动一个公用出口部件。通常将该出口部件叫作零序公用中间。当系统或变压器内部发生接地故障时，中性点接地变压器的零序电流保护动作，去启动零序公用中间元件。零序公用中间元件动作后，先去跳中性点不接地的变压器，当故障仍未消失时再跳中性点接地的变压器。

运行实践表明，上述保护方式存在严重缺点，容易造成全站或全厂一次切除多台变压器，甚至使全站或全厂大停电。另外，由于各台变压器零序过电流保护之间有了横向联系，使保护复杂化，且容易造成人为误动作，所以这种方法已不被使用。

为了避免系统发生接地故障时，中性点不接地的变压器由于某种原因中性点电压升高造成中性点绝缘的损坏，在变压器中性点安装一个放电间隙，放电间隙的另一端接地。当中性点电压升高至一定值时，放电间隙击穿接地，保护了变压器中性点的绝缘安全。当放电间隙击穿接地以后，放电间隙处将流过一个电流。该电流由于是在相当于中性点接地的线上流过，所以是 $3I_0$ 电流，利用该电流可以构成间隙零序电流保护。

（1）间隙保护。

1）间隙保护的原理接线。利用上述的放电间隙击穿以后产生的间隙零序电流 $3I_0$ 和在接地故障时在故障母线 TV 的开口三角形绕组两端产生的零序电压 $3U_0$ 构成"或"逻辑，组成间隙保护。保护的原理接线如图 3-24 所示。

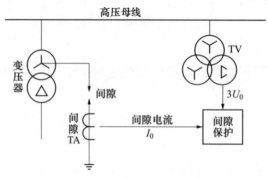

图 3-24　间隙保护原理接线图

2）动作方程及逻辑框。间隙零序电流保护与零序电压保护的动作方程为

$$\begin{cases} 3I_0 \geq I_{0op} \\ 3U_0 \geq U_{0op} \end{cases} \quad (3-39)$$

式中：$3I_0$ 为流过击穿间隙的电流（二次值）；$3U_0$ 为 TV 开口三角形电压；I_{0op} 为间隙保护动作电流，通常整定 100A；U_{0op} 为间隙保护动作电压，通常整定 180V。

保护的逻辑框图如图 3-25 所示。

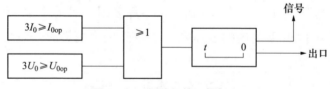

图 3-25　间隙保护逻辑框图

由图 3-25 可以看出：当间隙零序电流或 TV 开口三角零序电压大于动作值时，保护动作，经延时跳开变压器各侧断路器。

3）提高动作可靠性措施。运行实践表明，曾因变压器中性点放电间隙误击穿致使间隙保护误动的现象较多。因此为了提高间隙保护的工作可靠性，正确地整定放电间隙的间隙距离是非常必要的。

在计算放电间隙的间隙距离之前，首先要确定危及变压器中性点安全的决定因素。即首先要根据变压器所在系统的正序阻抗及零序阻抗的大小，计算电力系统发生了接地故障又失去中性点接地时是否会危及变压器中性点的绝缘，如果不危及时，应根据冲击过电压来选择放电间隙的间隙距离。

放电间隙距离的选择，应根据变压器绝缘等级、中性点能承受的过电压数及采用的放电间隙类型计算确定。

另外，为提高间隙保护的性能，间隙 TA 的变比应较小。由于变压器零序保护所用的零序 TA 变比较大，故间隙 TA 应单独设置。

（2）零序电压保护。Y 侧中性点不接地的全绝缘变压器需要配置零序电压保护作为接地短路的后备保护。当 $3U_0$ 电压大于零序电压定值时，零序电压元件动作，延时跳开变压器各侧断路器。

零序电压保护的投退选择借用"间隙保护"的投退控制字实现。该控制字整定"1"时，零序电压保护投入；整定"0"时，零序电压保护退出。

▶ 6. 变压器非电量保护

变压器非电量保护，主要有瓦斯保护、压力保护、温度保护、油位保护及冷却器全停保护。

（1）瓦斯保护。瓦斯保护是变压器油箱内绕组短路故障及异常的主要保护。瓦斯保护分为轻瓦斯保护及重瓦斯保护两种。轻瓦斯保护作用于信号，重瓦斯保护作用于切除变压器。

1）轻瓦斯保护。轻瓦斯保护反应变压器油面降低。轻瓦斯继电器由开口杯、干簧触点等组成。正常运行时，继电器内充满变压器油，开口杯浸在油内，处于上浮位置，当油面降低时，开口杯下沉，干簧触点闭合，发出信号。

2）重瓦斯保护。重瓦斯保护反应变压器油箱内的故障。重瓦斯继电器由挡板、弹簧及干簧触点等构成。当变压器油箱内发生严重故障时，伴随有电弧的故障电流使变压器油大量分解，产生大量气体，使变压器产生喷油，油流冲击挡板，使干簧触点闭合，作用于切除变压器。

应当指出：重瓦斯保护是油箱内部故障的主保护，它能反映变压器内部的各种故障。当变压器少数绕组发生匝间短路时，虽然故障点的故障电流很大，但在差动保护中产生的差流可能不大，差动保护可能拒动。此时，靠重瓦斯保护切除故障。

3）提高可靠性措施。气体继电器装在变压器本体上方，为露天放置，受外界环境条件影响大。运行实践表明，由于下雨及漏水造成瓦斯保护误动次数很多。

为提高瓦斯保护的正确动作率，气体继电器应密封性能好，做到防止漏水漏气。另外，还应加装防雨盖。

（2）压力保护。压力保护也是变压器油箱内部故障的主保护。其作用原理与重瓦斯保护基本相同，但它是反映变压器油的压力。

压力继电器又称压力开关，由弹簧和触点构成。置于变压器本体油箱上部。

当变压器内部故障时，温度升高，油膨胀压力增高，弹簧动作带动继电器动触点，使触点闭合，切除变压器。

（3）温度及油位保护。当变压器温度升高时，温度保护动作发出告警信号。

油位保护是反映油箱内油位异常的保护。运行时，因变压器漏油或其他原因使油位降低时动作，发出告警信号。

（4）冷却器全停保护。为提高传输能力，对于大型变压器均配置有各种的冷却系统。在运行中，若冷却系统全停，变压器的温度将升高。如不及时处理，可能导致变压器绕组绝缘损坏。

冷却器全停保护，是在压器运行中冷却器全停时动作。其动作后应立即发出告警信号，并经长延时切除变压器。

冷却器全停保护的逻辑框图如图 3 - 26 所示。

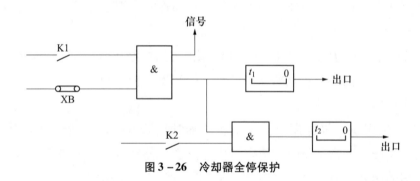

图 3 - 26　冷却器全停保护

在图 3 - 26 中：K1 为冷却器全停触点，冷却器全停后闭合；XB 为保护投入连接片，当变压器带负荷运行时投入；K2 为变压器温度触点。

变压器带负荷运行时，连接片由运行人员投入。若冷却器全停，K1 触点闭合，发出告警信号，同时启动 t_1 延时元件开始计时，经长延时 t_1 后去切除变压器。

若冷却器全停之后，伴随有变压器温度超温，图中的 K2 触点闭合，经短延时 t_2 去切除变压器。

在某些保护装置中，冷却器全停保护中的投入连接片 XB，用变压器各侧隔离开关的辅助触点串联起来代替。这种保护构成方式的缺点是：回路复杂，动作可靠性降低。其原因是：当某一对辅助触点接触不良时，该保护将被解除。

3.2.4 母线保护

母线是发电厂和变电站重要组成部分之一。母线又称汇流排，是汇集电能及分配电能的重要设备。

（1）母线的接线方式。母线的接线方式种类很多。

应根据发电厂或变电站在电力系统中的地位、母线的工作电压、连接元件的数量及其他条件，选择最适宜的接线方式。

1）单母线和单母线分段接线方式。单母线及单母线分段的接线方式如图 3 - 27 所示。

图 3 - 27 中：QF1 ~ QF4 为出线断路器；QF5 为分段断路器。

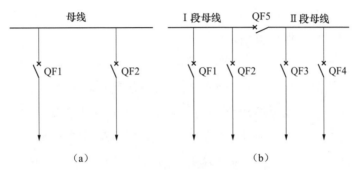

图 3 - 27 单母线及单母线分段接线
（a）单母线；（b）单母线分段

在发电厂或变电站，当母线电压为 35 ~ 66kV、出线数较少时，可采用单母线接线方式；而当出线较多时，可采用单母线分段；对 110kV 母线，当出线数不大于 4 回线时，可采用单母线分段。

2）双母线接线方式。在大型发电厂或枢纽变电站，当母线电压为 110kV 及以上，出线在 4 回以上时，一般采用双母线接线方式。

（2）对母线保护的要求。

1）高度的安全性和可靠性。母线保护的拒动和误动将造成严重的后果。母线保护误动造成大面积的停电；母线保护拒动更为严重，可能造成电力设备的损坏及系统的瓦解。

2）选择性强、动作速度快。母线保护不但要能很好的区分区内故障和外部故障，还要确定哪条或哪段母线故障。出于母线安全运行影响到系统的稳定性，尽早发现并切除故障尤为重要。

（3）对电流互感器的要求。母线保护应接在专用 TA 二次回路中，且要求在该回路中不接入其他设备的保护装置或测量表计。TA 的测量精度要高，暂态特性及抗饱和能力强。母线 TA 在电气上的安装位置，应尽量靠近线路或变压器一侧，使母线保护与线路保护或变压器保护有重叠保护区。

（4）大型发电厂及枢纽变电站母线保护装置中含保护的类别。220kV 母线保护功能一般包括母线差动保护，母联相关的保护（母联失灵保护、母联死区保护、母联过电流保护、母联充电保护等），断路器失灵保护。500kV 母线往往采用 3/2 接线，相当于单母线接线，其母线保护相对简单，一般仅配置母线差动保护，而断路器失灵保护往往置于断路器保护中。对重要的 220kV 及以上电压等级的母线都应当实现双重化，配置两套母线保护。

（5）与其他保护及自动装置的配合。由于母线保护关联到母线上的所有出线元件，因此，在设计母线保护时，应考虑与其他保护及自动装置相配合。

1）母线保护动作、失灵保护动作后，对闭锁式保护作用于纵联保护停信；对允许式保护作用于纵联保护发信。

当在断路器与 TA 之间发生短路故障或母线上故障断路器失灵时，采用上述措施后可使线路对侧的纵联保护动作于跳闸，否则的话对侧纵联保护不能跳闸导致故障不能快速切除。但母线保护动作停信与发信的措施在 3/2 接线方式中不能采用，因为在 3/2 接线方式中母线上的故障并不要求对侧断路器跳闸。

2）闭锁线路重合闸。当母线上发生故障时，一般是永久性的故障。为防止线路断路器对故障母线进行重合，造成对系统又一次冲击，母线保护动作后，应闭锁线路重合闸。

3）启动断路器失灵保护。为使在母线发生短路故障而某一断路器失灵时失灵保护能可靠切除故障；或 3/2 接线方式，故障点在断路器与 TA 之间时，失灵保护能可靠切除故障，因此母线保护动作后，应立即去启动失灵保护。

◐ 1. 母线差动保护

母线保护中最主要的是母差保护。如果规定母线上各连接单元里从母线流出的电流为电流的正方向，也就是各连接单元 TA 的同极性端在母线侧，微机型母差保护把各连接单元 TA 二次按正方向规定的电流的相量和的幅值作为差动电流（动作电流）I_d。

$$I_d = \left| \sum_{j=1}^{n} i_j \right| \tag{3-40}$$

式中：n 为母线上连接的元件；I_j 为母线所连第 j 条出线的电流。

母线在正常运行及外部故障时，根据节点电流定理（基尔霍夫第一定理），流入母线的电流等于流出母线的电流。如果不考虑 TA 的误差等因素，理想状态下各电流的相量和等于零。如果考虑了各种误差，差动电流应该是一个不平衡电流，此时母差保护可靠不动作。

当母线上发生故障时，各连接单元里的电流都流入母线，所以以 TA 二次电流的相量和等于短路点的短路电流的二次值 I_K，差动电流的幅值很大。只要该差动电流的幅值达到一定的值，差动保护就可以可靠动作。

所以母线差动保护可以区分母线内和母线外的短路，其保护范围是参加差动电流计算的各 TA 所包围的范围。

2. 微机型母线差动保护

微机型母线差动保护由母线大差动和几个各段母线的小差动组成。母线大差动是由除母联断路器和分段断路器以外的母线所有其余支路的电流构成的大差动元件，其作用是区分母线内还是母线外短路，但它不能区分是哪一条母线发生故障。某条母线小差动是由与该母线相连的各支路电流构成的差动元件，其中包括与该母线相关联的母联断路器和分段断路器支路的电流，其作用是可以区分该条母线内还是该条母线外故障，所以可以作为故障母线的选择元件。对于双母线、母线分段等形式的母线保护，如果大差动元件和某条母线小差动元件同时动作，则将该条母线切除，也就是"大差判母线故障，小差选故障母线"。

在差动元件中应注意 TA 极性的问题，一般各支路 TA 同极性端在母线侧，母联断路器 TA 的同极性端可在Ⅰ母侧或Ⅱ母侧。如果母联 TA 同极性端在Ⅰ母侧，如图 3 - 28 （b）所示，Ⅰ母小差计算电流是连接在Ⅰ母上的所有支路电流的相量和再加上母联电流，Ⅱ母小差计算电流是连接在Ⅱ母上的所有支路电流的相量和再减去母联电流，反之，图 3 - 28 （a）所示正好相反。如果 TA 同极性端不满足装置

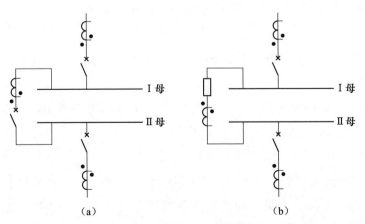

图 3 - 28　母联 TA 极性示意图

（a）母联 TA 极性指向Ⅱ母；（b）母联 TA 极性指向Ⅰ母

的规定则将可能导致母差保护误动或拒动，因此应加以重视。

（1）保护逻辑框图。母线差动保护，主要由三个分相差动元件构成。另外，为提高保护的动作可靠性，在保护中还设置有启动元件、复合电压闭锁元件、TA 二次回路断线闭锁元件及 TA 饱和检测元件等。双母线或单母线分段单相母差保护的逻辑框图如图 3－29 所示。

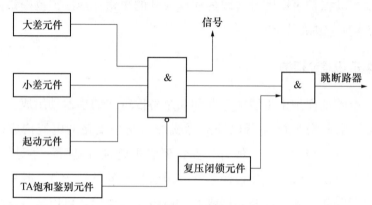

图 3－29　双母线或单母线分段母差保护逻辑框图（以一相为例）

由图 3－29 可以看出：当小差元件、大差元件及启动元件同时动作，此外，复合电压元件也动作时，保护才能去跳该条母线各断路器。如果 TA 饱和鉴定元件鉴定出 TA 饱和时，立即将母差保护闭锁。

（2）启动元件。为提高母差保护的动作可靠性，设置有专用的启动元件，只有在启动元件启动之后，母差保护才能动作。通常采用的启动元件有：电压工频变化量元件、电流工频变化量元件及差流越限元件。

1）电压工频变化量元件。当两条母线上任一相电压工频变化量大于门槛值时，电压工频变化量元件动作，去启动母差保护。动作方程为

$$\Delta U \geqslant \Delta U_{\mathrm{T}} + 0.05 U_{\mathrm{N}} \tag{3-41}$$

式中：ΔU 为相电压工频变化量瞬时值；U_{N} 为额定相电压（TV 二次值）；ΔU_{T} 为浮动动作门槛值。

2）电流工频变化量元件。当相电流工频变化量大于门槛值时，电流工频变化量元件动作，去启动母差保护。动作方程为

$$\Delta I \geqslant K I_{\mathrm{N}} \tag{3-42}$$

式中：ΔI 为相电流工频变化量瞬时值；I_{N} 为 TA 二次额定电流；K 为小于 1 的常数。

3）差流越限元件。当某一相大差元件测量差流大于某一值时，差流越限元件动作，启动母差保护。动作方程为

$$\left| \sum_{j=1}^{n} I_j \right| \geqslant I_{\text{opo}} \qquad (3-43)$$

式中：I_{opo} 为差动电流启动门槛值；$\left| \sum_{j=1}^{n} I_j \right|$ 为大差元件某相的差动电流。

当上述各启动元件动作后，均将动作展宽 0.5s。

（3）差动元件。常见的母线差动元件有常规比率差动元件、工频变化量比率差动元件、复式比率差动元件。这些差动元件的差动电流的计算都相同，制动电流的计算有差异，因而在区外故障及区内故障时制动能力和动作灵敏度均有差异。差动元件的动作特性是比率制动特性曲线。其作用是在区外故障时让动作电流随制动电流增大而增大使之具有制动特性，能躲过区外短路产生的不平衡电流，而在区内故障时则希望差动继电器有足够的灵敏度。

1）常规比率差动元件。动作判据是式（3-44）中两个动作方程的"与"逻辑。

$$\begin{cases} \left| \sum_{j=1}^{n} I_j \right| > I_{\text{cdzd}} \\ \left| \sum_{j=1}^{n} I_j \right| > K \sum_{j=1}^{n} |I_j| \end{cases} \qquad (3-44)$$

式中：I_j 为第 j 个连接元件的电流；I_{cdzd} 为差动电流启动定值；K 为比率制动系数。

根据上述动作方程，绘制出的比率制动特性曲线如图 3-30 所示的双折线。图中 I_{d} 是差动电流，$I_{\text{d}} = \left| \sum_{j=1}^{n} I_j \right|$，$I_{\text{z}}$ 是制动电流，$I_{\text{z}} = \sum_{j=1}^{n} |I_j|$。斜线的延长线经过坐标原点，其斜率即是比率制动系数 K。满足式（3-44）中第一个方程说明差动电流 I_{d} 在横线的上方；满足式（3-44）中第二个方程说明差动电流 I_{d} 与制动电流 I_{z} 对应的工作点位于斜线的上方。同时满足式（3-44）中两个方程，说明差动电流与制

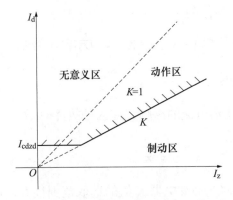

图 3-30　差动元件的动作特性图

动电流对应的工作点位于双折线上方的阴影区，此时差动元件动作。由于 $I_d = \left|\sum\limits_{j=1}^{n} I_j\right|$ 不可能大于 $I_z = \sum\limits_{j=1}^{n} |I_j|$，故差动元件不可能工作于斜率为 1 的虚线上方，所以斜率为 1 的虚线上方，是无意义区。双折线的上方和斜率为 1 的虚线下方所包含的区域是差动元件的动作区。在斜线部分，差动元件有制动作用，差动元件要动作时的动作电流随着制动电流的增大而增大，有利于外部短路时躲过不平衡电流使保护不误动。

2）复式比率差动元件。复式比率差动元件的动作判据是式（3 – 45）和式（3 – 46）的"与"逻辑。

$$I_d > I_{d.\,set} \tag{3-45}$$

$$I_d > K_r \times (I_r - I_d) \tag{3-46}$$

式中：I_d 为母线上各元件电流的相量和，即差动电流；I_r 为母线上各元件电流的标量和，即电流的绝对值和；$I_{d.set}$ 为电流门槛定值；K_r 为复式比率系数（又称制动系数）。

式（3 – 45）、式（3 – 46）对应的比率制动特性曲线如图 3 – 31 中的双折线。斜线的斜率为 K_r，$K_r = \dfrac{I_d}{I_r - I_d}$。同时满足式（3 – 45）和式（3 – 46）说明工作点在双折线的上方的阴影区，差动元件动作。

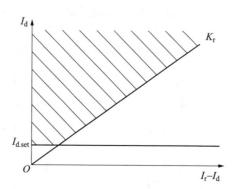

图 3 – 31　复式比率差动元件动作特性

复式比率差动判据的优点：

若忽略 TA 误差和流出电流的影响，在区外故障时，$I_d = 0$，$\dfrac{I_d}{I_r - I_d} = \dfrac{0}{I_r} = 0$；在区内故障时 $I_d = \infty$，$\dfrac{I_d}{I_r - I_d} = \dfrac{I_d}{0} = \infty$。

由此可见，复式比率差动继电器 K 值的选取范围很大，可以从 0 到 ∞，即能非常明确地区分区内和区外故障。复式比率差动判据与常规的比率差动判据相比，由于在制动量的计算中引入了差电流，使其在母线区外故障时由于 K 值可选得大于 1 而有很强的制动特性，而在母线区内故障时又无制动作用，因此能更明确的区分区外故障和区内故障。

（4）TA 饱和鉴别元件。

1）电磁式电流互感器饱和的特点。当一次电流很大时、一次电流中含有很大的非周期分量时、当 TA 铁芯中有很大的剩磁时以及当 TA 二次负载阻抗很大时，电磁式电流互感器很容易饱和。TA 饱和时存在下述一些特点：

a. TA 二次电流波形发生畸变，TA 二次电流中含有大量的谐波分量电流。

b. 发生短路故障时即使 TA 发生饱和，但是 TA 是在短路发生一段时间以后才开始饱和的，在短路初始一段时间内 TA 一、二次电流总有一段正确传变的时间。大量试验证明 TA 最快要在短路发生 2ms 以后才会开始饱和。

c. 即使 TA 处于非常严重的饱和状态，TA 二次电流也不可能完全为零。在 TA 饱和时每一周波内总有一段时间一、二次电流是线性传变的。

d. 即使在稳态短路电流的情况下 TA 的变比误差（幅值误差）小于 10%，但是在短路暂态过程中由于短路电流中的非周期分量影响，其误差也往往大于 10%。

现在很多 TA 饱和判别的原理都是基于上述这些特点构成的。

2）TA 饱和对母线保护的影响。

a. 母线区外故障时 TA 饱和对母线保护的影响：理想情况下母线区外短路时差动元件的动作电流是零。在区外短路时假设离故障点最近支路的 TA 饱和，而其他支路的 TA 不饱和，饱和的 TA 其二次电流（归算值）的波形相对一次电流的波形产生缺损，差动元件的动作电流就是这部分缺损的电流。如果 TA 饱和比较严重，差动元件的动作电流比较大，将造成保护误动。

b. 母线区内故障时 TA 饱和对母线保护的影响：由于电流互感器的饱和，饱和的电流互感器不能线性传变一次电流使区内故障时差动电流降低，会影响差动元件的灵敏度。此外如果为了在区外短路防止 TA 饱和时保护的误动，往往设置专门的 TA 饱和判别元件，在 TA 饱和时将差动保护闭锁。TA 饱和判别需要的时间（软件算法数据窗的时间）又将延长区内短路时保护动作的时间。

3）抗 TA 饱和方法。在模拟型母差保护装置中，TA 饱和鉴别元件均是根据饱和 TA 二次电流的特点及其内阻变化规律原理构成的。在微机母差保护装置中，TA 饱和判别元件的鉴别方法是根据上述 TA 饱和的特点构成的。

a. 同步识别法。当母线区内发生故障时，各出线元件上的电流将发生很大的变化。各连接元件电流的相量和——差动电流有很大的变化量，各连接元件电流的标量和也有很大的变化量，这两个电流的变化量是同时出现的。当母差保护区外发生故障时，各连接元件电流的标量和很快会有很大的变化量。但是由于 TA 即使饱和也是在短路过了一段时间以后才饱和的，所以各连接元件电流的相量和的电流变化量是短路过了一段时间以后才出现的。相量和的电流变化量与标量和的电流变化量是不同时出现的，所以可以利用这个原理来鉴别 TA 饱和。当标量和的电流变化量与相量和的电流变化量同时出现时，认为是区内故障开放差动保护；而当标量和的电流变化量比相量和的电流变化量出现早一定时间以上时，判定是 TA 饱和，将差动保护闭锁。这种鉴别区外故障 TA 饱和的方法称作同步识别法。

b. 自适应阻抗加权抗 TA 饱和法。其基本原理也是利用故障后 TA 即使饱和也不是短路后立即饱和的原理。在采用自适应阻抗加权抗饱和法的母差保护装置中，设置有工频变化量差动元件 ΔBLCD、工频变化量阻抗元件 ΔZ 及工频变化量电压元件 ΔU。所谓的工频变化量差动元件 ΔBLCD，其动作电流是各连接元件电流相量和的变化量，制动电流是各连接元件电流标量和的变化量，比率制动特性曲线是一个双折线。所谓工频变化量阻抗元件 ΔZ，是母线电压的变化量与各连接元件电流相量和的变化量的比值小于一定值时动作。工频变化量电压元件 ΔU 是反映所在母线电压变化量的元件。这三个元件按相设置。ΔU 元件无论区内短路还是区外短路都能立即动作，它作为这套保护的开放元件。ΔBLCD 元件和 ΔZ 元件在区内短路时可以灵敏、快速动作；而在区外短路时，只要 TA 不饱和就可靠不动作，在 TA 饱和以后才可能动作。当区内发生故障时，ΔU、ΔBLCD 和 ΔZ 是同时动作的，保护可以快速跳闸。区外发生故障时一开始 TA 没有饱和，所以 ΔU 元件先动作，ΔBLCD 和 ΔZ 元件没有动作。等到 TA 饱和以后 ΔBLCD 和 ΔZ 元件才可能动作，据此判断是区外短路，保护不动作。

c. 基于采样值的重复多次判别法。若在对差流一个周期的连续 R 次采样值判别中，有 S 次及以上不满足差动元件的动作条件，认为是外部故障 TA 饱和，继续闭锁差动保护；若在连续 R 次采样值判别中有 M 次以上满足差动元件的动作条件时，判为区内故障或发生区外故障转区内故障，立即开放差动保护（$M > S$）。该方法实际是基于以下原理构成的：即使 TA 饱和，在一次故障电流过零点附近也存在一、二次电流线性传变区。

d. 谐波制动原理。TA 饱和时差电流的波形将发生畸变，其中会有大量的谐波分量。用谐波制动可以防止区外故障 TA 饱和误动。但是，当区内故障 TA 饱和时，差电流中同样会有谐波分量。因此，为防止区内故障或区外故障转区内故障 TA 饱和使差动保护拒动，必须引入其他辅助判据，以确定是区内故障还是区外故障。利用区外故障 TA 饱和后在每个周波内的线性传变区内无差流；而区内故障

TA 饱和时，无论是否工作在线性传变区，一直是用差流的方法来区别区内、外故障，再利用谐波制动防止区外故障误动。在谐波制动原理中为了正确测量谐波含量以及辅助判据中要用到 TA 每周有线性传变区的原理，因此需要的数据窗比较大，一般需要一个周波。所以用谐波制动原理防止 TA 饱和的母差保护动作时间也相应较长。

（5）复合电压闭锁元件。由于母线是电力系统中的重要元件。母差保护动作后跳的断路器数量多，它的误动可能造成灾难性的后果。为防止保护出口继电器误动或其他原因误跳断路器，通常采用复合电压闭锁元件。只有当母差保护差动元件及复合电压闭锁元件同时动作时，才能去跳各路断路器。

1）动作方程及逻辑框图。在大接地电流系统中，母差保护的复合电压闭锁元件，由相低电压元件、负序电压及零序过电压元件组成。其动作判据为式（3－47）三个方程的"或"逻辑。

$$\begin{cases} U_\varphi \leqslant U_{\mathrm{op}} \\ 3U_0 \geqslant U_{\mathrm{0op}} \\ U_2 \geqslant U_{\mathrm{2op}} \end{cases} \tag{3－47}$$

式中：U_φ 为最小的相电压（TV 二次值）；$3U_0$ 为零序电压，利用 TV 二次三相电压自产；U_2 为负序相电压（二次值），也是由软件计算的自产电压；U_{op} 为低电压元件动作整定值；U_{0op} 为零序电压元件动作整定值；U_{2op} 为负序电压元件动作整定值。

复合电压元件逻辑框图如图 3－32 所示。

可以看出：当低电压元件、零序过电压元件及负序电压元件中只要有一个或一个以上的元件动作，立即开放母差保护。

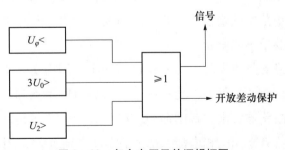

图 3－32　复合电压元件逻辑框图

2）闭锁方式。在模拟型母线保护中，为防止差动元件出口继电器由于振动或人员误碰出口回路造成的误跳断路器，复合电压闭锁元件采用出口继电器触点的闭锁方式，即复合电压闭锁元件的触点，分别串联在差动元件出口继电器的各出口触点回路中。现在微机型母线保护复合电压闭锁采用软件闭锁方式，当然对于出口继电器由于振动或人员误碰出口回路，仍然会造成保护误动。一般在母线保护中，母线差动保护、断路器失灵保护、母联死区保护、母联失灵保护都要经复合电压闭锁。但跳母联或分段断路器时不经过复合电压闭锁。母联充电保护和母联过电流保护跳各断路器不经复合电压闭锁。500kV 的母线保护由于采用 3/2 接线方式，不用复合电压闭锁。因为即使母线保护误动跳边断路器，各线路和变压器都仍然能正常运行。

3. 断路器失灵保护

（1）失灵保护构成原理。当输电线路、变压器、母线或其他主设备发生短路，保护装置动作并发出了跳闸指令，但故障设备的断路器拒绝动作跳闸，称之为断路器失灵。

判断断路器失灵应有两个主要条件：一是有保护对该断路器发过跳闸命令；二是该断路器在一段时间里一直流有电流，这样才能真正判断是断路器失灵。"有保护对该断路器发过跳闸命令"，相应的保护出口继电器触点闭合。所以断路器失灵保护应引入故障设备的继电保护装置的跳闸触点，但手动跳断路器时不能启动失灵保护。"该断路器在一段时间里还流有电流"是指在断路器中还流有任意一相的相电流，或者是流有零序电流或负序电流，此时相应的电流元件动作。满足这两个条件说明是断路器失灵，上述两个条件只满足任何一个，失灵保护均不应动作。

（2）失灵启动元件。失灵启动元件用以检查保护对该断路器发过跳闸命令，并且该断路器还一直流有电流，这两个条件应该构成"与"逻辑。对于线路支路与变压器支路，失灵启动元件的逻辑框图略有不同。这主要是因为线路保护装置可以发分相跳闸命令和三相跳闸命令，而变压器保护装置只发三相跳闸命令。此外根据母线保护标准化设计规范中的要求，线路支路与变压器支路对相电流、零序电流、负序电流的逻辑关系要求不完全相同。

图 3-33 是线路支路的失灵启动元件逻辑框图。图中 T_a、T_b、T_c、T_s 分别是从线路保护装置送来的跳 A、跳 B、跳 C 的三个分相跳闸触点和三相跳闸触点，用以判断线路保护对该断路器发出过跳闸命令。$I_a >$、$I_b >$、$I_c >$ 是三个相电流元件，用以判断该断路器还流有某相的相电流；$I_0 >$ 是零序电流元件，用以判断该断路器中还流有零序电流。当线路保护装置发的是分相跳闸命令的话，如果该相还有电流并且有零序电流（"与"逻辑）时，失灵启动。线路保护装置发的是三相跳闸命令，如果任意一相还有电流并且有零序电流（"与"逻辑）时，失灵启动。图中的零序电流元件也可以用负序电流元件代替。

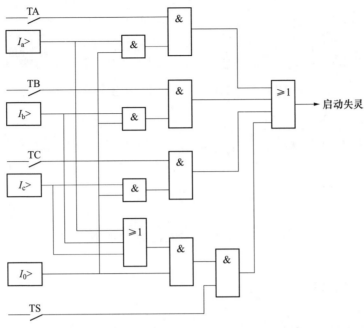

图 3 - 33　线路支路失灵启动元件的逻辑框图

3.2.5　非全相运行保护

母线在运行中，如果断路器（包括母联断路器）的一相断开时，将出现断路器非全相运行状态。

非全相运行时，将在电力系统中产生负序电流。负序电流将危及发电机及电动机的安全运行。因此，切除非全相运行的断路器（特别是发电机－变压器组的断路器），对确保旋转电动机的安全运行，具有重要的意义。断路器非全相运行时断路器三相位置不一致又产生负序电流及零序电流，保护是根据这些非全相运行的特点构成的。

断路器非全相运行保护的逻辑框图如图 3 - 34 所示。

在图 3 - 34 中 KCTA、KCTB、KCTC 分别为断路器 A、B、C 三相的跳闸位置继电器触点，断路器跳闸后触点闭合；KCCA、KCCB、KCCC 分别为断路器 A、B、C 三相的合闸位置继电器触点，断路器合闸后触点闭合；I_2为负序电流（二次值），I_0为零序电流（二次值）。

当断路器非全相运行时，KCTA、KCTB、KCTC 三个触点中，KCCA、KCCB、KCCC 三个触点中都至少有一个触点闭合，M、N 两点之间连通。另外，由于电流缺相，将产生负序电流及零序电流。保护动作后，经延时切除非全相运行断路器。

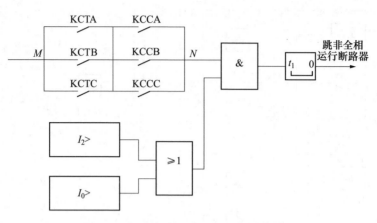

图 3 - 34　断路器非全相运行保护逻辑图

3.2.6　故障录波器

▶ 1. 故障录波器的作用

故障录波器是一种系统，正常运行时，故障录波器不动作（不录波）；当系统发生故障及振荡时，通过启动装置迅速自动启动录波，直接记录下反映到故障录波器安装处的系统故障电气量的一种自动装置。故障录波器主要是用来记录电网中各种扰动（主要是电力系统故障）发生的过程，为分析故障和检测电网运行情况提供依据。其作用有：

（1）为正确分析事故原因、研究防止对策提供原始资料。通过录取的故障过程波形图，可以反映故障类型、相别，反映故障电流、电压大小，反映断路器的跳合闸时间和重合闸是否成功等情况。因此可以分析故障原因，研究防范措施，减少故障发生。

（2）帮助查找故障点。利用录取的电流、电压波形，可以推算出一次电流、电压数值，由此计算出故障点位置，使巡线范围大大缩小，省时、省力，对迅速恢复供电具有重要作用。

（3）分析评价继电保护及自动装置、高压断路器的动作情况，及时发现设备缺陷，以便消除隐患。根据故障录波资料可以正确评价继电保护和自动装置工作情况（正确动作、误动、拒动），尤其是发生转换性故障时，故障录波器能够提供准确资料。并且可以分析查找装置缺陷。同时，故障录波器可以真实记录断路器存在问题，例如拒动、跳跃、掉相等。

（4）了解电力系统情况，迅速处理事故。从故障录波图的电气量变化曲线，可以清楚地了解电力系统的运行情况，并判断事故原因，为及时、正确处理事故提供依据，减小事故停电时间。

（5）实测系统参数，研究系统振荡。故障录波可以实测某些难以用普通实验方法得到的参数，为系统的有关计算提供可靠数据。当电力系统发生振荡时故障录波器可提供从振荡发生到结束全过程的数据，可分析振荡周期、振荡中心、振荡电流和电压等问题，通过研究，可提供防范振荡的对策和改进继电保护及自动装置的依据。

（6）对新能源电站在故障时及整个故障过程中提供故障电流、电压的真实数据资料，故障录波器为加强对电力系统规律的认识、提高电力系统运行水平积累第一手资料。

◉ 2. 故障录波器的性能要求

为满足上述需要，故障录波器必须在故障发生时提供高采样率的数据供分析。同时，应能完整检测整个故障过程，提供故障发生前至系统平息的全过程的记录，但是根据不同时段的特点，允许采用不同的采样率。即故障录波器必须具备高速故障记录、故障动态过程记录、长过程动态记录三个基本功能。

（1）高速故障记录要求记录因短路故障或系统操作引起的、由线路分布参数参与作用在线路上出现的电流及电压暂态过程，主要用于检测继电保护及安全自动装置的动作行为，也可用以记录系统操作过电压和可能出现的铁磁谐振现象。其特点是：采样速度高，一般采样频率不小于5kHz；全程记录时间短，例如不大于1s。

（2）故障动态过程记录用于记录因大扰动引起的系统电流、电压及其导出量，如有功功率、无功功率以及系统频率的全过程变化现象。主要用于检测继电保护与安全自动装置的动作行为，了解系统暂（动）态过程中系统中各电参量的变化规律，校核电力系统计算程序及模型参数的正确性。其特点是采样速度允许较低，一般不超过1.0kHz，但记录时间长，要直到暂态和频率大于0.1Hz的动态过程基本结束时才终止。

（3）长过程动态记录，在发电厂，主要用于记录诸如气流、气压、气门位置，有功及无功功率输出，转子转速或频率以及主机组的励磁电压；在变电站，则用于记录主要线路的有功潮流、母线电压及频率、变压器电压分接头位置以及自动装置的动作行为等。其特点是采样速度低（数秒一次），全过程时间长。

按照以上的要求，故障录波器每次启动后的记录应包含A、B、C、D、E五个时段。

A 时段：系统大扰动开始前的状态数据，输出原始记录波形及有效值，记录时间应大于等于0.04s；

B 时段：系统大扰动后初期的状态数据，应直接输出原始记录波形，应观察到5次谐波，同时也应输出每一周波的工频有效值及直流分量值，记录时间大于等于0.1s；

C 时段：系统大扰动后的中期状态数据，输出连续的工频有效值，记录时间大于等于1.0s；

D 时段：系统动态过程数据，每0.1s输出一个工频有效值，记录时间大于等于20s；

E 时段：系统长过程的动态数据，每1s输出一个工频有效值，记录时间大于等于10min。

3. 微机故障录波器

（1）微机故障录波器的优点。故障录波器的发展经历了三个阶段，第一阶段是机械——油墨式故障录波器；第二阶段是机械——光学式故障录波器；第三阶段是微机——数字式故障录波器。目前，前两种装置已基本淘汰，在现场大量使用并能接入故障信息系统的是微机型故障录波器。

微机型故障录波器是主机由微型计算机实现的新型录波装置，适用于各电压等级的输电线路，可安装于发电厂、变电站等场所。当电力系统振荡和发生故障时，自动记录故障类型、发生故障的时间、电流和电压的变化过程以及继电保护和自动装置的动作情况，计算出短路点到装置安装处的距离等，并且可以通过打印机就地打印事故报告。

与传统的机械故障录波器相比，微机型故障录波器的优点：

1）除能完成时间、相角、瞬时值、有效值、开关量测量及故障量计算等测量功能外，还能借助计算机软件程序对测量到的电压、电流波形数据进行更为复杂的分析，如谐波分析、序分量计算、功率计算、阻抗计算、相量图、阻抗轨迹图、故障测距。

2）配备智能通信系统，直接将事故报告传送到各级调度中心。

（2）微机型故障录波器的构成。微机型故障录波器由硬件、软件等组成。硬件组成示意图见图3-35，软件功能主要有装置启动判别、故障测距计算、波形记录、分析报告等。

故障录波器在系统发生大扰动，包括在远方故障时，能自动地对扰动的全过程按要求进行记录，并当系统动态过程基本终止后，自动停止记录。应能无遗漏地记

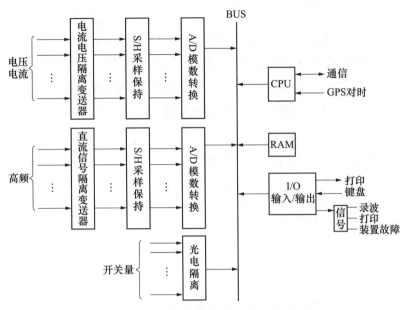

图 3-35 微机型故障录波器构成示意图

录每次系统大扰动发生后的全过程数据，并按要求输出历次扰动后的系统电参数（I、U、P、Q、f）及保护装置和安全自动装置的动作行为。所以故障录波器应接入必需的采集量，即应收集和记录全部规定的故障模拟量数据和直接改变系统状态的继电保护跳闸命令、安全自动装置的操作命令和纵联保护的通道信号。模拟量直接来自主设备，而开关量则由相应装置用空触点送来。

1）故障录波器接入的模拟量。根据现场实际情况，引入故障录波器电流的 TA 二次电流额定值可以为 1A，也可以为 5A，故障录波器电流采样工作回路线性工作范围应在 $0.1 \sim 20I_N$，并应考虑直流分量。引入故障录波器的二次电压，以二次电压有效值为标准，线性测量范围应为 $0.1 \sim 2$ 倍额定电压，配有专用收发信机的线路保护，应将高频信号引入到高频录波端子。

一般情况，故障录波器的采样频率在 $1 \sim 10kHz$，500kV 系统用的故障录波器的采样频率不可低于 5kHz，故障录波器记录中各时间段（A、B、C、D、E）的采样时间和频率应能分别设定。故障录波器应具有优良的启动功能，每一路模拟量均可设定为正、负越限触发，突变量越限触发，故障录波器的硬盘应足够大，在目前的技术条件下，不应少于 10G，以供存放录波数据。故障录波器应具备良好的数据远传的能力，应能具备同时通过串口和以太网向外传输数据的功能。

2）微机型故障录波器接入的事件量。各开关的位置信号，位置信号宜采用开关的辅助触点，如现场确有困难，可以采用经重动继电器引入的位置信号，但重动继电器的动作延时必须小于 10ms，且必须经测试合格后设备方可投

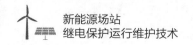

入运行。

线路保护的分相跳闸信号，主变压器保护、高压电抗器保护的所有电气量、非电气量的跳闸信号，每一套母线保护的跳闸出口触点，每一套短线路保护，断路器失灵保护，过电压保护及就地判别装置以及其他保护的跳闸出口触点。断路器失灵保护总跳闸及经延时跳相邻断路器的跳闸出口触点。重合闸动作信号以及闭锁重合闸信号。

对于载波保护，应接入各主保护的收信信号，发信信号，unblock 信号，微波、光纤保护应接入通道告警信号。慢速通道的监频、跳频信号触点，如果有条件，应接入线路保护启动重合闸的触点。每一路事件量应可单独设定为触点闭合触发或触点打开触发。事件量的分辨率不低于 1ms。

💿 4. 微机型故障录波器调试运行注意事项

故障录波器在现场调试时，应按照上面提出的要求，进行全面的检查，同时作为故障信息系统的重要组成部分，应结合故障信息系统情况，进行设备联调，认真检查数据远传能力，并进行通道稳定性测试，确保通信设置正确，运行稳定。录波记录应以 COMTRADE 格式上传，在子站保护管理机和调度端主站均应能及时准确调用录波记录，并提供完备的分析软件，分析记录中的信息。在投运前，应进行 GPS 对时精度测试，确保对时精度满足规定。

故障录波器在运行以后，经常会因为变电站扩建、改造的需要，增加、调整新的录波量。在调试结束，验收合格的情况下，应及时修改图纸，确保图纸和现场情况相符。必须在新设备投运前，将有关参数输入到录波器中，保证故障录波器对新设备能正确录波。

3.3　新能源场站继电保护基本原理及作用

本节将介绍新能源场站主要设备的保护原理及作用，包括光伏站的逆变器保护、风电场的涉网保护、接地变压器/站用变压器保护和小电流接地选线装置，单元变压器保护工作原理请参照本书 3.2.3。

3.3.1　逆变器保护

💿 1. 光伏站逆变器示意图

图 3－36 是 PCS－9563 逆变器的主电路示意图，光伏组件产生的电能先经过防

雷器与直流滤波器。防雷器吸收直流侧浪涌电压，直流滤波器抑制高频信号传导干扰，由电容储能来保持直流电压稳定，三相全桥逆变单元将直流电转换成与电网同频率、同相位的交流电，经过滤波器滤波产生正弦波交流电，再经由交流滤波器抑制高频信号传导干扰，然后根据实际应用选择合适的变压器将电能馈送至电网。

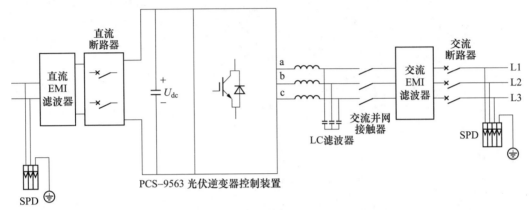

图 3 - 36　PCS - 9563 逆变器的主电路示意图

◉ 2. 过/欠电压保护

（1）直流输入过电压保护。当直流侧输入电压高于逆变器允许的直流方阵接入电压最大值时，逆变器不得启动，并同时发出警示信号。直流侧电压恢复到逆变器允许工作范围后，逆变器应能正常启动。

（2）直流欠电压保护。检测到光伏阵列电压低于设定的欠电压定值时，逆变器会保护停机，并发出相应的报警信息。

（3）交流输出侧过/欠电压保护。逆变器的过/欠电压保护不能仅考虑大于或小于定值就作用于逆变器停机，需要按照相关规程规定的低/高电压穿越❶要求进行。

当电力系统发生故障导致光伏发电站并网点电压跌落时，光伏发电站的逆变器应具备图 3 - 37 规定的低电压穿越能力，具体要求如下：

1）光伏发电站并网点电压跌至 0 时，光伏发电站内的光伏逆变器应能够不脱网连续运行 150ms；

2）光伏发电站并网点电压跌至标称电压的 20% 时，光伏发电站内的光伏逆变器应能够不脱网连续运行 625ms；

3）光伏发电站并网点电压跌至标称电压的 20% 以上至 90% 时，光伏发电站内

---

❶ 低/高电压穿越：当电网故障或扰动引起光伏电站或风电场并网点的电压跌落/升高时，在电压跌落/升高的范围和时间间隔内，光伏电站或风电场机组能够不间断并网运行。

的光伏逆变器应能在阴影区不脱网连续运行。

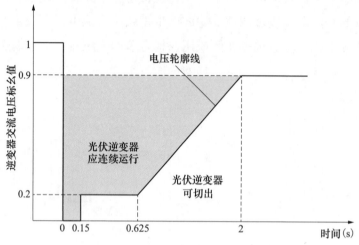

图 3 - 37　光伏发电站低电压穿越要求

不同类型电力系统故障时，光伏发电站逆变器的低电压穿越考核电压见表 3 - 3。

表 3 - 3　　　　　　　　光伏发电站逆变器的低电压穿越考核电压

故障类型	考核电压
三相短路故障	并网点线电压
两相短路故障	并网点线电压
单相接地短路故障	并网点相电压

当电力系统发生故障导致光伏发电站并网点电压升高时，光伏发电站的逆变器应具备图 3 - 38 规定的高电压穿越能力，具体要求如下：

1）光伏发电站并网点电压升高至标称电压的 125% 以上至 130% 时，光伏发电站内的光伏逆变器应能够不脱网连续运行 500ms；

2）光伏发电站并网点电压升高至标称电压的 120% 以上至 125% 时，光伏发电站内的光伏逆变器应能够不脱网连续运行 1s；

3）光伏发电站并网点电压升高至标称电压的 110% 以上至 120% 时，光伏发电站内的光伏逆变器应能够不脱网连续运行 10s。

高电压穿越要求、考核曲线如图 3 - 38 所示。

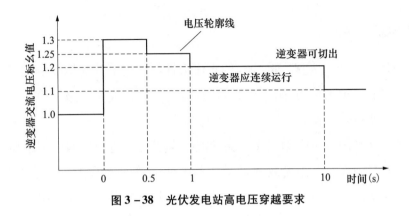

图 3 – 38　光伏发电站高电压穿越要求

3. 过/欠频保护

B 类逆变器❶，当并网点频率超过 47.5～50.2Hz 运行范围时，应在 0.2s 内停止向电网送电。

当地网频率低于 49.5Hz，或高于 50.2Hz，此时 A 类逆变器❷宜具备一定的耐受系统频率异常的能力，并在表 3 – 4 所示的电网频率范围内按规定运行。

表 3 – 4　　　　不同电力系统频率范围内的光伏发电站运行要求

频率范围	运行要求
$f < 46.5\text{Hz}$	根据逆变器允许运行的最低频率而定
$46.5\text{Hz} \leqslant f < 47.0\text{Hz}$	频率每次低于 47.0Hz，至少运行 5s
$47.0\text{Hz} \leqslant f < 47.5\text{Hz}$	频率每次低于 47.5Hz，至少运行 20s
$47.5\text{Hz} \leqslant f < 48\text{Hz}$	频率每次低于 48.0Hz，至少运行 1min
$48.0\text{Hz} \leqslant f < 48.5\text{Hz}$	频率每次低于 48.5Hz，至少运行 5min
$48.5\text{Hz} \leqslant f \leqslant 50.5\text{Hz}$	连续运行
$50.5\text{Hz} < f \leqslant 51.0\text{Hz}$	频率每次高于 50.5Hz，至少运行 3min
$51.0\text{Hz} < f \leqslant 51.5\text{Hz}$	频率每次高于 51.0Hz，至少运行 30s
$f > 51.5\text{Hz}$	根据逆变器允许运行的最高频率而定

注　1. 逆变器允许运行的最低频率和最高频率由电网调度机构要求而定。
　　2. 电网频率超出 48.5～50.5Hz，此时停运状态的逆变器不得并网。

---

❶　B 类逆变器：是指通过 380V 电压等级接入电网，以及通过 10kV 及以下电压等级接入电网用户侧的光伏发电站所用光伏逆变器，包括居住环境和直接连接到住宅低压供电网设施中使用的逆变器。

❷　A 类逆变器：是指通过 35kV 及以上电压等级接入电网，或通过 10kV 及以上电压等级与公共电网连接的光伏发电站所用光伏逆变器。

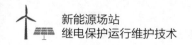
4. 相序或极性错误

（1）极性误接。当光伏方阵线缆的直流极性与逆变器直流侧接线端子极性相反时，逆变器应能保护不致损坏，自动跳开并网接触器，直流断路器脱扣。极性正接后，逆变器应能正常工作。

并网逆变器必须具备电网相序检测功能，当连接到逆变器的电网电压是负序电压时，逆变器必须停机并报警或通过逆变器内部调整向电网注入正序正弦波电流。并网逆变器支持三相线缆无序连接，并自动适应电网相序。任何情况下，并网逆变器都不能向电网注入负序电流。

（2）交流缺相保护。逆变器交流输出缺相时，逆变器自动保护，并停止工作，正确连接后逆变器应能正常运行。

5. 负序过电流保护

检测到电网负序电流超过定值时动作，逆变器停机。

6. 负序过电压保护

检测到电网负序电压超过定值时动作，逆变器停机。

7. 直流输入过载保护

若逆变器输入端不具备限功率的功能，则当逆变器输入功率超过标称最大直流输入功率的 1.1 倍时需保护。

若逆变器输入端具有限功率功能，当光伏方阵输出的功率超过逆变器允许的最大直流输入功率时，逆变器应自动限流工作在允许的最大交流输出功率处。

8. 直流过电流保护

当逆变器检测到光伏阵列电流高于保护设定值时，逆变器保护停机，并发出相应的报警信息。

9. 输出短路保护

逆变器开机或运行中，检测到输出侧发生短路时，逆变器应能自动保护。要求可触及导电部位不存在触电危险，确保存在的带电危险和机械危险的部位不被触及。

◎ 10. 反放电保护

当逆变器直流侧电压低于允许工作范围或处于关机状态时，逆变器直流侧应无反向电流输出。当检测到反向电流异常流过时动作，逆变器停机。

◎ 11. 防孤岛效应保护

当电网的部分线路因故障或维修而停电时，停电线路由所连接的并网发电装置继续供电，并连同周围负载构成一个自给供电的孤岛发电系统。处于孤岛运行时会导致孤岛区域供电电压、频率的不稳定，电网恢复供电时的冲击电流可能会损坏逆变器，威胁电网检修人员的安全，对设备和人身都存在着重大隐患。孤岛检测主要有主动式和被动式两种检测方法。

（1）主动式防孤岛检测。主动式防孤岛检测方法有：输出有功无功扰动法、滑动频率偏移检测法等，其作用原理就是在逆变器的控制信号中加入很小的电压、电流或相位扰动信号，然后检测逆变器的输出响应。当逆变器与电网相连时，受电网钳制，扰动信号作用很小。当孤岛发生时，扰动信号的作用就会显现出来。当输出响应的变化超过规定的阈值时，孤岛现象就能被检测出。但是对于有源检测方法，当逆变器输出功率和负载功率相接近，电压和频率的变化量不足以被保护电路检测到时，孤岛效应仍能发生，检测盲区依然存在。

（2）被动式防孤岛检测。被动式防孤岛检测方法主要包括：过/欠电压孤岛检测法、过/欠频率孤岛检测法、谐波孤岛检测法、相角突变电压检测法等。当并网变流器功率与负载功率匹配时，被动式防孤岛检测方法就失效。

1）过/欠电压检测法。通过实时检测连接到公共电网的电压大小是否超过限值，来判定是否出现孤岛现象，此方法实现简单，但孤岛检测准确性不高。

2）过/欠频检测法。通过实时检测连接到公共电网的频率大小是否超过限值，来判定孤岛现象的方法，此方法易实现，但孤岛检测存在较大盲区。

3）电压谐波检测法。通过检测并网电压的总谐波失真度是否超过限值，来判定是否发生"孤岛"现象，此方法能在很大的范围内检测到孤岛效应，并且不受多机共同检测的影响。但电网本身存在一定的谐波，导致孤岛检测的谐波电压限制难以确定。

4）电压相位突变检测法。通过检测并网输出电压与电流的相位差，来判断是否出现孤岛效应。通过软件算法实现，不影响电网电能质量，且多台同时检测不会产生稀释现象。但是这种方法检测的阈值较难选择，当阈值选择较低时，容易误判；当阈值选择较高时，不能及时进行保护。

当被动孤岛检测单独使用时，有功功率与无功功率匹配程度较大，则无法检测出孤岛效应状态。采用主动与被动相结合的防孤岛检测方案，通过主动式防孤岛检测的干扰，其频率与电压更容易偏移出被动式防孤岛策略所预设的阈值，从而能够使孤岛效应更容易被检测出来。

GB/T 32900—2016《光伏发电站继电保护技术规范》要求：光伏发电站根据需要配置独立的防孤岛保护装置，应包含过电压及低电压保护功能、过频率及低频率保护功能。

NB/T 32004—2018《光伏并网逆变器技术规范》规定 B 类逆变器应具备快速监测孤岛且立即断开与电网连接的能力，防孤岛保护动作时间应不大于 2s，并同时发出警示信号，且孤岛保护还应与电网侧线路保护相配合。

▶ 12. 恢复并网

B 类逆变器因电压或频率异常跳闸后，当电压和频率恢复正常后，光伏逆变器应经过一个可调的延迟时间后才能并网，延迟时间范围可采用 20s～5min。若光伏逆变器设置了启停机变化率，则恢复并网时应满足启停机变化率的要求。

A 类逆变器因电压或频率异常跳闸后，是否自行恢复并网应根据当地电网要求决定，当不允许自行恢复并网时，逆变器恢复并网由光伏发电站的功率控制系统控制。

▶ 13. 过温保护

对逆变器运行过程中的温度实时监测，当温度过高时，逆变器启动风机散热并限功率运行。当温度仍然高于高温限值时，逆变器将停止运行。

▶ 14. 内部短路保护

当并网逆变器内部发生短路时（如 IGBT 直通、直流母线短路等），逆变器立即停机，并发出相应的报警信息。

▶ 15. 绝缘监测保护

逆变器实时监视直流侧对地绝缘状况，当出现绝缘异常时，逆变器停机。

▶ 16. TV 异常保护

实时监测交流侧并网接触器前后端交流电压偏差，当电压异常时，逆变器停机。

▶ 17. 防雷保护

逆变器应设有防雷保护装置。直流侧和交流侧均应具备2级防雷保护器。保护装置应保证设备能够承受由雷电引起的过电流，保障设备在运行期间处于安全状态。

3.3.2 风机涉网保护

▶ 1. 过/欠电压保护

当风电场并网点的电压在标称电压的90%~110%之间时，风电机组应能正常运行；当风电场并网点电压超过标称电压的110%时，风电场的运行状态由风电机组的性能确定。任意一相高于保护定值时，过电压保护动作。

当风电机组电压低于额定电压时，所配置的电压保护应满足GB/T 19963.1—2021《风电场接入电力系统技术规定 第1部分：陆上风电》中对于风电场低电压穿越的要求，如图3-39所示。

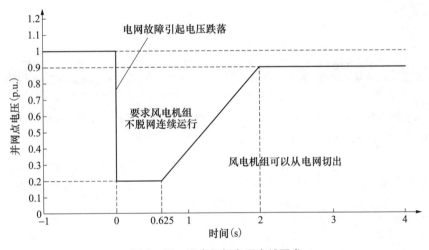

图 3-39 风电场低电压穿越要求

（1）风电场并网点电压跌至20%标称电压时，风电场的风电机组应保证不脱网连续运行625ms。低于20%标称电压时，动作时间为0s。其中0.625s为后备保护时间（0.5s）加上保护启动延时时间（约为0.125s）。风电场最低穿越电压取为20%，主要考虑了当风电场附近线路发生短路故障时，风电场并网点的电压大都降低到20%左右。

（2）风电场并网点电压在发生跌落后2s内能够恢复到标称电压的90%时，风电场内的风电机组应保证不脱网连续运行。

（3）电力系统发生不同类型故障时，若风电场并网点考核电压全部在图 3 - 39 中电压轮廓线及以上的区域内，风电机组必须保证不脱网连续运行；否则，允许风电机组切除。

针对不同故障类型的考核电压如表 3 - 5 所示，低电压保护在计算电压时应依照执行。

表 3 - 5 风电场低电压穿越考核电压

故障类型	考核电压
三相短路故障	风电场并网点线电压
两相短路故障	风电场并网点线电压
单相接地短路故障	风电场并网点相电压

2. 过/欠频保护

风电场应在表 3 - 6 所示电力系统频率范围内按规定运行，过/欠频保护动作时应据此执行。

表 3 - 6 风电场在不同电力系统频率范围内的运行规定

电力系统频率范围	要求
低于 48Hz	根据风电场内风电机组允许运行的最低频率而定
48 ~ 49.5Hz	频率每次低于 49.50Hz 时要求风电场具有至少运行 30min 的能力
49.50 ~ 50.2Hz	连续运行
高于 50.28Hz	每次频率高于 50.2Hz 时，要求风电场具有至少运行 5min 的能力，并执行电力系统调度机构下达的降低出力或高周切机策略，不允许停机状态的风电机组并网

3. 三相电压不平衡保护

检测三相电压的平衡程度而设置，三相电压中任两相电压差，当最大值大于设定值时动作。

4. 过电流保护

检测非低电压穿越状态下，机组发电电流持续大于定值时动作。

3.3.3　接地变压器/站用变压器保护

新能源场站低压侧通常采用小电阻接地方式或者使用接地变压器，若有接地变压器，可兼站用变压器。接地变压器的主要作用是为中性点不接地系统提供一个人为的中性点，以便采用消弧线圈或小电阻的接地方式。Z 形接地变压器，在结构上与普通三相芯式电力变压器相同，只是每相铁芯上的绕组分为上、下相等匝数的两部分，接成曲折形连接。Z 形接地变压器同一柱上两半部分绕组中的零序电流方向是相反的，因此零序电抗很小，对零序电流不产生扼流效应。当 Z 形接地变压器中性点接入消弧线圈时，可使消弧线圈补偿电流自由地流过，因此 Z 形接地变压器广为用作接地变压器。Z 形接地变压器还可装有低压绕组，接成星形中性点接地（yn）等方式，作为站用变压器。接地变压器保护和站用变压器保护通常设计成同型号装置。图 3 - 40 所示为接地变压器接线示意图。

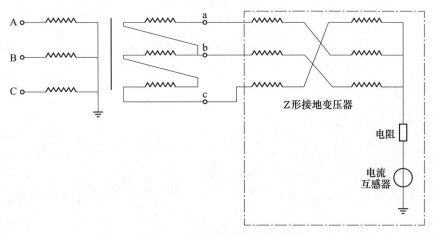

图 3 - 40　接地变压器接线示意图

当采用小电阻接地方式，系统发生接地时就会有零序电流产生。图 3 - 41 是小电阻接地系统中线路发生单相接地时的零序电流流向图。

接地变压器/站用变压器的故障状态主要包括绕组的相间短路、接地短路以及匝间短路，套管和引出线上发生的相间短路和接地短路，油箱内部故障等，不正常运行状态主要包括外部相间短路引起的过电流、外部接地短路引起的过电压、油面降低等。

接地变压器/站用变压器保护通常配置速断过电流保护、过电流保护、零序电流保护、低压侧零序过电流保护、非电量保护。

（1）速断过电流保护。配置速断过电流保护作为变压器绕组及引线相间短路的主保护。保护判据为：三相最大相电流大于速断过电流保护定值，瞬时动作于跳闸，三相电流取自靠近母线侧的三相电流互感器电流。图 3-42 所示为接地变压器/站用变压器速断保护配置示意图。

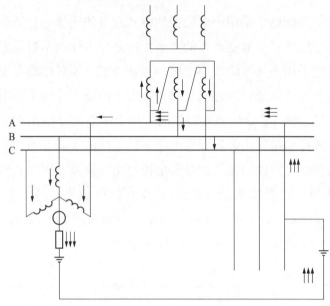

图 3-41　小电阻系统故障电流流向图

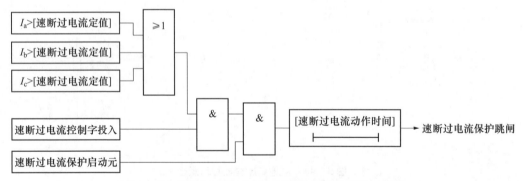

图 3-42　接地变压器/站用变压器速断保护配置示意图

用于接地变压器时，通过控制字"相过电流消零"选择是否经软件滤零，若投入该控制字，用于判据计算的电流需经过消除零序电流处理，即用相电流减去自产零序电流，计算式为：$\dot{I}'_{\varphi} = \dot{I}_{\varphi} - (\dot{I}_a + \dot{I}_b + \dot{I}_c)/3$。采用自产零序电流主要为了防止区外接地故障时保护误动作。

（2）过电流保护。配置两段式过电流保护作为电抗器绕组及引线相间短路的后备保护。保护判据为：三相最大相电流大于过电流保护相应段的定值，经相应延时动作于跳闸，三相电流取自靠近母线侧的三相电流互感器电流。图 3-43 所示为接地变压器/站用变压器过电流保护配置示意图。

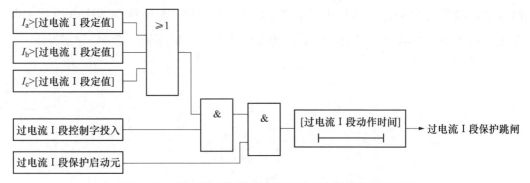

图 3-43　接地变压器/站用变压器过电流保护配置示意图

用于接地变压器时，通过控制字"相过电流消零"选择是否经软件滤零，若投入该控制字，用于判据计算的电流需经过消除零序电流处理，即用相电流减去自产零序电流，计算式为：$i'_\varphi = \dot{I}_\varphi - (\dot{i}_a + \dot{i}_b + \dot{i}_c)/3$。采用自产零序电流主要为了防止因接地变压器工作时流过较大零序电流而引起过电流保护误动作。

（3）零序过电流保护。零序过电流保护包括高压侧零序过电流保护和低压侧零序过电流保护。小电阻接地系统接地零序电流相对较大，可以用直接跳闸方法来隔离故障。相应地，接地变压器保护配置高压侧两段零序过电流保护来作为母线接地故障的后备保护（通常配置是 Ⅰ 段 3 时限，Ⅱ 段 1 时限）。保护判据为：零序电流大于相应段的定值时，经该段延时后动作于跳闸。接地变压器零序过电流保护采用中性点回路零序电流互感器电流。若仅作为站用变压器，高压侧零序过电流保护采用高压侧零序电流互感器电流，当站用变压器高压侧无法安装零序电流互感器时，可不配置高压侧零序电流保护。图 3-44 所示为接地变压器/站用变压器高压侧零序过电流保护逻辑示意图。

图 3-44　接地变压器/站用变压器高压侧零序过电流保护逻辑示意图

要注意，在实际工程中，接地变压器零序过电流保护电流采集来自于接地变压器中性点处的零序电流互感器，而不是高压开关柜处的零序电流互感器。原因是当接地变压器发生接地故障时，开关柜处的零序电流会被抵消。如图 3-45 所示，这种情况下，只有接地变压器中性点处的零序电流互感器才有零序电流。

低压侧零序过电流保护作为低压侧接地故障的后备保护。通常配置 Ⅰ 段 2 时限，保护判据为：零序电流大于相应段的定值时，经该段延时后动作于跳闸。低压侧零序过电流保护采用低压侧中性线 TA 电流，即 380V 侧中性点零序电流互感器电流。图 3-46 所示为站用变压器低压侧零序过电流保护逻辑示意图。

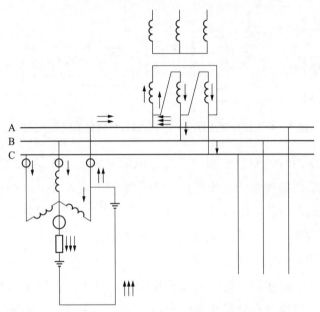

图 3-45　接地变压器电缆支路发生接地时故障电流示意图

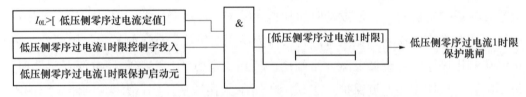

图 3-46　站用变压器低压侧零序过电流保护逻辑示意图

（4）非电量保护。瓦斯保护作为非电量保护的主保护，动作于跳闸。

GB/T 32900—2016《光伏发电站继电保护技术规范》、DL/T 1631—2016《并网风电场继电保护配置及整定技术规范》对接地变压器的跳闸方式要求相同：在汇集母线分段断路器断开的情况下，接地变压器电流速断保护、过电流保护及零序电流保护动作跳所接母线的所有断路器。在汇集母线分段断路器并列的情况下，接地变压器电流速断保护、过电流保护及零序电流保护除跳所接母线的所有断路器外，还应跳另一母线的所有断路器。

3.3.4　小电流接地故障选线装置

中性点直接接地系统（包括经小阻抗接地的系统）发生单相接地故障时，接地短路电流很大，这种系统称为大接地电流系统。采用中性点不接地或经消弧线圈接地的系统，当某一相发生接地故障时，由于不能构成短路回路，接地故障电流往往比负荷电流小得多，所以这种系统称为小接地电流系统。

大接地电流系统与小接地电流系统的划分标准，是依据系统的零序电抗 X_0 与正序电抗 X_1 的比值 X_0/X_1。我国规定：凡是 $X_0/X_1 \leqslant 4 \sim 5$ 的系统属于大接地电流系统，$X_0/X_1 > 4 \sim 5$ 的系统则属于小接地电流系统。

小电流接地系统相对于小电阻接地系统的最大优势是供电可靠性，主要表现在两点：

（1）瞬时性接地故障可自动熄灭，不会出现小电阻接地系统保护自动跳闸引发的短时停电；

（2）永久性接地故障可带故障继续运行一段时间，此时可查找故障，处理并恢复供电。

小电流接地故障的危害主要是产生过电压容易导致非故障相绝缘击穿，引发两相接地短路故障，使故障范围扩大。另外，由于线路接地后不跳闸，会导致导线坠地长时间带故障运行继而引发人身触电事故。

同时，小电流接地选线装置长时间的运行结果不尽如人意，选线时现场运行人员往往借助人工试拉路的方法选线，造成非故障线路出现不必要的短时停电。

小电流接地系统分为不接地系统和经消弧线圈接地系统（谐振接地系统），对于不接地系统，现场多采用比较工频零序电流幅值和方向的方法选择故障线路，这些方法从原理上讲是可靠的，在解决好零序电流精确测量、装置维护管理问题的情况下能够满足现场使用要求。

但谐振接地系统中，由于消弧线圈的补偿作用，故障线路的零序电流可能小于健全出线，相位也和健全出线相同，利用工频零序电流幅值和方向的方法不再有效。

按照所利用的电气量的不同，可以将选线方法分为利用稳态电气量的方法（简称稳态法）和利用暂态电气量的方法（简称暂态法）。

稳态法中，利用故障所产生的工频或谐波信号的方法属于被动式方法，利用其他设备附加工频或谐波信号的方法属于主动式方法。

被动式方法中，适用于不接地系统的方法有零序电流比幅比相法、零序无功功率方向法；适用于谐振接地系统的方法有零序有功功率法、谐波电流法，但因故障信号较小，实际应用效果不理想。

为解决这一问题，主动式方法利用专用一次设备或其他一次设备配合，强行改变配电网的运行状态以产生较大的工频附加电流，通过检测这个附加电流来选择故障线路。主要包括：中电阻法、信号注入法、消弧线圈扰动法。

利用暂态量的选线方法，均利用暂态电压、电流信号，不同方法的区别主要是对暂态信号的特征的归纳提取，主要有：首半波法、暂态电流幅值比较法、极性比较法、群体比幅比相法、暂态功率方向法、暂态能量法、暂态投影法，以及比较暂态电流或电压的积分或导数特征的方法。

在各种选线原理中，一般都要采集各个馈线支路在接地时的零序电流，电缆线路的零序电流互感器接线施工时最容易出现电缆外皮接地线错误，正确的接线方式如图 3 – 47 所示。

（1）外皮接地线在零序电流互感器下端引出的不穿过零序电流互感器直接接地 ［见图 3 – 47（a）］；

（2）外皮接地线在零序电流互感器上端引出的要穿回零序电流互感器接地 ［见图 3 – 47（b）所示］。

图示说明：图 3 – 47（a）为零序 TA 下端面在地线引出点 E 上方或两者平齐的情况。图 3 – 47（b）为零序 TA 下端面在地线引出点 E 下方的情况。

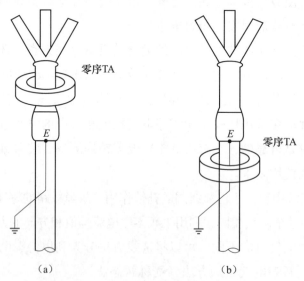

图 3 – 47　零序电流互感器接线施工示意图

此外，还要注意接地线（包括铜屏蔽接地线和铠甲接地线）应用绝缘导线或包缠绝缘带的铜编织带。接地线的接地点端，应与变电站的接地网可靠连接（严禁用缠绕的方法接地）。

3.4　新能源场站其他保护设备原理

本节将介绍新能源场站其他设备的保护原理及作用，包括升压站的低压并联电抗器保护、低压并联电容器保护、SVG（静态无功发生器）保护。

3.4.1 电抗器保护

新能源场站的低压并联电抗器通常接于主变压器低压侧母线上，基于电感元件对交流电的无功特性，低压并联电抗器能够吸收感性无功功率，实现无功调节，提高电力系统运行效率；投入低压并联电抗器可降低母线电压，改善电压分布，提高电力系统的电压质量和稳定性；此外，电抗器还有滤除谐波的作用。低压并联电抗器容量配置与场站规模、额定电压、功率因数需求、电网结构等多种因素有关。

新能源场站低压并联电抗器通常配置两段式过电流保护、两段式零序过电流保护、过负荷保护。

● 1. 过电流保护

配置两段式过电流保护，各1时限，过电流保护Ⅰ段作为电抗器绕组及引线相间短路的主保护，过电流保护Ⅱ段作为电抗器绕组及引线相间短路的后备保护。保护判据为：三相最大相电流大于过电流保护定值，经相应延时动作于跳闸，三相电流取自靠近母线侧的三相电流互感器电流。电抗器过电流保护逻辑如图3-48所示。

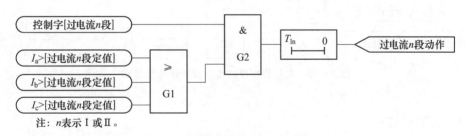

图3-48 电抗器过电流保护逻辑示意图

个别继电保护厂家配置有反时限过电流保护供选择，即动作时间与电流大小呈反时限特性，故障电流越大，动作时限越短。反时限特性一般沿用国际电工委员会（IEC 255-4）和英国标准规范（BS142.1996）的规定，通常有以下标准特性方程可选择：

$$一般反时限\ t = \frac{0.14}{(I/I_p)^{0.02} - 1} t_p$$

$$非常反时限\ t = \frac{13.5}{(I/I_p) - 1} t_p$$

$$极端反时限\ t = \frac{80}{(I/I_p)^2 - 1} t_p$$

2. 零序过电流保护

新能源场站低压侧通常为小电阻接地系统，需配置两段零序保护作为接地故障的主保护和后备保护。保护判据为：零序电流大于零序过电流定值，达到时限时动作。通常设两段零序过电流保护，各 1 时限，不带方向，动作于跳闸，Ⅱ 段动作于跳闸或告警（通过控制字选择，一般为跳闸）；零序电流可取自由靠近母线侧三相电流互感器构成的自产零序电流，也可取自独立的零序电流互感器。对零序过电流保护Ⅱ段，个别继电保护厂家配置有反时限零序过电流保护供选择，反时限特性同过电流保护Ⅱ段反时限特性。电抗器零序过电流保护逻辑如图 3-49 所示。

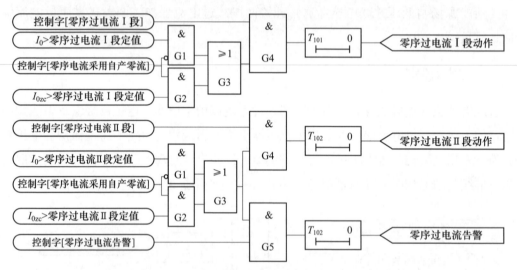

图 3-49 电抗器零序过电流保护逻辑示意图

3. 过负荷保护

当母线电压升高时，可能会引起电抗器过负荷。因此需配置一段定时限相电流过负荷保护，当最大相电流大于过负荷告警电流定值，并达到过负荷时限时告警。晶闸管控制电抗器支路还应配置谐波过电流（包含基波和 11 次及以下谐波分量）保护作为设备过负荷能力保护。电抗器过负荷保护逻辑如图 3-50 所示。

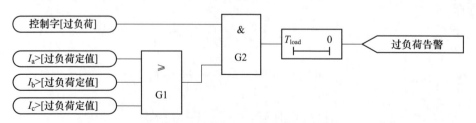

图 3-50 电抗器过负荷保护逻辑示意图

3.4.2 电容器保护

新能源场站的低压并联电容器通常接于主变压器低压侧母线上，基于电容元件对交流电的无功特性，低压并联电容器能够补偿感性无功功率，实现无功调节，降低电压损耗，提高电力系统功率因数及运行效率；投入低压并联电容器可提升母线电压，改善电压分布，提高电力系统的电压质量和稳定性；此外，电容器还有滤除谐波的作用。低压并联电容器容量配置与场站规模、额定电压、功率因数需求、电网结构等多种因素有关。

电容器主要包括电容器组、串联电抗器、放电线圈。串联电抗器串联在电容器组与低压母线之间，主要作用是滤波、限制合闸涌流，以保护电容器组，电容器组两侧并联有放电线圈，使电容器组切除后的剩余电荷迅速泄放，抑制合闸过电压，常与电压互感器一次绕组共用，用于测量电压。

电容器组常见接线形式主要包括先串后并、先并后串，三相电容器组接线形式主要有星形、三角形，通常为星形接线。电容器组的故障和不正常运行状态主要包括：电容器组与断路器之间连接线以及电容器组内部连线上的相间短路故障和接地故障，电容器组的内部故障（电容器内部极间短路以及电容器组中多台电容器故障）等；电容器组过负荷，电容器组的供电电压升高，电容器组失压等。

新能源场站低压并联电容器通常配置两段式过电流保护、两段式零序过电流保护、过电压保护、低电压保护、不平衡保护。电容器保护配置如图 3-51 所示。

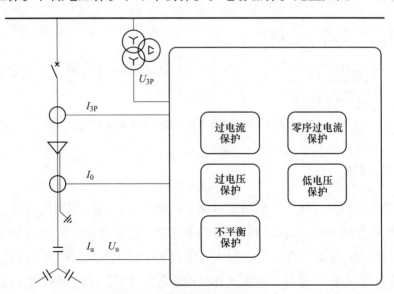

图 3-51　电容器保护配置示意图

▶ 1. 过电流保护

配置两段式过电流保护，各 1 时限，作为低压并联电容器通常配置电流速断保护，作为电容器组和断路器之间连接线以及电容器组内部连线上的相间短路保护。保护判据为：三相最大相电流 > 过电流保护定值，经相应延时动作于跳闸，三相电流取自靠近母线侧的三相电流互感器电流。电容器过电流保护逻辑如图 3 - 52 所示。

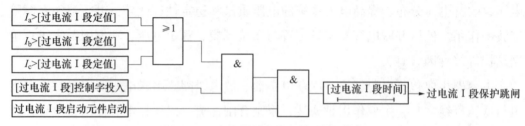

图 3 - 52　电容器过电流保护逻辑示意图

▶ 2. 零序过电流保护

新能源场站低压侧通常为小电阻接地系统，需配置两段零序保护作为接地故障的主保护和后备保护。保护判据为：零序电流大于零序过电流定值，达到时限时动作。通常设两段零序过电流保护，各 1 时限，不带方向。Ⅰ 段动作于跳闸，Ⅱ 段动作于跳闸或告警（通过控制字选择，一般为跳闸）；零序电流可取自由靠近母线侧三相电流互感器构成的自产零序电流，也可取自独立的零序电流互感器。电容器零序过电流保护逻辑如图 3 - 53 所示。

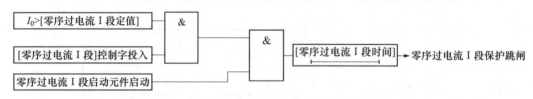

图 3 - 53　电容器零序过电流保护逻辑示意图

▶ 3. 过电压保护

电容器组只能允许在 1.1 倍额定电压下长期运行，当电容器所在母线稳态电压升高时，电容器的功耗和发热增加，影响电容器的使用寿命，因此应装设过电压保护。保护判据为：断路器在合位，最大线电压大于过电压保护电压定值，达到过电压保护时限时，动作于跳闸。电压元件采用线电压"或"门关系。电容器过电压保护逻辑如图 3 - 54 所示。

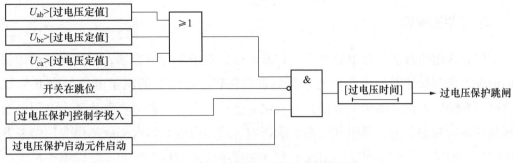

图3-54 电容器过电压保护逻辑示意图

4. 低电压保护

电容器组所在母线突然失压时,电容器组失去电源开始放电,若电容器组未完全放电则母线电压恢复,电容器组再次充电,由于电容器组残余电荷的存在,电容器组上将承受一定的合闸过电压,若高于其长期运行允许值,可能造成电容器过电压损坏,因此需装设低电压保护。保护判据为:断路器在合位,电容器曾经有压且最大线电压下降到小于低电压保护电压定值,最大相电流小于低电压闭锁电流定值,达到低电压保护时限时,动作于跳闸。电压元件采用线电压"与"门关系;低电压保护在断路器合闸后自动投入,跳闸后自动退出;低电压保护延时应小于备用电源自动投入装置或重合闸动作时间;为了防止TV断线时低电压保护误动作,设置电流判据闭锁条件,可通过控制字选择是否经低电流闭锁。电容器低电压保护逻辑如图3-55所示。

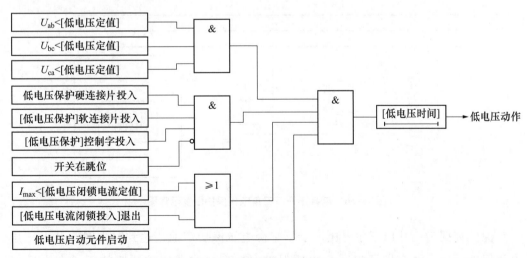

图3-55 电容器低电压保护逻辑示意图

5. 不平衡保护

电容器组由许多单台电容器串、并联而成，对于单台电容器，由于内部绝缘损坏而发生极间短路时，由专用的熔断器进行保护。熔断器的额定电流可取 1.5 ~ 2 倍电容器额定电流。由于电容器具有一定的过载能力，一台电容器故障由专用的熔断器切除后对整个电容器组并无多大的影响。当多台电容器内部故障由专用熔断器切除后，继续运行的电容器将出现不允许的过载或过电压，因此应装设不平衡保护作为电容器组内部故障保护。常用的不平衡保护有：开口三角电压保护、相电压差动保护、桥差电流保护、中性点不平衡电流保护。具体采用的方式主要与电容器组的接线方式有关。

电容器保护装置通常配置一种不平衡电压保护和一种不平衡电流保护，对于 A 型并联电容器保护装置，不平衡保护电压配置"相电压差动保护"功能，不平衡电流保护配置"中性点不平衡电流保护"功能；对于 B 型并联电容器保护装置，不平衡保护电压配置"开口三角电压保护"功能，不平衡电流保护配置"桥差电流保护"功能。无论哪种接线方式的电容器组，都必须配置一种不平衡保护。

（1）开口三角电压保护。电容器组为单星形接线时常用开口三角电压保护，图 3 - 56 所示为电容器组的开口三角电压保护配置，电压互感器 TV 开口三角电压反映的是电容器组端点对中性点 N 的零序电压。电压互感器 TV 的一次绕组兼作电容器组的放电线圈。

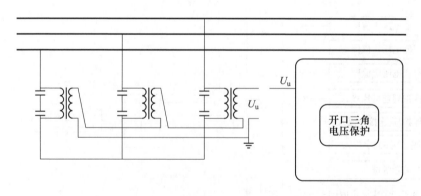

图 3 - 56 电容器开口三角电压保护配置示意图

保护判据为：开口三角电压大于不平衡电压保护定值，达到时限时，开口三角电压保护动作。电容器开口三角电压保护（B 型电容器保护装置的不平衡电压保护）逻辑图如图 3 - 57 所示。

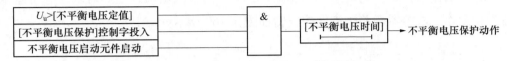

图 3 – 57　电容器开口三角电压保护逻辑示意图

（2）相电压差动保护。电容器组为单星形接线且每相由两组电容器串联组成时常用电压差动保护，图 3 – 58 所示为电容器组的相电压差动保护配置。正常运行时，电容器组两串联段上电压相等，可认为差电压均为零（实际存在很小的不平衡电压），保护不动作；当某相多台电容器切除后（每台电容器具有专用熔断器，两串联段上电压不相等），该相出现差电压，保护动作。

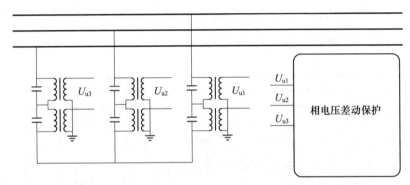

图 3 – 58　电容器组相电压差动保护配置示意图

保护判据为：任一相串联电容器组的差电压大于不平衡电压定值，达到时限时，相电压差动保护动作。

（3）桥差电流保护。电容器组为桥型接线时用桥差电流保护，图 3 – 59 所示为桥差电流保护配置，某桥臂的电容器发生故障被切除后，桥差 TA 有不平衡电流流过，保护动作。

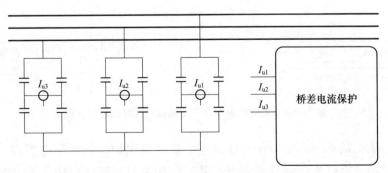

图 3 – 59　电容器桥差电流保护配置示意图

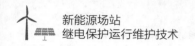

保护判据为：任一相桥差 TA 电流大于不平衡电流定值，达到时限时，桥差电流保护动作。电容器桥差电流保护逻辑如图 3 − 60 所示。

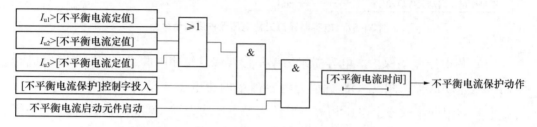

图 3 − 60　电容器桥差电流保护逻辑示意图

（4）中性点不平衡电流保护。电容器组为双星形接线时用中性点不平衡电流保护，图 3 − 61 所示为中性点不平衡电流保护配置，某分支的电容器发生故障被切除后，中性点有不平衡电流流过，保护动作。

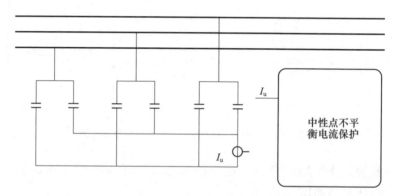

图 3 − 61　电容器中性点不平衡电流保护配置示意图

保护判据为：中性点电流大于不平衡电流定值，达到时限时，中性点不平衡电流保护动作。电容器中性点不平衡电流保护逻辑如图 3 − 62 所示。

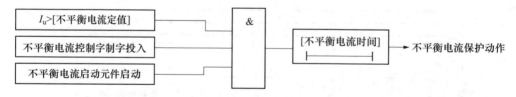

图 3 − 62　电容器中性点不平衡电流保护逻辑示意图

注意，无论是不平衡电压保护还是不平衡电流保护，只有在电容器本体发生故障的时候保护才会动作，只是电容器以外发生故障时不平衡保护是不动作的。

3.4.3 SVG 保护

SVG（Static Var Generator）是一种基于电压源型变流器的动态无功补偿装置，它通过自换相的电力半导体桥式变流器来进行动态无功补偿。相比于并联电抗器、并联电容器，SVG 能够实现连续无功功率调节，并达到毫秒级响应，不仅可以提供无功功率，还可以吸收电网多余的无功功率，实现双向调节，同时可以抑制系统谐波，改善电能质量。SVG 对提高电力系统的稳定性、安全性和经济性具有重要意义。新能源场站运行工况受气象等环境影响明显，电压处于波动状态，需加装 SVG 无功补偿装置，以调节系统电压、减少逆变器无功、提高电网电能质量、维持电力系统安全平稳运行等。

SVG 基本拓扑结构如图 3-63 所示。采用将桥式变流电路（一般为电压源型逆变器）经过变压器或电抗器并联在电网上，直流侧采用直流电容为储能元件作为电压支撑，通过调节逆变桥的开关器件（例如 IGBT），可以控制直流逆变到交流侧的电压幅值和相位，或者直接控制交流侧电流，使该电路吸收或者发出满足要求的无功电流，实现动态调整控制侧电压或者无功功率的目的。使用中 SVG 可以看作可控电压源，通过对逆变电压幅值和相位的调节来实现向系统注入所需要的感性或者容性无功电流。SVG 主要有直挂式和降压式，直挂式与降压式的主要区别是：降压式使用一台降压变压器把系统的高电压降成低电压再使用（大部分为 35/10kV），容量范围一般在 15MVA 以下；而直挂式则使用电抗器直接将 SVG 和电网相连，一般使用在 15MVA 以上的容量范围上，新能源场站以 35kV 直挂最为常见。

SVG 通常有三种运行模式。如图 3-63 所示，U_S 为系统电压，U_L 为电抗器（或变压器）压降，I_L 为电抗器电流，U_I 为 SVG 电压，I_I 为 SVG 电流，参考方向选取指向 SVG 为正，则 $\dot{U}_S - \dot{U}_I = jX\dot{I}_I$。

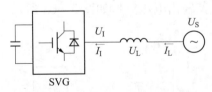

图 3-63 SVG 一次接线示意图

（1）空载运行。当 $U_I = U_S$ 时，$I_I = 0$，SVG 处于空载运行状态，不吸收也不发出无功功率。

（2）发无功功率（容性运行）。当 $U_I > U_S$ 时，I_I 超前 $U_S 90°$，为容性电流，SVG

发出容性无功功率且可连续调节。

（3）吸无功功率（感性运行）。当 $U_I < U_S$ 时，I_I 滞后 U_S 90°，为感性电流，SVG 吸收容性无功功率且可连续调节。

SVG 系统主电路采用链式串联结构，如图 3-64 所示，每相由若干个功率单元串联组成，三相可接为星形或三角形，通常接为星形。对串联的每个桥采取不同的驱动脉冲，使每个桥输出电压所含谐波大小和相位不同，最终叠加的总输出电压谐波很小；串联桥链中某一个损坏可以被旁路，不影响整个桥链工作；链式结构三相相互独立，在系统不平衡时可通过三相独立控制，更好地提供电压支撑。

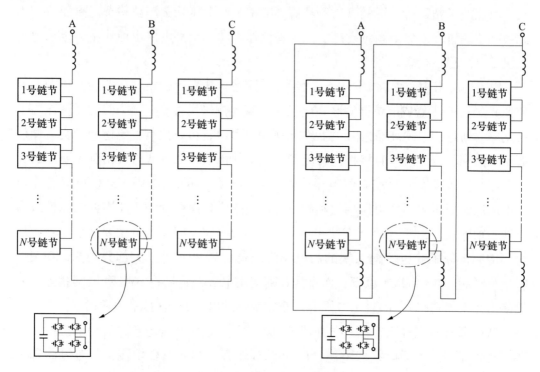

图 3-64　SVG 一次组装示意图

一个基本功率单元及其输出电压波形如图 3-65 所示。

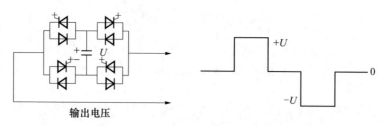

图 3-65　SVG 输出电压波形示意图

通过调制原理控制各个基本功率单元的输出，将各功率单元的输出叠加，就可得到接近于正弦波的电压波形，链节数越多，电压越接近正弦波，如图 3-66 所示。

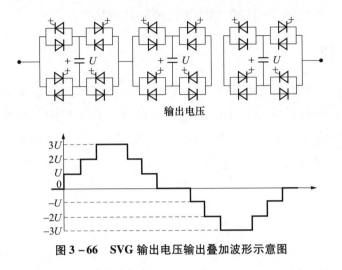

图 3-66　SVG 输出电压输出叠加波形示意图

以某降压式 6kV 的 SVG 为例，其电气原理如图 3-67 所示。

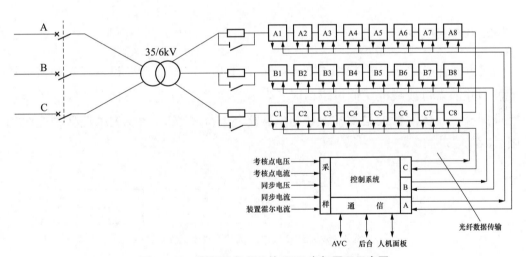

图 3-67　某降压式 6kV 的 SVG 电气原理示意图

6kV 每相有 8 个功率链节，正常工作时每个链节的电压维持在 760V 左右。控制系统采集系统电气量信息，与外界保持通信，按照 AVC 指令或者人机设置控制系统电压，通过光纤通信与每一个链节保持数据通信，控制链节 IGBT 的触发工作，进而实现 SVG 的无功控制功能。

实际工程中，SVG 本体保护主要包括电量保护和非电量保护，用于保护 SVG 设备本体，电量保护主要包括过电压保护、欠电压保护、过频保护、欠频保护、过电流保护等，非电量保护主要包括单元超温保护、接触器不吸合（不分开）保护、断路器不吸合（不分开）保护；SVG 支路开关柜处的保护通常用线路保护装置（或者接地变压器/所用变压器保护装置，或者电容器保护装置，或者电抗器保护装置）型号代替，作为 SVG 引线故障的主保护和后备保护。

▶ 1. 过电压保护

过电压保护用于防止高电压对 SVG 内部元器件造成损害，如电容器、功率模块等，同时防止 SVG 因过电压影响系统安全稳定运行。保护判据为：当并网点母线线电压超过定值时，经延时动作于跳闸，同时需与高电压穿越要求配合，具体配置及定值根据设备参数与电网运行要求设定。SVG 过电压保护逻辑如图 3 - 68 所示。

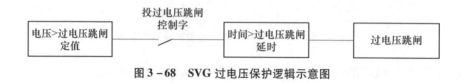

图 3 - 68   SVG 过电压保护逻辑示意图

▶ 2. 欠电压保护

欠电压保护用于防止 SVG 在低电压状态下运行，从而避免设备损坏和系统故障。当并网点母线线电压低过定值时，经延时动作于跳闸，同时需与低电压穿越要求配合，具体配置根据设备参数与电网运行要求有关。SVG 欠电压保护逻辑如图 3 - 69 所示。

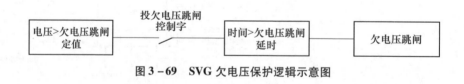

图 3 - 69   SVG 欠电压保护逻辑示意图

▶ 3. 过频保护

SVG 在正常工作时，其内部电路和元器件都是按照额定频率进行设计和优化的。当 SVG 接入的电网频率超过其允许的最大值时，可能会导致 SVG 内部电路和元器件的工作状态异常，甚至损坏。因此，配置过频保护可以在电网频率异常升高时，及时切断 SVG 与电网的连接，保护设备安全，同时防止 SVG 在异常频率下工作导致的系统故障风险。保护判据为：当并网点系统频率超过定值时，经延时动作于跳闸，具体配置及定值根据设备参数与电网运行要求设定。

4. 欠频保护

当 SVG 接入的电网频率低于其允许的最小值时，也可能会导致 SVG 内部电路和元器件的工作状态异常，甚至损坏。因此，配置欠频保护可以在电网频率异常降低时，及时切断 SVG 与电网的连接，保护设备安全，同时防止 SVG 在异常频率下工作导致的系统故障风险。保护判据为：当并网点系统频率低于定值时，经延时动作于跳闸，具体配置及定值根据设备参数与电网运行要求设定。

5. 过电流保护

过电流保护用于防止 SVG 设备内部元件或电路损坏，避免因过电流引起的烧毁、短路、断路等，避免因 SVG 故障引发的电网问题。保护判据为：当 SVG 支路电流大于定值时，经相应延时动作于跳闸，具体配置及定值根据设备参数与电网运行要求设定。SVG 过电流保护逻辑如图 3 – 70 所示。

图 3 – 70　SVG 过电流保护逻辑示意图

6. 单元过电压保护

单元过电压保护是防止 SVG 各功率模块直流侧电压过高的保护，避免 SVG 功率模块因直流过电压引起的设备损坏等。保护判据为：当 SVG 功率模块直流侧电压大于定值时，经相应延时动作于跳闸，具体配置及定值根据设备参数设定。SVG 单元过电压保护逻辑如图 3 – 71 所示。

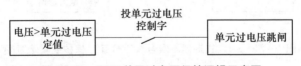

图 3 – 71　SVG 单元过电压保护逻辑示意图

7. 单元电压不平衡保护

如果电压不平衡超过预设的阈值，对 SVG 设备可能会造成进一步的损害。保护判据为：某相中任意两个功率模块的直流电压差值大于定值时，经相应延时动作于跳闸，具体配置及定值根据设备参数设定。SVG 单元电压不平衡保护如图 3 – 72 所示。

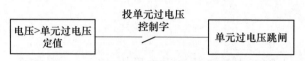

图 3 - 72　SVG 单元电压不平衡保护逻辑示意图

8. 单元超温保护

单元超温保护用于防止 SVG 在运行过程中由于温度过高而损坏，SVG 设备内部装有温度传感器，用于实时监测各单元的温度，当某个单元的温度超过预设的定值时，经相应延时动作于跳闸，具体配置及定值根据设备参数设定。SVG 单元超温保护逻辑如图 3 - 73 所示。

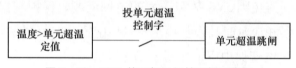

图 3 - 73　SVG 单元超温保护逻辑示意图

9. 接触器不吸合 （不分开） 保护

接触器不吸合（不分开）保护是为了确保 SVG 设备在接触器出现异常时（如控制回路、线圈故障、吸合/分开不到位等）能够及时采取保护措施，防止设备损坏或引发更严重的故障。保护判据：接触器收到合闸指令但接触器位置信号始终处于分位，且持续时间大于接触器不吸合故障延时则动作于跳闸。SVG 接触器不吸合（不分开）保护如图 3 - 74 所示。

图 3 - 74　SVG 接触器不吸合 （不分开） 保护逻辑示意图

断路器不吸合 （不分开） 保护类似于接触器不吸合 （不分开） 保护。

第4章 新能源场站继电保护运维与故障处理

4.1 继电保护运行管理

4.1.1 继电保护运行基本规定

继电保护运行是电力系统安全稳定的一个重要环节，应当遵照国家及行业有关电力安全生产的法律法规、规章制度和技术标准，根据继电保护装置说明书的具体要求，并结合变电站主接线和一次设备等技术特点，编制详细的继电保护运行规程并执行，以确保继电保护安全可靠运行。

继电保护装置运行的基本规定：

（1）执行《国家电网有限公司十八项电网重大反事故措施（修订版）》，落实国家安全生产工作要求。

（2）任何设备都不允许在无保护的情况下运行。

（3）运行中的保护装置出现异常情况后，现场运行人员应及时向相关当值调度员或监控员汇报，并根据相关规定，决定是否申请退出该保护；任何保护装置在确认为误动的情况下，现场运行人员应立即向相关当值调度员或监控员申请退出该保护装置；线路的一侧纵联保护申请退出时，相关当值调度员还应下令退出该线路另一侧对应的纵联保护，同时，现场运行人员应通知继保人员尽快处理。

（4）各运行维护单位对继电保护装置异常情况的处理应当实事求是，不得隐瞒。

（5）保护装置动作后，无论正确与否，现场运行人员都应立即将相关信息准确、全面地向相关当值调度员或监控员汇报。

（6）下列情况可退出不停电设备的保护装置进行检查或试验：

1）正常运行的双配置保护装置，如遇需要退出（非故障退出）其中之一进行更改定值，可直接向相应调度当值调度员申请，应轮流进行定值更改。

2）上一级保护正确投入且具有远后备保护功能时，110kV及以下设备停用全部保护进行定值更改时，应获得相应调度当值调度员的许可，并在天气良好的情况

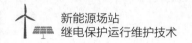
下尽快完成定值更改工作。

（7）新投运或检验工作中可能造成交流回路有变化的保护装置，原则上应制定设备启动方案，应在设备投运前或重新投入前利用负荷电流和工作电压对交流回路的正确性进行相量检查；确实无法在设备投运前或重新投入前利用负荷电流和工作电压对交流回路的正确性进行相量检查的，应征得继保专业管理部门的同意，并在送电后立即利用负荷电流和工作电压对交流回路的正确性进行相量检查，并将检查结果及简要结论汇报相应调度当值调度员。

（8）变动保护装置的硬件、软件、定值及其二次回路必须经所属调度管辖的保护管理部门批准后方可进行。运行单位应制定相应的管理办法及审批手续，保证图纸、资料与运行设备的一致性，保证保护装置及其二次回路变更的正确性。

（9）保护装置的投入、退出等操作均需得到相应调度当值调度员的指令或许可，当装置本身有故障或有误动危险时除外，由运行值班人员进行操作，操作结束后应及时向相应调度当值调度员汇报。

（10）如保护装置的某些投、退方式仅由所在厂、站的运行方式决定时，其投、退方式规定应纳入现场运行规程，不必由调度下令。

（11）在下列情况下应退出整套微机保护装置：

1）微机保护装置使用的交流电压、交流电流、开关量输入、开关量输出回路作业。

2）装置内部作业。

3）继电保护人员输入定值（220kV及以上保护双重化时，可逐一退出进行定值修改；上一级保护正确投入且具有远后备保护功能时，110kV及以下设备停用全部保护修改定值时，应在天气良好情况下在规定的时间内完成定值修改）。

（12）投、退某保护装置（功能）时，除按要求投、退该保护装置功能外，还应投入、退出其启动其他保护、联跳其他设备的功能，如启动失灵等。退出保护一般不应断开保护装置及其附属二次设备的直流。

（13）闭锁式纵联保护装置如需关闭直流电源，应在两侧纵联保护退出后才允许关闭直流电源。

（14）高压电气设备充电时，必须有可靠的瞬动保护。

（15）对变压器操作完毕后，应按规定方式保留变压器中性点接地方式。

（16）不停电的转电操作应使合环时间尽量缩短。

4.1.2　继电保护定值的执行与管理

（1）正常情况下，所有一次设备投运前都必须按相应定值单要求投入继电保护装置，无正式整定单的继电保护装置不得投入运行。

（2）运行中继电保护装置定值的更改必须征得相关当值调度员的许可。任何人员不得擅自改动运行中继电保护装置的定值。

（3）继电保护装置定值单要求文字和数据清晰无误，加盖定值专用章，按生产管理系统定值流程送发相关部门。

（4）现场运行部门应根据定值整定单位的定值变更要求，在规定的时间内完成，并做好相关记录。定值的种类有临时定值和正式定值两种：

1）临时定值：应在规定的时间内执行完毕，并根据对应的运行方式检修单要求决定该定值是否需要恢复。

2）正式定值：新投产设备的定值及与投产工程相配合的定值要求在启动前执行。

（5）定值更改原则上应由继保人员进行，继电保护装置定值区的切换可由现场运行人员完成，定值及定值区更改后应打印核对新定值。所有保护定值的更改都必须做好记录并签名。

（6）各运行部门应建立完善的定值管理制度，厂、站端应保存完整的设备运行定值单及装置打印定值单。定值册中将正式定值单和整定后的打印签名版定值单放置在定值册的同一页套中，废旧过期的打印定值单要及时清理，保存最新的一份正式定值和打印件在定值册中。

（7）微机型继电保护装置的软件必须经相应调度机构的保护部门认定后，方可投入运行。版本定值单属于继电保护装置定值单的一部分，应保证版本定值单与保护装置软件版本的一致性，并按继电保护装置定值单的流程执行。

（8）微机保护装置在运行中需要切换已固化好的成套定值时，由现场运行人员按规定的方法改变定值，并立即打印核对新定值。

（9）上一级保护正确投入且具有远后备保护功能时，110kV 及以下设备更改保护定值，若退出全部保护，在天气良好情况下在规定的时间内完成保护定值的更改工作。

（10）输入保护多套定值时，保护人员应将每套保护定值的投入条件与定值区的对应位置交代清楚，明确标识在保护屏面上，并将相关说明写入现场操作细则。

4.1.3　继电保护缺陷管理

继电保护的缺陷会影响装置的安全运行，应加强运行巡视和专业巡检，综合应用继电保护的自检信息、巡检信息、试验信息，结合环境信息，实时掌握设备的运行工况。

（1）投入运行（含试运行）的继电保护和安全自动装置缺陷按严重程度共分为三级：危急缺陷、严重缺陷、一般缺陷。

1）危急缺陷：指继电保护和安全自动装置自身或相关设备及回路存在问题导致失去主要保护功能，直接威胁安全运行并须立即处理的缺陷。

2）严重缺陷：指继电保护和安全自动装置自身或相关设备及回路存在问题导致部分保护功能缺失或性能下降，但在短时内尚能坚持运行，需尽快处理的缺陷。

3）一般缺陷：指除上述危急、严重缺陷以外的不直接影响设备安全运行和供电能力，继电保护和安全自动装置功能未受到实质性影响，性质一般、程度较轻，对安全运行影响不大，可暂缓处理的缺陷。

（2）继电保护和安全自动装置缺陷通用归类原则：

1）危急缺陷：在下列范围内或特征相符的缺陷应列为危急缺陷。

a. 继电保护和安全自动装置本体、控制回路等相关二次设备直流电源异常或消失；

b. 电源消失或电源灯异常；

c. 死机、故障或异常退出；

d. 继电保护和安全自动装置通道故障、接口设备运行灯异常或接口设备故障；

e. 控制回路断线；

f. 电压切换异常；

g. 电流、电压互感器二次回路异常；

h. 差流越限；

i. 开入、开出异常，可能造成继电保护和安全自动装置不正确动作；

j. 直流系统接地；

k. 继电保护和安全自动装置频繁重启；

l. 其他直接威胁设备安全运行的情况。

2）严重缺陷：在下列范围内或特征相符的缺陷应列为严重缺陷。

a. 只发异常或告警信号，但未闭锁；

b. 液晶显示异常，但不影响动作性能；

c. 信号指示灯异常，但不影响动作性能；

d. 频繁告警；

e. 保护通道不稳定，未闭锁保护，如通道衰耗大；

f. 故障录波装置不能正常录波，如装置故障、频繁启动或电源消失；

g. 继电保护和安全自动装置与自动化系统通信中断；

h. 继电保护和安全自动装置信息、故障录波器信息无法正常上传至调度端；

i. 其他可能导致继电保护和安全自动装置部分功能缺失或性能下降的缺陷。

3）一般缺陷：在下列范围内或特征相符的继电保护和安全自动装置缺陷应列为一般缺陷。

a. 液晶显示屏不清楚，但不影响人机对话及动作性能；

b. 时钟不准；

c. 打印功能不正常；

d. 屏体、继电保护和安全自动装置外壳损坏或变形，屏上按钮接触不良，二次端子锈蚀等，但不影响正常运行的缺陷；

e. 其他对设备安全运行影响不大的缺陷。

4.1.4 继电保护检验管理

（1）保护装置检验时，应根据 DL/T 995《继电保护和电网安全自动装置检验规程》、有关保护装置检验规程、反事故措施和现场工作保安规定，编制装置作业指导书并执行。

（2）保护装置检验应编制检验计划并执行，检验期间认真执行作业指导书，不应为赶工期减少检验项目和简化安全措施。

（3）状态检修适用于微机型保护装置，实施保护装置状态检修必须建立相应的管理体系、技术体系和执行体系，确定保护装置状态评价、风险评估、检修决策、检修质量控制、检修绩效评估等环节的基本要求，保证保护装置运行安全和检修质量。

（4）继电保护装置检验工作宜与被保护的一次设备检修同时进行。

（5）对运行中的保护装置外部回路接线或内部逻辑进行改动工作后，应做相应的试验，确认接线及逻辑回路正确后，才能投入运行。

（6）保护装置检验应做好记录，检验完毕后应向运行人员交代有关事项，及时整理检验报告，保留好原始记录。

（7）涉及多个场站的安全稳定控制系统检验工作，应编制安全稳定控制系统联合调试方案，各场站装置宜同步进行。

（8）各级继电保护部门对直接管辖的继电保护装置应统一规定检验报告的格式。

4.1.5 继电保护二次回路验收管理

（1）新安装的二次回路应进行绝缘检查，其检验项目、方法、试验仪器和检验结果应符合 GB 50150—2016《电气装置安装工程电气设备交接试验标准》和 DL/T 995—2016《继电保护和电网安全自动装置检验规程》有关规定。

（2）应对二次回路的所有部件进行检查，应保证各部件质量。二次回路中的灯具、电阻切换把手、按钮等部件的设计、安装和接线应考虑方便维护和更换。

（3）应对二次回路所有接线，包括屏柜内部各部件与端子排之间的连接线的正确性和电缆、电缆芯及屏内导线标号的正确性进行检查，并检查电缆清册记录的正确性。

（4）应核对自动空气断路器或熔断器的额定电流与设计相符，并与所接的负荷相适应。交、直流空气断路器不应混用。宜使用具有切断直流负载能力、不带热保护的自动空气断路器取代直流熔断器。

4.2 继电保护装置的维护与检查

4.2.1 线路纵联保护运行维护要求

（1）纵联保护投入前，应先投入两侧保护的接口设备及通道，两侧分别进行通道对调（或对通道监视信号进行检查），确认通道正常后，投入两侧相应的保护。

（2）纵联保护的退出，应先退出两侧纵联保护功能连接片，再根据现场要求决定是否退出纵联通道。

（3）以下任何一种情况，纵联保护应退出。

1）运行出现代供方式下不能进行通道切换时；

2）相应保护及回路有工作或出现异常时；

3）单通道纵联保护的通道上有工作或出现异常时；

4）多通道纵联保护全部通道上有工作或出现异常时；

5）通道测试中发现异常或通道异常告警时；

6）对侧查找直流接地需拉合闭锁式纵联保护的直流电源时。

（4）线路两侧纵联保护装置必须同时投入或退出。两套主保护运行情况下为减少操作，单侧更改线路保护定值，对侧对应的纵联保护可不退出。修改定值的一侧退出口连接片外，纵联保护功能连接片也应退出，并将尽快完成定值更改工作。

（5）在获知纵联保护误动作后，相应调度当值调度员应下令将纵联保护退出，并通知有关部门进行处理。

（6）纵联保护在投入状态下，除定期交换信号外，禁止在保护通道或保护回路上进行任何工作。

（7）线路停电时，若两侧纵联保护无工作，保护可以不退出运行，恢复送电后应先进行通道测试或检查通道监视信号正常。

（8）当 TV 断线或因故退出时，对于采用方向元件或阻抗元件的保护（如高频方向、高频闭锁距离、零序等）须退出运行，退出运行前应先报告相应调度当值调度员；对采用电流型原理的纵联保护（如光纤差动、导引线差动）不退出运行。

4.2.2　主变压器保护运行维护要求

▶ 1. 变压器差动保护运行技术

（1）运行中的变压器不允许失去差动保护。

（2）遇下列情况之一时，差动保护应退出：

1）差流越限告警、TA 断线时；

2）装置发异常信号或装置故障时；

3）差动保护任何一侧 TA 回路有工作时；

4）其他影响保护装置安全运行的情况发生时。

▶ 2. 变压器后备保护运行技术

（1）变压器保护退出时，对设有联跳回路的变压器后备保护，应注意解除联跳回路的连接片。

（2）保护装置 TV 断线或检修等，要求：

1）对应保护的阻抗保护应退出；

2）对应保护的方向元件退出（方向元件开放）；

3）高、中压侧 TV 断线或检修时应解除该侧复合电压闭锁元件对各侧过电流保护的开放作用，本侧过电流保护仍可受其他侧电压闭锁；

4）低压侧 TV 断线或检修，应解除该侧复合电压闭锁元件对高、中侧过电流保护的开放作用，但必须退出低压侧复压闭锁元件；

5）若无"本侧电压退出"连接片，允许保护失去电压闭锁维持短时运行。

3. 变压器非电量保护运行技术

（1）变压器本体、有载调压重瓦斯保护投跳闸。

（2）遇下列情况之一时，重瓦斯保护临时改投信号：

1）变压器在运行中油、补油、换潜油泵或更换净油器的吸附剂时；

2）当油位计的油面异常升高或呼吸系统有异常现象，需要打开放气或放油阀门时；

3）其他可能导致重瓦斯保护误动的情况发生时。

（3）本体轻瓦斯、有载调压轻瓦斯、压力释放、油位异常、油温高、绕组温度高、油压突变、冷却器全停、油流继电器等宜投信号。

（4）变压器本体重瓦斯、有载调压重瓦斯保护退出运行时，是否允许变压短时运行由设备主管单位决定。

（5）变压器的瓦斯保护应防水、防油渗漏，密封性好，气体继电器出口电缆应固定可靠并防踩踏。

4.2.3　母线保护运行维护要求

母线差动及失灵保护对系统安全、稳定运行至关重要。母线差动及失灵保护一旦投入运行后，就很难有全面停电的机会进行检验。因此，对母线差动及失灵保护在设计、安装、调试和运行的各个阶段都应加强质量管理和技术监督。

（1）当出现下列情况时，应立即退出母差保护，并汇报当值调度，尽快处理。

1）差流异常或差动回路出现 TA 线信号时；

2）"装置闭锁""闭锁异常"信号及可能导致误动的开入异常告警信号等其他影响保护装置安全运行的情况发生时。

（2）110kV 母差保护退出时，母线故障由变压器或线路后备保护动作隔离故障。

（3）母线失去母差保护时，不允许进行母差保护范围内一次隔离开关的操作。

（4）电压闭锁异常开放，等候处理期间，母差、失灵保护可不退出运行。

（5）母线运行方式变化时各种母线、失灵保护需采取的措施如下所述由运行单位参照并结合实际写入现场运行规程实施，调度部门不再下达相关指令。

1）微机母差保护（BP2A/B/C、WMZ41B、RCS915 系列）的规定：

a. 单母线运行时，保护方式不变；

b. 为防止母联（分段）在跳位时发生死区故障将母线全切除，母联（分段）在跳位时母联电流不计入小差，该功能建议由装置根据母联（分段）位置自动识别，也可投入连接片来控制；

c. 若装有母联（分段）备用电源自动投入装置，则母联（分段）位置必须自动识别；

d. 只有一个母联的双母单分段接线，对于没有装设的母联，其位置可投入连接片也可以短接保护屏后该母联断路器位置触点开入；

e. 倒母线操作时，无自适应功能的母差保护互联连接片应在断开母联断路器操作电源之前投入。

2）隔离开关位置出错等待处理过程中不应退出母差保护，其间可通过模拟盘或运行方式设置控制字给出正确的隔离开关位置。

3）微机母线保护告警信号的处理，运行人员应区别对待，隔离开关位置出错信号可先强制后复归信号外，其他告警信号在专业人员到达前，一般不可复归。

4）对空母线或新间隔充电时，母联（分段）间隔 TA 极性已确定的情况下应投入母联（分段）过电流保护，母差保护投正常方式，不退出运行；若母联（分段）间隔 TA 极性未确定，投入母联（分段）过电流保护时同时退出母差保护。

5）如果变电站内配有独立的母联备用电源自动投入装置，母差动作闭锁自投连接片正常时投入，当母差保护退出、校验时必须退出。

（6）母联、分段断路器启动失灵的保护仅应为过电流保护和母差保护，变压器保护跳分段、母联断路器时，不启动分段、母联断路器的失灵保护。启动失灵保护的连接片应与相应保护的出口连接片对应投退，在母联断路器检修、保护校验时退出该连接片。

（7）失灵保护的退出要区分两种情况：

1）失灵保护退出，需退出该套失灵保护出口跳各断路器的连接片；

2）启动失灵保护回路的退出，指将断路器所有保护的或某保护的启动失灵回路断开。一般情况下，只要保护有工作，都应注意将其启动失灵保护的回路退出。

（8）当变电站母线停电后，运行人员应检查确认相应母线 TV 二次电压回路无电压；当进行母线隔离开关的操作后，运行人员应检查相应母差保护、失灵保护的隔离开关量状态与一次运行方式一致。

（9）母差保护 TA 变比及调整系数的定值，各保护厂家有所不同，需按各厂家说明书指导整定。

4.2.4　变电站二次设备巡视与检查

变电站二次设备巡视是运行过程的核心工作之一，其目的是掌握当前设备的运行状态、变化情况，从而第一时间发现设备在运行过程中存在的缺陷，并迅速处理，促使设备能够安全、稳定、可靠的运行。

1. 室内环境巡视检查

（1）室内光线充足、通风良好，室内温度不得超过 30℃ ，室内通风装置开启运转正常，采用中央空调设备的主控室（保护室）是否有漏水的情况。

（2）检查门窗关闭严密，玻璃完整。

（3）雨雪天气检查房屋无渗、漏水现象。

（4）室内应无散落器材，没有危险品，地面清洁，无杂物。保护屏柜面应清洁、无尘。

（5）室内照明和事故照明应保持完好，无缺陷。

（6）室内温湿度传感器工作正常、无损坏。

（7）设备室的门口防小动物挡板齐全严密。

（8）电缆孔洞应封堵严密。

（9）防小动物措施齐全，鼠药投放数量充足，并定期更换。

2. 监控系统告警检查

变电站监控系统监视全站一次设备的电流电压值，保护、测控等二次设备的状态，是运行人员掌握全站运行情况的主要设备，对监控系统的运行情况检查尤为重要。

（1）现场查看后台监控系统运行正常。

（2）系统各连接设备通信正常，网络状态中无红色报警信号。

（3）所有设备遥信信号刷新正常，与实际运行方式一致。

（4）所有间隔遥测数据刷新正常，显示数据符合实际情况。

（5）后台监控主机上在线监测系统数据刷新正常，无告警。

（6）后台监控主机上保护装置连接片状态显示正确，且符合运行要求。

（7）后台监控主机上站控层五防投入状态正确。

（8）后台监控主机告警窗口无一、二类报警或其他影响设备运行的严重告警。

3. 保护、 测控、 自动装置巡视检查

（1）各保护、测控装置外壳应清洁，外盖无松动、破损、裂纹现象。

（2）保护、测控装置工作状态应正常，液晶面板显示正确，显示的运行参数、时间、通信状态等正常，无异常告警信息。

（3）保护、测控装置无异常响声、无冒烟、无烧焦气味，面板无模糊、无异常

报告现象。

（4）保护测控装置硬连接片与运行要求一致，连接片上下端头均已拧紧，能取下的备用连接片已取下。

（5）检查打印纸是否充足、字迹是否清晰，无打印操作时，应将打印机防尘盖盖好，并推入盘内。

（6）定期核对保护、测控装置各项交流电流、各项交流电压、零序电流（电压）、差电流、外部开关量变位，并做好记录。

（7）定期核对保护装置时钟，核对周期为一周。

（8）各类保护、测控装置的工作电源是否正常可靠。保护屏后与运行保护及自动装置有关的直流电源空气断路器、电压空气断路器、信号电源空气断路器应处于合上位置。

（9）与设备相连的尾纤等二次缆线应连接正常。

（10）保护定值区符合运行要求。

（11）保护、测控装置的运行指示灯亮。

（12）保护、测控装置的告警指示灯灭。

（13）保护装置的跳闸出口及重合闸动作指示灯灭。

（14）重合闸充电灯的亮灭与开关位置、重合闸运行方式一致。

（15）保护装置运行的保护装置连接片位置状态符合正常运行要求。

（16）光纤应可靠连接，与设备相连的尾纤等二次缆线连接正常无脱落。

（17）光纤终端盒无破裂、紧固件可靠固定，无松动、脱落。

（18）禁止裸露或触摸光纤接头，防止光纤接头污染，检查智能控制柜密封良好。

4. 直流分电柜巡视检查

（1）直流母线电压指示正确。

（2）直流绝缘监察装置完好，直流回路绝缘电阻变化在规定值内。

（3）直流开关投入位置符合主控室设备运行方式。

（4）指示灯指示正确，符合直流电源开关实际位置。

（5）直流电源开关联动触点无脱落。

5. 通信系统及调度网数据柜巡视检查

（1）各屏柜外观正常，设备无告警。

（2）通信设备无异味、无异常发热、风扇运行正常。

6. 对时系统柜巡视检查

（1）时钟装置外观整洁、接线牢固、无异常声响异味，各指示灯指示正常。

（2）时钟同步系统各附件工作正常。

（3）时钟同步系统主、备机运行正常，运行方式符合相关要求。

（4）时钟显示正确。

4.3 故障诊断与处理流程

继电保护装置故障是指运行中的继电保护装置本体或者相关设备和二次回路发生异常，影响保护装置性能造成保护退出运行，或虽能在短期内继续使用，但存在不可靠运行的隐患。

4.3.1 继电保护装置本体故障处理

1. 继电保护装置本体故障主要原因

继电保护的产源故障：继电保护装置内部元件材料质量差，引起装置故障；

继电保护受干扰和绝缘破坏产生故障：如继电保护装置长时间运行，大量的静电粉尘会积聚，导致通道短路，引起继电保护装置失灵；

继电保护装置本身的运行故障：继电保护装置内部构件具有一定的使用年限，如果超出使用年限没有及时更换，元件老化损坏引起继电保护装置本身故障，不能正确动作；

继电保护的隐形故障：隐形故障的发生存在着一定的突发性和特殊性，且不容易被发现，因此在发生隐形故障时也会比一般的故障造成的后果严重，而且由于定位和诊断的困难也会引起其他的衍生故障。

2. 继电保护装置本体故障诊断方法

（1）替换法。利用正常的同种元件替代怀疑或者有故障存在的元器件，然后判断元器件是否正常，能够立即缩小故障查找范围。

（2）参照法。通过将正常和非正常设备的技术参数进行比对，找出两者不同之处可能就是设备的具体故障位置。

（3）短接法。通过使用短接线把回路中某段或是某一部分进行短接，判断故障是处于短接线范围之内，从而将故障范围缩小。

3. 继电保护装置本体故障分类及处理流程

继电保护装置本体故障一般分为以下几种：CPU 插件类故障、模拟量采集类异常、开入开出类异常、装置电源类故障、装置自检类故障等。

（1）CPU 插件类故障：保护 CPU 插件、管理 CPU 插件故障时，基本判定为 CPU 插件元器件老化、内部通信中断、安装工艺不良等原因造成。具体处理流程如下：

1）在 CPU 插件异常发出后，需根据装置面板报文分析 CPU 插件异常原因。通过重启装置的方式，观察装置是否恢复正常。若装置恢复正常，确认采样和开入量信息无异常后可投入运行。

2）若重启装置无法恢复正常运行，则需更换 CPU 插件。更换插件时需做好相关安全措施，防止误动。更换后需核对保护装置定值、版本号和校验码等，并且对装置进行开入、采样精度、保护逻辑、出口的调试，无异常后方可投入运行。

（2）模拟量采集类故障：对于常规继电保护装置模拟量采集异常时，一般有两种情况，分别为装置自身问题和外部采样回路问题。通过量取外部交流回路侧的电压、电流确定外部输入交流无异常时，则可能是由于 CPU 插件上的 A/D 转换芯片出错或交流采集插件故障。若更换 CPU 插件后仍无法消除故障，则需更换交流采集插件。具体处理流程如下：

1）执行二次安全措施，断开交流电压回路、短封交流电流回路；

2）更换交流采集插件，核对采样精度调整参数、装置定值、版本、校验码等；

3）恢复二次安全措施，核对保护装置模拟量采样。

（3）开入、开出类故障：对于常规继电保护装置来说，开入异常一般分两种情况，分别为装置自身问题和外部开入回路问题；开出异常则基本为装置自身问题。具体处理流程如下：

1）开入异常类问题首先核对装置开入与外部实际开入电位情况是否一致，若一致则需对二次回路进行检查。

2）查看装置自检记录及装置配置文件分析是否为开入、开出插件异常。

3）做好相关安全措施，防止保护误开入、开出，更换开入、开出插件后需核对开入、开出功能，无异常后方可投入运行。

（4）装置电源类故障：装置电源类故障可分为直流电源系统故障和单装置电源故障。多装置同时电源故障通常为直流电源系统异常或电源回路异常；单装置电源故障则多为电源二次回路、装置电源插件故障。具体处理流程如下：

1）多装置同时电源故障通过分析失电装置范围来判断异常所在位置，单装置电源异常则通过检查电源插件背板输入判断是否装置电源插件异常。

2）更换电源插件需做好相关安全措施，防止保护误动，更换电源插件后需核对保护装置定值、版本号和校验码、模拟量采集、开关量开入及保护自检信息，无异常后方可投入运行。

（5）装置自检类故障：保护装置一般具有定值类自检、参数自检、插件自检、模拟量及开入量自检功能，在装置自检异常发生后，若故障前存在人为操作，则通过分析本次操作内容需根据面板运行指示灯及报文分析异常原因；若故障前无相应人为操作，则通过重启保护装置或复归装置观察自检告警信息是否复归。若重启保护装置无法复归保护装置自检告警信息，则需更换 CPU 插件，具体操作流程参考"CPU 插件类故障"处理流程。

4.3.2 二次回路异常类告警处理

▶ 1. 交流回路类

（1）TV 断线类异常告警处理。在 TV 回路发生断线异常时，可以通过缺陷影响范围对故障点做初步判断，如果只是单间隔保护装置发 TV 断线告警，则故障点应发生在本间隔装置及二次回路上。如果发现全站同一母线上的所有保护装置出现 TV 异常断线，则故障点应集中在母线 TV、电压并列装置或公用回路上。依次对装置背板、端子排、电压空气断路器、并列回路、切换回路、TV 端子箱等相关位置进行电压测量比较，判断故障点位置。处理过程中需做好安措，防止电压二次回路短路或接地。

（2）TA 断线类异常告警处理。在 TA 回路发生断线异常时，首先查看装置电流采样，用钳形电流表测量二次回路的实际电流值，如果装置采样与电流表测量结果一致，则说明 TA 二次回路异常，此时需要退出相关电流保护，依次在保护屏、端子箱短封二次回路，钳形电流表依次测量，逐步缩小排查范围。检查二次回路时，需防止 TA 回路开路产生高电压造成人身触电伤害，必要时可申请停电处理。

▶ 2. 直流回路类

（1）开入异常类。

1）强电回路开入异常，常见强电开入异常包括线路保护跳闸位置异常、线路保护收远跳信号异常、主变压器保护失灵联跳开入异常、母线保护失灵启动开入异常、母线保护位置信号异常及变压器非电量信号等，发生以上开入异常时，通过测量装置背板开入电位，判断该开入触点是否导通，保护装置显示是否正确，确定不是保护装置本体问题后，则逐级排查，重点判断信号触点开出、二次回路绝缘及回路接线准确性，部分开入检查时需要退出对应保护功能，防止误开入造成保护动作。

2）弱电回路开入异常，常见弱电开入异常包括连接片开入、本屏内保护开入及故障录波器信号开入等，弱电回路异常处理过程与强电开入回路类似，由于弱电回路电源一般是浮地工作方式，有正极和负极之分，对地是测不到电压的，检查电位时只能正负之间测量。

（2）控制回路类。

1）控制回路断线，常见控制回路断线报警原因包含控制电源空气断路器跳闸、弹簧未储能、SF_6低气压闭锁、分合闸线圈损坏、断路器机构操作把手切至就地、联锁回路、断路器辅助触点未接通以及二次回路绝缘异常等，当装置发出控制回路断线后，应当从操作箱和二次回路开始，逐级向一次设备排查，开关在合位时，跳闸回路应为负电位，开关在分位时，合闸回路应该是负电位，逐级排查存在电位差的两点间为故障点范围。

2）跳合闸保持电流整定不合理，跳合闸保持电流整定过小会造成跳合闸保持继电器不能保持，会导致断路器失去操作箱防跳及跳合闸脉冲持续时间短，断路器不能正常分合。操作箱跳合闸保护电流整定不合理，将不会有任何异常告警信息，只有在停电检修工作中通过开关传动发现开关拒动或防跳异常时才能发现。不同操作箱跳合闸保持电流整定方法不一，具体整定方案需参考对应装置说明书。

3）防跳功能异常，防止因控制开关或自动装置合闸触点未及时返回，且正好合闸于故障线路或设备时，造成断路器连续分合的功能称为防跳，严重时会导致220kV失灵保护动作，扩大事故范围。断路器防跳功能可通过操作箱防跳、断路器本体机构防跳实现。防跳功能异常在运行过程中没有任何异常告警信号，只有在停电检修工作中通过防跳试验或者运行过程中发生系统故障才能发现。防跳功能测试时需做好相应安措，用手合方式合上断路器，同时用继保测试仪对保护装置模拟瞬时故障跳开断路器，保持操作把手在合闸位置直至断路器储能完毕，如果断路器只跳闸一次不再合闸，说明防跳功能正常。

4.4 预防性维护与安全措施

4.4.1 预防性维护

继电保护预防性维护主要措施为继电保护装置及其二次回路接线检验和日常运

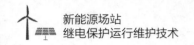

行维护，继电保护装置及其二次回路接线检验又分为三种：新安装装置的验收检验、运行中装置的定期检验（简称定期检验）、运行中装置的补充检验（简称补充检验）。

▶ 1. 检验前的准备工作

（1）在现场进行检验工作前，应认真了解被检验装置的一次设备情况及其相邻的一、二次设备情况，与运行设备关联部分的详细情况，据此制定在检验工作全过程中确保系统安全运行的技术措施。

（2）应具备与实际状况一致的图纸、上次检验的记录、最新定值通知单、标准化作业指导书、合格的仪器仪表、备品备件、工具和连接导线等。

（3）规定有接地端的测试仪表，在现场进行检验时，不允许直接接到直流电源回路中，以防止发生直流电源接地的现象。

（4）对新安装装置的验收检验，应先进行如下的准备工作：

1）了解设备的一次接线及投入运行后可能出现的运行方式和设备投入运行的方案，该方案应包括投入初期的临时继电保护方式。

2）检查装置的原理接线图（设计图）及与之相符合的二次回路安装图，电缆敷设图，电缆编号图，断路器操动机构图，电流、电压互感器端子箱图及二次回路分线箱图等全部图纸以及成套保护、自动装置的原理和技术说明书及断路器操动机构说明书，电流、电压互感器的出厂试验报告等。

3）以上技术资料应齐全、正确。若新装置由基建部门负责调试，生产部门继电保护验收人员验收全套技术资料之后，再验收技术报告。

4）根据设计图纸，到现场核对所有装置的安装位置是否正确。

（5）对装置的整定试验，应按有关继电保护部门提供的定值通知单进行。工作负责人应熟知定值通知单的内容，核对所给的定值是否齐全，所使用的电流、电压互感器的变比值是否与现场实际情况相符合（不应仅限于定值单中设定功能的验证）。

（6）继电保护检验人员在运行设备上进行检验工作时，必须事先取得发电厂或变电站运行人员的同意，遵照电业安全工作相关规定履行工作许可手续，并在运行人员利用专用的连接片将装置的所有出口回路断开之后，才能进行检验工作。

（7）检验现场应提供安全可靠的检修试验电源，禁止从运行设备上接取试验电源。

（8）检查装设保护和通信设备的室内的所有金属结构及设备外壳均应连接于等电位地网。

（9）检查装设静态保护和控制装置屏柜下部接地铜排已可靠连接于等电位地网。

（10）检查等电位接地网与厂、站主接地网紧密连接。

▶ 2．现场检验内容

（1）电流、电压互感器的检验。

1）检查电流、电压互感器的铭牌参数是否完整，出厂合格证及试验资料是否齐全。

2）电流、电压互感器的变比、容量、准确级、极性、连接方式必须符合设计要求；有条件时，自电流互感器的一次分相通入电流，检查工作抽头的变比及回路是否正确；自电流互感器的二次端子箱处向负载端通入交流电流，测定回路的压降，计算电流回路每相与中性线及相间的阻抗（二次回路负担）。

（2）二次回路检验。

1）检查电流互感器二次绕组所有二次接线的正确性及端子排引线螺钉压接的可靠性；检查电流二次回路的接地点与接地状况，电流互感器的二次回路必须分别且只能有一点接地；由几组电流互感器二次组合的电流回路，应在有直接电气连接处一点接地。

2）检查电压互感器二次、三次绕组的所有二次回路接线的正确性及端子排引线螺钉压接的可靠性；经控制室零相小母线（N600）连通的几组电压互感器二次回路，只应在控制室将 N600 一点接地，各电压互感器二次中性点在开关场的接地点应断开；为保证接地可靠，各电压互感器的中性线不得接有可能断开的熔断器（自动空气断路器）或接触器等；检查电压互感器二次中性点在开关场的金属氧化物避雷器的安装是否符合规定。

3）二次回路绝缘检查：在对二次回路进行绝缘检查前，必须确认被保护设备的断路器、电流互感器全部停电，交流电压回路已在电压切换把手或分线箱处与其他单元设备的回路断开，并与其他回路隔离完好后，才允许进行；新安装装置的验收试验时，从保护屏柜的端子排处将所有外部引入的回路及电缆全部断开，分别将电流、电压、直流控制、信号回路的所有端子各自连接在一起，用 1000V 绝缘电阻表测量下列绝缘电阻，其阻值均应大于 10MΩ；定期检验时，在保护屏柜的端子排处将所有电流、电压、直流控制回路端子的外部接线拆开，并将电压、电流回路的接地点拆开，用 1000V 绝缘电阻表测量回路对地的绝缘电阻，其绝缘电阻应大于 1MΩ。

4）检查屏柜上的设备及端子排上内部、外部连线的接线应正确，接触应牢靠，

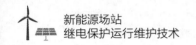
标号应完整准确，且应与图纸和运行规程相符合。检查电缆终端和沿电缆敷设路线上的电缆标牌是否正确完整，并应与设计相符。

5）检验直流回路没有寄生回路存在。

6）断路器及隔离开关中的一切与装置二次回路有关的调整试验工作，均由管辖断路器、隔离开关的有关人员负责进行。继电保护检验人员应了解掌握有关设备的技术性能及其调试结果，并负责检验自保护屏柜引至断路器（包括隔离开关）二次回路端子排处有关电缆线连接的正确性及螺钉压接的可靠性。

7）检验断路器跳闸及合闸线圈的电阻值及在额定电压下的跳、合闸电流。

（3）屏柜及装置检验。

1）按照装置技术说明书描述的方法，检查并记录装置的硬件和软件版本号、校验码等信息。

2）校对时钟。

3）逆变电源检查，直流电源缓慢上升时的自启动性能检验建议采用以下方法：合上装置逆变电源插件上的电源开关，试验直流电源由零缓慢上升至80%额定电压值，此时逆变电源插件面板上的电源指示灯应亮。固定试验直流电源为80%额定电压值，拉合直流开关，逆变电源应可靠启动。

4）开关量输入回路检验，在保护屏柜端子排处，按照装置技术说明书规定的试验方法，对所有引入端子排的开关量输入回路依次加入激励量，观察装置的行为。

5）输出触点及输出信号检查，在装置屏柜端子排处，按照装置技术说明书规定的试验方法，依次观察装置所有输出触点及输出信号的通断状态。

6）检验零点漂移，要求装置不输入交流电流、电压量，观察装置在一段时间内的零漂值满足装置技术条件的规定。

7）各电流、电压输入的幅值和相位精度检验，按照装置技术说明书规定的试验方法，分别输入不同幅值和相位的电流、电压量，观察装置的采样值满足装置技术条件的规定。

8）整定值的整定检验，应按照定值通知单上的整定项目，依据装置技术说明书或制造厂推荐的试验方法，对保护的每一功能元件进行逐一检验。交流电压、电流试验接线的相对极性关系应与实际运行接线中电压、电流互感器接到屏柜上的相对相位关系（折算到一次侧的相位关系）完全一致，装置整定的动作时间为自向保护屏柜通入模拟故障分量（电流、电压）至保护动作向断路器发出跳闸脉冲的全部时间。

9）操作箱检验，对断路器进行下列传动试验：断路器就地分闸、合闸传动；

断路器远方分闸、合闸传动；防止断路器跳跃回路传动；断路器三相不一致回路传动；断路器操作闭锁功能检查；断路器辅助触点检查，远方、就地方式功能检查；操作箱开出信号检查。

（4）整组试验。

1）装置在做完每一套单独保护（元件）的整定检验后，需要将同一被保护设备的所有保护装置连在一起进行整组的检查试验，以校验各装置在故障及重合闸过程中的动作情况和保护回路设计正确性及其调试质量。

2）若同一被保护设备的各套保护装置皆接于同一电流互感器二次回路，则按回路的实际接线，自电流互感器引进的第一套保护屏柜的端子排上接入试验电流、电压，以检验各套保护相互间的动作关系是否正确；如果同一被保护设备的各套保护装置分别接于不同的电流回路时，则应临时将各套保护的电流回路串联后进行整组试验。

3）整组试验时应检查各保护之间的配合、装置动作行为、断路器动作行为、保护启动故障录波信号、厂站自动化系统信号、中央信号、监控信息等正确无误。

4）借助于传输通道实现的纵联保护、远方跳闸等的整组试验，应与传输通道的检验一同进行。必要时，可与线路对侧的相应保护配合一起进行模拟区内、区外故障时保护动作行为的试验。

5）对装设有综合重合闸装置的线路，应检查各保护及重合闸装置间的相互动作情况与设计相符合。为减少断路器的跳合次数，试验时，应以模拟断路器代替实际的断路器。使用模拟断路器时宜从操作箱出口接入，并与装置、试验器构成闭环。

6）将装置及重合闸装置接到实际的断路器回路中，进行必要的跳、合闸试验，以检验各有关跳、合闸回路，防止断路器跳跃回路，重合闸停用回路及气（液）压闭锁等相关回路动作的正确性，每一相的电流、电压及断路器跳合闸回路的相别是否一致。

7）对母线差动保护、失灵保护要根据每一项检验结果（尤其是电流互感器的极性关系）及保护本身的相互动作检验结果来判断。有条件时应利用母线差动保护、失灵保护及电网安全自动装置传动到断路器。

8）检查所有在运行中需要由运行值班员操作的把手及连接片的连线、名称、位置标号是否正确，在运行过程中与这些设备有关的名称、使用条件是否一致。

9）断路器跳、合闸回路的可靠性，其中装设单相重合闸的线路，验证电压、电流、断路器回路相别的一致性及与断路器跳合闸回路相连的所有信号指示回路的正确性。对于有双跳闸线圈的断路器，应检查两跳闸接线的极性是否一致。确保自动重合闸按规定的方式动作并保证不发生多次重合情况。

10）整组试验结束后应在恢复接线前测量交流回路的直流电阻。

（5）装置投运。

1）投入运行前的准备工作，现场工作结束后，工作负责人应检查试验记录有无漏试项目，核对装置的整定值是否与定值通知单相符，试验数据、试验结论是否完整正确。拆除在检验时使用的试验设备、仪表及一切连接线，清扫现场，所有被拆动的或临时接入的连接线应全部恢复正常，所有信号装置应全部复归，最后办理工作票结束手续。

2）运行人员在将装置投入前，必须根据信号灯指示或者用高内阻电压表以一端对地测端子电压的方法检查并证实被检验的继电保护及安全自动装置确实未给出跳闸或合闸脉冲，才允许将装置的连接片接到投入的位置。

3）检查每组电流互感器（包括备用绕组）的接线是否正确，回路连线是否牢靠。

4）对用一次电流及工作电压进行的检验结果，必须按当时的负荷情况加以分析，拟订预期的检验结果，凡所得结果与预期的不一致时，应进行认真细致的分析，查找确实原因，不允许随意改动保护回路的接线。设备恢复送电时应对保护装置电流、电压回路进行带负荷测试，及时发现采样回路隐患。

4.4.2 二次安全措施

▶ 1. 安全措施的必要性

正确填写并认真执行二次工作安全措施票是保证安全开展检验调试工作的基础。首先通过二次工作安全措施票，使检验时被检验的保护装置在二次回路连接上与其他一次和二次设备安全隔离，避免影响到运行中的一次和二次设备。由于保护是通过二次回路连接进行工作的，保护和电压互感器、电流互感器之间，保护与其他保护之间，保护与断路器及其他一次控制设备之间，保护与监控之间等一、二次设备均有连接，如果不提前认真做好安全措施，则可能导致在通电检验或试验过程中电流、电压回路异常或故障，运行中的断路器被误跳开，运行中其他保护误动作等严重事故。只有正确有效地执行了二次工作安全措施票，将被检验保护与运行的一、二次设备有效隔离后才能保证不会因为检验调试而导致安全事故的发生。其次，在进行保护与一、二次设备隔离工作中，由于要拆解一些二次电缆线，通过二次安全措施票能反映出拆了哪些二次电缆线，是否正确进行了恢复，有效避免忘记了应该拆除而未拆除及应该恢复的二次电缆线。

◉ 2. 安全措施

（1）电流回路的安全措施：首先不能使电流互感器二次侧开路；其次应当可靠断开外部电流输入回路，避免做通流检验时流入互感器或其他保护的电流回路；最后应注意应当始终保证运行中的电流互感器二次有且仅一点接地。另外，试验回路中在向装置通入交流试验电源前，首先必须将装置交流回路中的接地点断开，除试验电源本身允许有一个接地点外，在整个试验回路中不允许有第二个接地点。

（2）电压回路的安全措施：第一是断开外部电压输入，第二是应避免造成电压回路短路。为防止调试仪器输出的试验电压误加与电压互感器二次回路上造成对TV反充电或系统二次电压异常，可在保护屏后断开各段交流电压小开关并解开N600，或者解开保护屏上各段交流输入电压（包括N600），分别用绝缘胶布包好，在这个过程中严禁造成电压回路短路。同时，应当注意将所有输入电压断开。在这个过程中要注意对有电压切换的回路进行清理，确保可靠断开，避免短路。

（3）跳闸出口的安全措施：防止跳闸出口回路的安全措施是保证装置到相关断路器的跳闸出口断开，无论断路器是否处于运行状态，在试验前都应保证可靠断开。即使对停运的开关，在进行开关传动前也应断开跳闸出口回路，因为断路器可能有人在进行工作。做好跳闸出口回路安全措施的关键是弄清楚被检验的保护装置或自动装置与哪些断路器有跳闸联系，在这个过程中尤其是变压器与母线保护和断路器失灵保护涉及的跳闸回路较多。

（4）其他连接回路安全措施：

1）失灵启动回路。在220kV及以上的系统中均配置了断路器失灵保护，断路器失灵保护的回路由失灵启动回路、失灵判别元件、复压闭锁元件等构成。在进行线路和变压器等保护装置的检验时应当考虑断开失灵启动回路，防止线路保护调试过程中可能造成失灵保护误动作全切一段母线造成大的电网事故发生。做好失灵启动回路安全措施的关键是清楚保护装置如何启动失灵的，然后将相关的启动失灵回路断开，一般是将对应的启动失灵的电缆解开并用绝缘胶布包好，并做记录，也可以采用断开失灵启动连接片的方式。

2）备用电源自动投入装置。当装设有备用电源自动投入装置的变电站进行保护检验调试时，应当考虑线路或变压器涉及的断路器相关联的备用电源自动投入装置的影响，将相关备用电源自动投入装置停用，否则可能造成备用电源自动投入装置误动。

3）通信、信号回路。现在的微机保护和自动装置都有通信功能，会将保护的

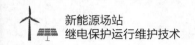

动作信息发送到监控后台系统，因此在保护和自动装置的检验过程中，应当避免调试检验过程中的信息发送到监控室，影响值班人员的正常工作，对传统的变电站可将相关的信号回路断开，一般可将本保护的信号正电源回路断开；对于微机保护而言，除了一些信号以遥信方式到测控装置外，还有通过报文以网络方式传输到监控，前者可断开相应的回路，后者可通过投入检修连接片的方式或通过断开通信电缆的方式。

第 5 章 新能源场站继电保护整定计算

5.1 整定计算原则

5.1.1 一般规定

（1）继电保护整定计算参数包括线路、变压器、无功补偿设备、风电机组、光伏发电站等新能源场站一次设备参数，以及相关等值阻抗。具体参数应包括：

1）线路（含架空线路及电缆）参数，具体有：线路长度、导线型号、正序阻抗、零序阻抗、零序互感阻抗、电缆容阻抗。

2）变压器参数：

a. 主升压变压器参数：绕组类别、绕组接线方式、额定容量、额定电压、额定电流，各侧短路阻抗及零序阻抗、中性点电阻、过励磁曲线、热稳电流。

b. 光伏单元变压器、风电机组单元变压器、站用变压器、SVG 变压器参数：额定容量、额定电压、额定电流、各侧短路阻抗及零序阻抗。

c. 接地变压器参数：额定容量、额定电压、额定电流、各侧短路阻抗及零序阻抗、中性点电阻。

3）光伏发电站交流侧、风电机组参数：额定容量、额定电压、额定电流、短路电流特性。

4）无功补偿设备参数：电抗器额定容量、额定电压、额定电流及电抗值，电容器额定容量、额定电压、额定电流及容抗值。

5）等值电源参数：最大、最小方式下的正序、零序阻抗。

6）其他对继电保护影响较大的有关参数。

（2）光伏发电站、风电场需提供光伏发电站、风电机组及风电场的计算模型、参数及控制特性等资料，以便进行光伏发电站、风电场接入电网的相关计算分析。

（3）在整定计算中，光伏发电站、风电机组应采用符合实际情况的计算模型及参数。

（4）继电保护整定计算以常见运行方式为依据，充分考虑光伏发电站、风电场的运行特点。

（5）110kV及以下电压系统继电保护一般采用远后备原则。

（6）继电保护的运行整定，应以保证系统的安全稳定运行为根本目标。继电保护的整定应满足速动性、选择性和灵敏性要求，如果由于运行方式、装置性能等原因，不能兼顾速动性、选择性或灵敏性要求时，应在整定时合理地进行取舍，优先考虑灵敏性，并执行如下原则：

1）局部服从整体；

2）下级服从上级；

3）局部问题自行处理；

4）兼顾局部和下级的需要。

（7）继电保护之间的整定，一般应遵循逐级配合的原则，满足选择性的要求。对不同原理的保护之间的整定配合，原则上应满足动作时间上的逐级配合。

（8）下一级电压母线的配出线路或变压器故障切除时间，应满足上一级电压系统继电保护部门按系统稳定要求和继电保护整定配合需要提出的整定限额要求。

（9）对于微机型继电保护装置，保护配合宜采用0.3s的时间级差。

（10）在电流互感器变比选择时，应综合考虑系统短路电流、线路及元件的负荷电流、测量误差及其他相关参数等因素的影响，满足保护装置整定配合和可靠性的要求。

（11）同一套保护装置中闭锁、启动和方向判别等辅助元件的灵敏系数应不低于所控的保护测量元件的灵敏系数。

（12）为防止电压降低造成光伏发电站、风电机组大规模脱网，应快速切除单相短路、两相短路及三相短路故障，视情况允许牺牲部分选择性。

（13）光伏发电站、风电场有关涉网保护的配置整定应与电网相协调，并报相应调度机构备案。

5.1.2　汇集线路保护

（1）整定原则基于此配置：过电流Ⅰ、Ⅱ、Ⅲ段保护，距离Ⅰ、Ⅱ、Ⅲ段保护，零序过电流Ⅰ、Ⅱ、Ⅲ段保护（中性点经低电阻接地系统）。

（2）过电流保护：

1）过电流保护可不经方向控制、不经电压闭锁。

2）可保留两段。

3）过电流Ⅰ段：

a. 按对本线路末端相间故障有足够灵敏度整定，灵敏系数不小于1.5。

计算公式：$I_{\text{opI}} = I_{\text{Dmin}}^{(2)}/K_{\text{sen}}$。

变量注释：$I_{\text{Dmin}}^{(2)}$为本线路末端故障最小两相短路电流；K_{sen}为灵敏系数。

b. 考虑躲过单台单元变压器低压侧相间故障电流。

计算公式：$I_{\text{opI}} = K_{\text{k}}I_{\text{Dmax}}^{(3)}$。

变量注释：K_{k}为可靠系数，$K_{\text{k}} \geqslant 1.2$；$I_{\text{Dmax}}^{(3)}$为本线路所带单元变压器低压侧三相相间故障最大短路电流。

c. 动作时间为0s。

d. 当风电机组单元变压器及光伏发电站单元变压器配有电气量保护时，为保证选择性，汇集线过电流Ⅰ段可适当增加短延时，时间可取为0.1~0.2s。

4）过电流Ⅱ段：

a. 按躲过本线路最大负荷电流整定。

计算公式：$I_{\text{opⅡ}} = K_{\text{k}}I_{\text{Lmax}}/K_{\text{f}}$。

变量注释：I_{Lmax}为本线路的最大负荷电流；K_{k}为可靠系数，$K_{\text{k}} \geqslant 1.2$；$K_{\text{f}}$为返回系数，$K_{\text{f}} = 0.85 \sim 0.95$。

b. 尽量对本线路最远端光伏发电站单元变压器或风电机组单元变压器低压侧故障有灵敏度，灵敏系数不小于1.2。

计算公式：$I_{\text{opⅡ}} = I_{\text{Dmin}}^{(2)}/K_{\text{sen}}$。

变量注释：$I_{\text{Dmin}}^{(2)}$为本线路最远端单元变压器低压侧故障最小两相短路电流；K_{sen}为灵敏系数。

c. 动作时间：比过电流Ⅰ段多一个时间级差，级差0.3s。

（3）距离保护：

1）可保留两段。

2）相间距离Ⅰ段。

a. 按对本线路末端相间故障有足够灵敏度整定，灵敏系数不小于1.5。

计算公式：$Z_{\text{opI}} = K_{\text{sen}}Z_1$。

变量注释：Z_1为本线路正序阻抗；K_{sen}为灵敏系数。

b. 动作时间为0s。

c. 当风电机组单元变压器及光伏发电站单元变压器配有电气量保护时，为保证选择性，汇集线相间距离Ⅰ段保护可适当增加短延时，时间可取为0.1~0.2s。

3）相间距离Ⅱ段。

a. 按躲过本线路最大负荷电流时的负荷阻抗整定。

计算公式：躲负荷阻抗 $Z_{op\text{II}} = K_k Z_1 / \cos\ (\varphi_{sen} - \varphi_1)$。

变量注释：Z_1 为事故过负荷阻抗；$K_k \leqslant 0.7$；φ_{sen} 为阻抗继电器灵敏角；φ_1 为负荷阻抗角。

b. 尽量对本线路最远端单元变压器低压侧故障有灵敏度，灵敏系数不小于 1.2。

计算公式：$Z_{op\text{II}} = K_{sen}\ (Z_1 + K_z Z_T)$。

变量注释：Z_1 为本线路正序阻抗；Z_T 为本线路最远端单元变压器正序阻抗；K_z 为助增系数，选用最大助增系数；K_{sen} 为灵敏系数。

c. 动作时间比距离 I 段多一个级差，级差 0.3s。

4）负荷限制电阻定值应按躲最小负荷阻抗整定，最大负荷阻抗角不超过 30^0。一般一次值不超过 40Ω。具体可根据说明书要求整定。

5）相间阻抗偏移角应结合线路长度及装置性能整定。具体可根据说明书要求整定。

6）汇集线路距离保护不经振荡闭锁。

（4）零序电流保护：

1）可保留两段。

2）零序电流 I 段。

a. 按对本线路末端单相接地故障有灵敏度整定，灵敏系数不小于 2。

计算公式：$I_{op0\text{I}} = 3I_{0Dmin}^{(1)} / K_{sen}$。

变量注释：$I_{0Dmin}^{(2)}$ 为本线路末端单相接地故障最小短路电流；K_{sen} 为灵敏系数。

b. 动作时间应满足光伏发电站及风电场运行电压适应性要求，时间为 0s。

3）零序电流 II 段。

a. 按可靠躲过本线路的电容电流整定。

b. 动作时间可比零序电流 I 段多一个级差，级差 0.3s。

（5）汇集线路不采用自动重合闸。

（6）过负荷保护：

1）过负荷保护：正常发信号。

2）过负荷定值，一般按 1.05 倍正常最大负荷电流整定。

计算公式：$I_{op} = K_k I_{Lmax} / K_f$。

变量注释：I_{Lmax} 为本线路的最大负荷电流；K_k 为可靠系数，$K_k = 1.05$；K_f 为返回系数，$K_f = 0.85 \sim 0.95$。

3）过负荷时间应大于保护最长动作时间，一般取 $5 \sim 10s$。

（7）控制字：

1）过电流低电压/负序电压定值：置"0"。

2）振荡闭锁元件：置"0"。

3）零序电流采用自产零流：根据保护装置说明及实际情况投退。

4）过电流Ⅰ、Ⅱ、Ⅲ段：使用时投入置"1"，退出时置"0"。

5）过电流Ⅰ、Ⅱ、Ⅲ段经方向闭锁：置"0"。

6）过电流Ⅰ、Ⅱ、Ⅲ段经电压闭锁：置"0"。

7）距离Ⅰ、Ⅱ、Ⅲ段：使用时投入置"1"，退出时置"0"。

8）过电流加速段：置"0"。

9）过电流加速经电压：置"0"。

10）零序过电流Ⅰ、Ⅱ、Ⅲ段：使用时投入置"1"，退出时置"0"。

11）零序过电流告警：根据需要投退。

12）零序过电流加速段：置"0"。

13）过负荷：根据实际投退。

14）重合闸检同期：置"0"。

15）重合闸检线无压母有压：置"0"。

16）重合闸检线有压母无压：置"0"。

17）重合闸检线无压母无压：置"0"。

18）停用重合闸：置"1"。

19）KCT启动重合闸：置"0"。

20）大电流闭锁重合闸：置"0"。

21）低频减载、低压减载：置"0"。

22）TV断线自检：一般置"1"。

23）负荷限制距离：置"1"。

（8）软连接片：

1）过电流保护：功能投入时置"1"，退出时置"0"。

2）距离保护：功能投入时置"1"，退出时置"0"。

3）零序保护：功能投入时置"1"，退出时置"0"。

4）停用重合闸软连接片：置"1"。

5）低频减载：置"0"。

6）低压减载：置"0"。

7）远方投退、远方修改定值、远方切换定值区软连接片：只允许保护装置就地操作时置"0"，允许保护装置实现远控时置"1"。智能变电站远方投退一般置"1"。

5.1.3 汇集母线保护

（1）母线保护是汇集母线相间故障的主保护，也是低电阻接地系统汇集母线接地故障的主保护。

（2）差动保护：

1）差动保护启动电流定值。

a. 按保证本母线发生金属性短路故障有不小于 2.0 的灵敏度整定。

计算公式：$I_{op} = I_{Dmin}^{(2)}/K_{sen}$。

变量注释：$I_{Dmin}^{(2)}$ 为本母线发生两相相间故障最小短路电流；K_{sen} 为灵敏系数。

b. 尽可能躲过母线系统正常运行的不平衡电流和母线各出线的最大负荷电流。

计算公式：$I_{op} = K_k I_{Lmax}$。

变量注释：I_{Lmax} 为本母线的最大负荷电流；K_k 为可靠系数，K_k 取 1.1 ~ 1.3。

c. 整定范围为 $0.2I_N$ ~ $10I_N$（I_N 为 TA 二次值额定电流，下同）。

2）TA 断线闭锁母差保护。

a. TA 断线闭锁定值，按躲各支路正常运行不平衡电流整定，宜小于最小支路负荷电流，一般整定为 $0.05I_N$ ~ $0.1I_N$。

b. TA 断线告警定值，躲过正常运行最大不平衡电流，一般可整定为 $0.02I_N$ ~ $0.1I_N$。

（3）母线保护的复合电压闭锁元件，包含低电压、零序电压、负序电压闭锁元件，应保证母线在各种故障情况下有足够的灵敏度。

1）中性点经低电阻接地系统。

a. 低电压闭锁元件定值按躲过最低运行电压整定，低电压闭锁元件宜整定为 60% ~ 70% 的额定电压。

b. 负序电压（U_2）宜整定为 4 ~ 12V（二次值）。

c. 零序电压（$3U_0$）（单相接地时 $3U_0$ 为 100V）可整定为 4 ~ 12V（二次值）。

2）对中性点经消弧线圈接地系统。

a. 低电压闭锁元件的整定，按躲过最低运行电压整定，宜整定为 60% ~ 70% 的额定电压。

b. 负序电压闭锁元件按躲过正常运行最大不平衡电压整定，负序电压（U_2）宜整定为 4 ~ 12V（二次值）。

c. 零序电压（$3U_0$）退出（按装置允许的最大值整定）。

（4）控制字：

1）差动保护投退：使用该功能，置"1"。

2）失灵保护投退：不用，置"0"。

（5）软连接片：

1）差动保护投退：使用该功能，置"1"。

2）失灵保护投退：不用，置"0"。

3）母线互联投退：不用，置"0"。

4）母联分列运行：不用，置"0"。

5）分段1分列运行：不用，置"0"。

6）分段2分列运行：不用，置"0"。

7）母联充电过电流保护：不用，置"0"。

8）分段1充电过电流保护：不用，置"0"。

9）分段2充电过电流保护：不用，置"0"。

10）如为单母分段、双母线接线或双母线单母接线方式时，"母线互联投退""母联分列运行""分段1分列运行""分段2分列运行"软连接片，当运行方式变化后，由现场根据实际运行方式投退。

11）远方投退、远方修改定值、远方切换定值区软连接片：只允许保护装置就地操作时置"0"，允许保护装置实现远控时置"1"。智能变电站远方投退连接片一般置"1"。

5.1.4　汇集母线分段断路器

（1）整定原则基于此配置：充电过电流Ⅰ段、充电过电流Ⅱ段。

（2）母线分段保护仅做辅助保护，在充电时临时投入，使用后退出。

（3）定值：

1）充电过电流Ⅰ段定值。

a. 应保证被充电元件发生金属性故障时，有不小于1.5的灵敏度。

计算公式：$I_{\text{opI}} = I_{\text{Dmin}}^{(2)}/K_{\text{sen}}$。

变量注释：$I_{\text{Dmin}}^{(2)}$为被充电元件发生两相相间故障最小短路电流；K_{sen}为灵敏系数。

b. 动作时间可取0s。

2）充电过电流Ⅱ段定值。

a. 应保证被充电母线发生金属性故障时，有不小于2.0的灵敏度。

计算公式：$I_{\text{opII}} = I_{\text{Dmin}}^{(2)}/K_{\text{sen}}$。

变量注释：$I_{\text{Dmin}}^{(2)}$为被充电元件发生两相相间故障最小短路电流；K_{sen}为灵敏

系数。

b. 时间可取 $0.3 \sim 0.5\mathrm{s}$

（4）控制字：充电过电流 Ⅰ、Ⅱ 段控制字一般置 "1"。

（5）软连接片：

1）充电过电流保护软连接片：常规站与硬连接片采用 "与" 逻辑，可置 "1"，根据需要，经硬连接片控制投退。智能站一般应退出，使用时根据相关规定或要求投退。

2）远方投退、远方修改定值、远方切换定值区软连接片：只允许保护装置就地操作时置 "0"，允许保护装置实现远控时置 "1"。智能站远方投退连接片一般置 "1"。

5.1.5　主升压变压器保护

（1）220kV 变压器保护：

1）差动保护。

a. 变压器主保护按变压器内部故障能快速切除，区外故障可靠不动作的原则整定。

b. 差动速断电流定值，躲过变压器可能产生的最大励磁涌流及外部短路最大不平衡电流，按变压器额定电流倍数取值，容量越大，系统阻抗越大，则倍数越小，可根据变压器容量适当调整倍数，一般取 $4I_{\mathrm{TN}} \sim 6I_{\mathrm{TN}}$（$I_{\mathrm{TN}}$ 为变压器额定电流，下同）。

c. 差动保护启动电流定值，躲过变压器正常运行时的最大不平衡电流，保证变压器低压侧发生金属性短路故障时，有不小于 2.0 的灵敏度。在实用整定计算中，一般取 $0.3I_{\mathrm{TN}} \sim 0.6I_{\mathrm{TN}}$。

d. 二次谐波制动系数，根据经验可整定为 $0.15 \sim 0.2$，一般推荐 0.15。

e. 差动保护控制字。

（a）差动速断：置 "1"。

（b）纵差保护：置 "1"。

（c）TA 断线闭锁差动保护：置 "1" 时，TA 断线后，差动电流达到 $1.2I_{\mathrm{TN}}$ 时差动保护出口跳闸；置 "0" 时，TA 断线后不闭锁差动保护。一般置 "1"。

2）220kV 侧后备保护。

a. 整定原则基于此配置：相间阻抗保护，Ⅰ 段 3 时限；接地阻抗保护，Ⅰ 段 3 时限；复压过电流保护，Ⅰ 段 3 时限，Ⅱ 段 3 时限，Ⅲ 段 2 时限；零序过电流保护，Ⅰ段3时限，Ⅱ段3时限，Ⅲ段2时限；间隙过电流，Ⅰ段1时限；零序过电压，Ⅰ段1时限。

b. 变压器后备保护整定应考虑变压器热稳定的要求。

c. 复压过电流保护。

（a）保留一段。

（b）复压过电流保护电流元件按对低压侧母线故障有灵敏度并躲过负荷电流整定，灵敏系数不小于1.5。

计算公式：$I_{op} = KK_k I_{Lmax}/K_f$，$I_{op} = I_{Dmin}^{(2)}/K_{sen}$。

变量注释：I_{Lmax}为变压器最大负荷电流，可取变压器高压侧额定电流；K为配合系数，$K = 1.05 \sim 1.1$；K_k为可靠系数，$K_k \geqslant 1.2$；K_f为返回系数，$K_f = 0.85 \sim 0.95$；$I_{Dmin}^{(2)}$为变压器低压侧母线发生两相相间故障最小短路电流；K_{sen}为灵敏系数。

（c）在保护范围和动作时间上宜与低压侧过电流Ⅰ段保护配合。

（d）经复合电压闭锁，高、低两侧复合电压构成"或"门逻辑。

（e）低电压元件（线电压）灵敏系数不小于1.3，一般取$0.7U_N \sim 0.8 U_N$（母线额定线电压）。

（f）负序电压（相电压）元件灵敏系数不小于1.5，一般取$0.04U_{phN} \sim 0.08 U_{phN}$（母线额定相电压）。

（g）复压过电流保护躲不过负荷电流时，可经方向控制，方向宜指向变压器。

（h）动作时间配合级差0.3s，跳各侧断路器。

d. 相间、接地阻抗保护。

（a）指向变压器的阻抗不伸出变压器对侧母线，可靠系数宜取0.7。

计算公式：$Z_{op} \leqslant K_k Z_b$。

变量注释：Z_b为变压器阻抗；K_k为可靠系数，取0.7。

（b）指向母线的阻抗按与出线距离保护配合整定。

计算公式：$Z_{op} = K_k Z_b + K_k' K_Z' Z_{op}'$。

变量注释：Z_b为变压器阻抗；$K_k \leqslant 0.7$；$K_k' \leqslant 0.7$；K_Z'为助增系数；Z_{op}'为出线距离保护动作值。

（c）动作时间配合级差0.3s，跳各侧断路器。

e. 零序过电流保护。

（a）零序过电流Ⅰ段。

a）变压器高压侧零序Ⅰ段保护按本侧母线故障有灵敏度整定，灵敏系数不小于1.5，并与本侧出线零序电流保护配合。

计算公式：$I_{op0I} = 3I_{0Dmin}/K_{sen}$，$I_{op0I} = K_k K_F I_{op0I}'$。

变量注释：$3I_{0Dmin}$ 为变压器高压侧接地故障最小短路零序电流；K_{sen} 为灵敏系数；K_k 为配合系数，$K_k \geq 1.1$；K_F 为最大分支系数；I'_{op0I} 为本侧出线零序电流 I 段最大动作值。

b）带平衡绕组变压器高压侧零序 I 段保护应带方向，宜指向本侧母线。

c）普通双绕组变压器的高压侧零序 I 段保护可不带方向。

d）动作配合时间级差 0.3s，跳各侧断路器。

（b）零序过电流 II 段。

a）变压器高压侧零序过电流 II 段保护，按与本侧出线零序保护最末一段配合整定。

计算公式：$I_{op0II} = K_k K_F I'_{op0II}$。

变量注释：K_k 为配合系数，$K_k \geq 1.1$；K_F 为最大分支系数；I'_{op0II} 为本侧出线零序电流 II 段最大动作值。

b）无方向。

c）动作时间与被配合保护最长时间配合，级差 0.3s，跳各侧断路器。

f. 间隙保护。

（a）间隙保护零序电压取 TV 开口三角电压时，其 $3U_0$ 定值（$3U_0$ 额定值为 300V）一般整定为 180V（二次值）和 0.5s；当取自产电压时，其 $3U_0$ 定值（$3U_0$ 额定值为 173V）一般整定为 120V（二次值）和 0.5s；跳各侧断路器。

（b）间隙电流定值可按间隙击穿时有足够灵敏度整定，一次电流定值一般整定为 100A，时间按与上级线路保全长有灵敏度段接地保护时间配合，级差 0.3s，跳各侧断路器。

g. 过负荷保护：按照变压器允许流过电流整定，作用于告警，时限 5~10s。

计算公式：$I_{op} = K_k I_{TN}/K_f$。

变量注释：I_{TN} 为变压器高压侧额定电流；K_k 为可靠系数，$K_k = 1.05$；K_f 为返回系数，$K_f = 0.85~0.95$。

h. 220kV 侧后备保护控制字。

（a）复压过电流经方向闭锁：根据需要投退。

（b）复压过电流方向指向母线：置"1"时指向母线，置"0"时指向变压器。

（c）复压过电流经复压闭锁：置"1"。

（d）零序过电流 I 段带方向采用自产零流：置"1"时是自产零流，置"0"时是外接零流，一般置"1"。

（e）零序过电流 I、II 段不带方向采用外接零流：置"1"时是自产零流，置"0"时是外接零流，一般置"0"。

（f）零序电压采用自产零压：置"1"时是自产电压，置"0"时是外接电压，根据实际投退。

（g）间隙过电流、零序过电压：根据实际投退。

3）35（10）kV侧后备保护。

a. 整定原则基于以下配置：复压过电流保护，Ⅰ段3时限，Ⅱ段3时限，复压可投退、方向可投退、方向可整定；小电阻接地系统需配置零序过电流保护，接地变压器零序Ⅰ段3时限，零序Ⅱ段1时限。

b. 当短路电流大于变压器热稳定电流时，跳本侧断路器的时间不宜大于2s。

c. 过电流Ⅰ段保护。

（a）过电流Ⅰ段按变压器低压侧汇集母线发生相间故障有灵敏度并躲过负荷电流整定，灵敏系数不小于1.5。

计算公式：$I_{opI} = K_k I_{Lmax}/K_f$（经复压闭锁过电流），$I_{opI} = K_k K_{zqd} I_{Lmax}/K_f$（不经复压闭锁过电流），$I_{opI} = I_{Dmin}^{(2)}/K_{sen}$。

变量注释：I_{Lmax}为最大负荷电流，复合电压闭锁的过电流保护只考虑变压器低压侧额定电流，无复合电压闭锁过电流保护的最大负荷电流应适当考虑自启动系数；K_k为可靠系数，$K_k \geq 1.2$；K_f为返回系数，$K_f = 0.85 \sim 0.95$；K_{zqd}为自启动系数，$K_{zqd} = 1.5 \sim 2$；$I_{Dmin}^{(2)}$为变压器低压侧母线发生两相相间故障最小短路电流；K_{sen}为灵敏系数。

（b）作为低压侧汇集母线的后备保护，与本侧出线过电流Ⅰ段配合。

计算公式：$I_{opI} = K_k K_F I'_{opI}$。

变量注释：K_k为配合系数，$K_k \geq 1.1$；K_F为最大分支系数；I'_{opI}为本侧出线过电流Ⅰ段最大动作值。

（c）过电流保护灵敏度不能满足要求时，宜采用复压闭锁过电流保护。

（d）低电压元件（线电压）灵敏系数不小于1.3，一般取$0.7U_N \sim 0.8U_N$（母线额定线电压）。

（e）负序电压（相电压）元件灵敏系数不小于1.5，一般取$0.04U_N \sim 0.08U_N$（母线额定相电压）。

（f）经复合电压闭锁，复合电压取本侧电压。

（g）过电流保护躲不过负荷电流时，也可经方向控制，方向宜指向汇集母线。

（h）动作时间配合级差0.3s，跳低压侧断路器。

d. 过电流Ⅱ段保护。

（a）过电流Ⅱ段按变压器低压侧汇集线路末端相间故障有灵敏度并躲过负荷电流整定，灵敏系数不小于1.5。

计算公式：$I_{opI} = K_k I_{Lmax}/K_f$（经复压闭锁过电流），$I_{opI} = I_{Dmin}^{(2)}/K_{sen}$。

变量注释：I_{Lmax} 为最大负荷电流，可取变压器低压侧额定电流；K_k 为可靠系数，$K_k \geqslant 1.2$；K_f 为返回系数，$K_f = 0.85 \sim 0.95$；$I_{Dmin}^{(2)}$ 为变压器低压侧汇集线路末端发生两相相间故障最小短路电流；K_{sen} 为灵敏系数。

（b）在保护范围和动作时间上宜与本侧出线过电流Ⅱ段配合。

计算公式：$I_{opⅡ} = K_k K_F I'_{opⅡ}$。

变量注释：K_k 为配合系数，$K_k \geqslant 1.1$；K_F 为最大分支系数；$I'_{opⅡ}$ 为本侧出线过电流Ⅱ段最大动作值。

（c）过电流Ⅱ保护宜采用复压闭锁过电流保护。

（d）低电压元件（线电压）灵敏系数不小于 1.3，一般取 $0.7U_N \sim 0.8U_N$（母线额定线电压）。

（e）负序电压（相电压）元件灵敏系数不小于 1.5，一般取 $0.04U_N \sim 0.08U_N$（母线额定相电压）。

（f）经复合电压闭锁，复合电压取本侧电压。

（g）过电流保护躲不过负荷电流时，也可经方向控制，方向宜指向汇集母线。

（h）动作时间配合级差 0.3s，跳低压侧断路器或跳各侧断路器。

e. 零序过电流Ⅰ段保护。

（a）零序过电流Ⅰ段按汇集线路末端接地故障有足够灵敏度整定，灵敏系数不小于 2。

计算公式：$I_{op0I} = 3I_{0Dmin}/K_{sen}$。

变量注释：$3I_{0Dmin}$ 为汇集线路末端接地故障最小零序短路电流；K_{sen} 为灵敏系数。

（b）动作时间应大于母线各连接元件零序过电流Ⅱ段的最长动作时间。

（c）动作时间配合级差 0.3s，跳低压侧断路器。

f. 零序过电流Ⅱ段保护。

（a）零序过电流Ⅱ段按单相高阻接地故障有灵敏度整定。

（b）动作时间应大于零序过电流Ⅰ段的动作时间，级差 0.3s，跳低压侧断路器或各侧断路器。

g. 过负荷保护：按照变压器允许流过电流整定，作用于信号，时限 $5 \sim 10s$。

计算公式：$I_{op} = K_k I_{TN}/K_f$。

变量注释：I_{TN} 为变压器低压侧额定电流；K_k 为可靠系数，$K_k = 1.05$；K_f 为返回系数，$K_f = 0.85 \sim 0.95$。

h. 35（10）kV 侧后备保护控制字。

（a）零序过电压告警：根据需要投退。

（b）过电流Ⅰ段、过电流Ⅱ段、零序过电流Ⅰ段、零序过电流Ⅱ段保护时限，根据实际投退。

（c）过电流保护经方向闭锁：根据需要投退。

（d）过电流保护经复压闭锁：根据需要投退。

4）软连接片。

a. 主保护、各侧后备保护：根据实际投退。

b. 远方投退、远方修改定值、远方切换定值区软连接片：只允许保护装置就地操作时置"0"，允许保护装置实现远控时置"1"。智能变电站远方投退软连接片一般置"1"。

（2）110kV变压器保护：

1）差动保护。

a. 变压器主保护按变压器内部故障能快速切除，区外故障可靠不动作的原则整定。

b. 差动速断电流定值，躲过变压器可能产生的最大励磁涌流及外部短路最大不平衡电流，按变压器额定电流倍数取值，容量越大，系统阻抗越大，则倍数越小，可根据变压器容量适当调整倍数，一般取$4I_{TN} \sim 6I_{TN}$。

c. 差动保护启动电流定值，躲过变压器正常运行时的最大不平衡电流，保证变压器低压侧发生金属性短路故障时，有不小于2.0的灵敏度。在实用整定计算中，一般取$0.3I_{TN} \sim 0.6I_{TN}$。

d. 二次谐波制动系数，根据经验可整定为$0.15 \sim 0.2$，一般推荐0.15。

e. 差动保护控制字。

（a）差动速断、纵差保护：置"1"。

（b）TA断线闭锁差动保护：置"1"时，TA断线后，差动电流达到$1.2I_N$时差动保护出口跳闸；置"0"时，TA断线后不闭锁差动保护。配置双套差动保护时，一般置"1"；只配置单套差动保护时，一般置"0"。

（c）二次谐波制动：采用二次谐波制动时置"1"，采用其他涌流判别制动时置"0"。双重化配置的变压器差动保护应分别使用不同闭锁原理。

2）110kV侧后备保护。

a. 整定原则基于此配置：复压过电流保护，Ⅰ段3时限，Ⅱ段3时限，Ⅲ段2时限；零序过电流保护，Ⅰ段3时限，Ⅱ段3时限，Ⅲ段2时限；间隙过电流，Ⅰ段1时限；零序过电压，Ⅰ段1时限。

b. 变压器后备保护整定应考虑变压器热稳定的要求。

c. 复压过电流保护。

（a）保留一段。

（b）复压过电流保护电流元件按对低压侧母线故障有灵敏度并躲过负荷电流整定，灵敏系数不小于 1.5。

计算公式：$I_{op} = KK_k I_{Lmax}/K_f$，$I_{op} = I_{Dmin}^{(2)}/K_{sen}$。

变量注释：I_{Lmax} 为变压器最大负荷电流，可取变压器高压侧额定电流；K 为配合系数，$K = 1.05 \sim 1.1$；K_k 为可靠系数，$K_k \geqslant 1.2$；K_f 为返回系数，$K_f = 0.85 \sim 0.95$；$I_{Dmin}^{(2)}$ 为变压器低压侧母线发生两相相间故障最小短路电流；K_{sen} 为灵敏系数。

（c）在保护范围和动作时间上宜与低压侧过电流Ⅰ段保护配合。

（d）经复合电压闭锁，高、低两侧复合电压构成"或"门逻辑。

（e）低电压元件（线电压）灵敏系数不小于 1.3，一般取 $0.7U_N \sim 0.8U_N$（母线额定线电压）。

（f）负序电压（相电压）元件灵敏系数不小于 1.5，一般取 $0.04U_N \sim 0.08U_N$（母线额定相电压）。

（g）复压过电流保护躲不过负荷电流时，可经方向控制，方向宜指向变压器。

（h）动作时间配合级差 0.3s，跳各侧断路器。

d. 零序过电流保护。

（a）零序过电流保护不带方向，取自中性点电流互感器。

（b）零序过电流Ⅰ段。

a）变压器高压侧零序Ⅰ段保护按本侧母线故障有灵敏度整定，灵敏系数不小于 1.5，并与本侧出线零序电流保护配合。

计算公式：$I_{op0I} = 3I_{0Dmin}/K_{sen}$，$I_{op0I} = K_k K_F I'_{op0I}$。

变量注释：$3I_{0Dmin}$ 为变压器高压侧接地故障最小短路零序电流；K_{sen} 为灵敏系数；K_k 为配合系数，$K_k \geqslant 1.1$；K_F 为最大分支系数；I'_{op0I} 为本侧出线零序电流Ⅰ段最大动作值。

b）带平衡绕组变压器高压侧零序Ⅰ段保护应带方向，宜指向本侧母线。

c）普通双绕组变压器的高压侧零序Ⅰ段保护可不带方向。

d）动作配合时间级差 0.3s，跳各侧断路器。

（c）零序过电流Ⅱ段。

a）变压器高压侧零序过电流Ⅱ段保护，按与本侧出线零序保护最末一段配合整定。

计算公式：$I_{op0II} = K_k K_F I'_{op0II}$。

变量注释：K_k 为配合系数，$K_k \geqslant 1.1$；K_F 为最大分支系数；I'_{op0II} 为本侧出线零

序电流Ⅱ段最大动作值。

b）无方向。

c）动作时间与被配合保护最长时间配合，级差0.3s，跳各侧断路器。

e. 间隙保护。

（a）间隙保护零序电压取 TV 开口三角电压时，其 $3U_0$ 定值（$3U_0$ 额定值为300V）一般整定为180V（二次值）和0.5s；当取自产电压时，其 $3U_0$ 定值（$3U_0$ 额定值为173V）一般整定为120V（二次值）和0.5s；跳各侧断路器。

（b）间隙电流定值可按间隙击穿时有足够灵敏度整定，一次电流定值一般整定为100A，时间按与上级线路保全长有灵敏度段接地保护时间配合，级差0.3s，跳各侧断路器。

f. 过负荷保护：按照变压器允许流过电流整定，作用于告警，时限 5~10s。

计算公式：$I_{op} = K_k I_{TN}/K_f$。

变量注释：I_{TN} 为变压器高压侧额定电流；K_k 为可靠系数，$K_k = 1.05$；K_f 为返回系数，$K_f = 0.85~0.95$。

g. 110kV 侧后备保护控制字。

（a）复压过电流经方向闭锁：根据需要投退。

（b）复压过电流方向指向母线：置"1"时指向母线，置"0"时指向变压器。

（c）复压过电流经复压闭锁：置"1"。

（d）零序过电流Ⅰ段带方向采用自产零流：置"1"时是自产零流，置"0"时是外接零流，一般置"1"。

（e）零序过电流Ⅰ、Ⅱ段不带方向采用外接零流：置"1"时是自产零流，置"0"时是外接零流，一般置"0"。

（f）零序电压采用自产零压：置"1"时是自产电压，置"0"时是外接电压，根据实际投退。

（g）间隙过电流、零序过电压：根据实际投退。

3）35（10）kV 侧后备保护。

a. 整定原则基于以下配置：复压过电流保护，Ⅰ段3时限，Ⅱ段3时限，复压可投退、方向可投退，方向可整定；小电阻接地系统需配置零序过电流保护，接地变压器零序Ⅰ段3时限，零序Ⅱ段1时限。

b. 当短路电流大于变压器热稳定电流时，跳本侧断路器的时间不宜大于2s。

c. 过电流Ⅰ段保护。

（a）过电流Ⅰ段按变压器低压侧汇集母线发生相间故障有灵敏度并躲过负荷电流整定，灵敏系数不小于1.5。

计算公式：$I_{\mathrm{opI}} = K_{\mathrm{k}}I_{\mathrm{Lmax}}/K_{\mathrm{f}}$（经复压闭锁过电流），$I_{\mathrm{opI}} = K_{\mathrm{k}}K_{\mathrm{zqd}}I_{\mathrm{Lmax}}/K_{\mathrm{f}}$（不经复压闭锁过电流），$I_{\mathrm{opI}} = I_{\mathrm{Dmin}}^{(2)}/K_{\mathrm{sen}}$。

变量注释：I_{Lmax} 为最大负荷电流，复合电压闭锁的过电流保护只考虑变压器低压侧额定电流，无复合电压闭锁过电流保护的最大负荷电流应适当考虑自启动系数；K_{k} 为可靠系数，$K_{\mathrm{k}} \geq 1.2$；K_{f} 为返回系数，$K_{\mathrm{f}} = 0.85 \sim 0.95$；$K_{\mathrm{zqd}}$ 为自启动系数，$K_{\mathrm{zqd}} = 1.5 \sim 2$；$I_{\mathrm{Dmin}}^{(2)}$ 为变压器低压侧母线发生两相相间故障最小短路电流；K_{sen} 为灵敏系数。

（b）作为低压侧汇集母线的后备保护，与本侧出线过电流 I 段配合。

计算公式：$I_{\mathrm{opI}} = K_{\mathrm{k}}K_{\mathrm{F}}I_{\mathrm{opI}}'$。

变量注释：K_{k} 为配合系数，$K_{\mathrm{k}} \geq 1.1$；K_{F} 为最大分支系数；I_{opI}' 为本侧出线过电流 I 段最大动作值。

（c）过电流保护灵敏度不能满足要求时，宜采用复压闭锁过电流保护。

（d）低电压元件（线电压）灵敏系数不小于 1.3，一般取 $0.7U_{\mathrm{N}} \sim 0.8U_{\mathrm{N}}$（母线额定线电压）。

（e）负序电压（相电压）元件灵敏系数不小于 1.5，一般取 $0.04U_{\mathrm{N}} \sim 0.08U_{\mathrm{N}}$（母线额定相电压）。

（f）经复合电压闭锁，复合电压取本侧电压。

（g）过电流保护躲不过负荷电流时，也可经方向控制，方向宜指向汇集母线。

（h）动作时间配合级差 0.3s，跳低压侧断路器。

d. 过电流 II 段保护。

（a）过电流 II 段按变压器低压侧汇集线路末端相间故障有灵敏度并躲过负荷电流整定，灵敏系数不小于 1.5。

计算公式：$I_{\mathrm{opI}} = K_{\mathrm{k}}I_{\mathrm{Lmax}}/K_{\mathrm{f}}$（经复压闭锁过电流），$I_{\mathrm{opI}} = I_{\mathrm{Dmin}}^{(2)}/K_{\mathrm{sen}}$。

变量注释：I_{Lmax} 为最大负荷电流，可取变压器低压侧额定电流；K_{k} 为可靠系数，$K_{\mathrm{k}} \geq 1.2$；K_{f} 为返回系数，$K_{\mathrm{f}} = 0.85 \sim 0.95$；$I_{\mathrm{Dmin}}^{(2)}$ 为变压器低压侧汇集线路末端发生两相相间故障最小短路电流；K_{sen} 为灵敏系数。

（b）在保护范围和动作时间上宜与本侧出线过电流 II 段配合。

计算公式：$I_{\mathrm{opII}} = K_{\mathrm{k}}K_{\mathrm{F}}I_{\mathrm{opII}}'$。

变量注释：K_{k} 为配合系数，$K_{\mathrm{k}} \geq 1.1$；K_{F} 为最大分支系数；I_{opII}' 为本侧出线过电流 II 段最大动作值。

（c）过电流 II 保护宜采用复压闭锁过电流保护。

（d）低电压元件（线电压）灵敏系数不小于 1.3，一般取 $0.7U_{\mathrm{N}} \sim 0.8U_{\mathrm{N}}$（母线额定线电压）。

（e）负序电压（相电压）元件灵敏系数不小于 1.5，一般取 $0.04U_N \sim 0.08U_N$（母线额定相电压）。

（f）经复合电压闭锁，复合电压取本侧电压。

（g）过电流保护躲不过负荷电流时，也可经方向控制，方向宜指向汇集母线。

（h）动作时间配合级差 0.3s，跳低压侧断路器或各侧断路器。

e. 零序过电流 I 段保护。

（a）零序过电流 I 段按汇集线路末端接地故障有足够灵敏度整定，灵敏系数不小于 2。

计算公式：$I_{op0I} = 3I_{0Dmin}/K_{sen}$。

变量注释：$3I_{0Dmin}$ 为汇集线路末端接地故障最小零序短路电流；K_{sen} 为灵敏系数。

（b）动作时间应大于母线各连接元件零序过电流 II 段的最长动作时间。

（c）动作时间配合级差 0.3s，跳低压侧断路器。

f. 零序过电流 II 段保护。

（a）零序过电流 II 段按单相高阻接地故障有灵敏度整定。

（b）动作时间应大于零序过电流 I 段的动作时间，级差 0.3s，跳低压侧断路器或各侧断路器。

g. 过负荷保护：按照变压器允许流过电流整定，作用于信号，时限 5 ~ 10s。

计算公式：$I_{op} = K_k I_{TN}/K_f$。

变量注释：I_{TN} 为变压器低压侧额定电流；K_k 为可靠系数，$K_k = 1.05$；K_f 为返回系数，$K_f = 0.85 \sim 0.95$。

h. 35（10）kV 侧后备保护控制字。

（a）零序过电压告警：根据需要投退。

（b）过电流 I 段、过电流 II 段、零序过电流 I 段、零序过电流 II 段保护时限，根据实际投退。

（c）过电流保护经方向闭锁：根据需要投退。

（d）过电流保护经复压闭锁：根据需要投退。

4）软连接片。

a. 主保护、各侧后备保护：根据实际投退。

b. 远方投退、远方修改定值、远方切换定值区软连接片：只允许保护装置就地操作时置"0"，允许保护装置实现远控时置"1"。智能变电站远方投退软连接片一般置"1"。

（3）35kV 变压器保护：

1）差动保护。

a. 变压器主保护按变压器内部故障能快速切除，区外故障可靠不动作的原则整定。

b. 差动速断电流定值，躲过变压器可能产生的最大励磁涌流及外部短路最大不平衡电流，按变压器额定电流倍数取值，容量越大，系统阻抗越大，则倍数越小，可根据变压器容量适当调整倍数，一般取 $6I_{TN} \sim 8I_{TN}$。

c. 差动保护启动电流定值，躲过变压器正常运行时的最大不平衡电流，保证变压器低压侧发生金属性短路故障时，有不小于 2.0 的灵敏度。在实用整定计算中，一般取 $0.3I_{TN} \sim 0.6I_{TN}$。

d. 二次谐波制动系数，根据经验可整定为 0.15~0.2，一般推荐 0.15。

e. 差动保护控制字。

（a）差动速断、纵差保护：置"1"。

（b）TA 断线闭锁差动保护：置"1"时，TA 断线后，差动电流达到 $1.2I_{TN}$ 时差动保护出口跳闸；置"0"时，TA 断线后不闭锁差动保护，一般置"0"。

（c）二次谐波制动：采用二次谐波制动时置"1"，采用其他涌流判别制动时置"0"。

2）35 kV 侧后备保护。

a. 整定原则基于此配置：过电流Ⅰ段，过电流Ⅱ段。

b. 变压器后备保护整定应考虑变压器热稳定的要求。

c. 过电流Ⅰ段保护。

（a）过电流Ⅰ段电流定值按变压器低压侧发生故障有灵敏度并躲过负荷电流整定，灵敏系数不小于 1.5。

计算公式：$I_{opI} = K_k K_{zqd} I_{Lmax}/K_f$，$I_{opI} = I_{Dmin}^{(2)}/K_{sen}$。

变量注释：I_{Lmax} 为最大负荷电流，可取变压器高压侧额定电流；K_k 为可靠系数，$K_k \geq 1.2$；K_f 为返回系数，$K_f = 0.85 \sim 0.95$；K_{zqd} 为自启动系数，$K_{zqd} = 1.5 \sim 2$；$I_{Dmin}^{(2)}$ 为变压器低压侧母线发生两相相间故障最小短路电流；K_{sen} 为灵敏系数。

（b）动作时间为 0s，跳各侧断路器。

d. 过电流Ⅱ段保护。

（a）过电流Ⅱ段电流定值按躲过负荷电流整定。

计算公式：$I_{opII} = K_k K_{zqd} I_{Lmax}/K_f$。

变量注释：I_{Lmax} 为最大负荷电流，可取变压器高压侧额定电流；K_k 为可靠系数，$K_k \geq 1.2$；K_f 为返回系数，$K_f = 0.85 \sim 0.95$；K_{zqd} 为自启动系数，$K_{zqd} = 1.5 \sim 2$。

（b）动作时间为 0.3s，跳各侧断路器。

（4）非电量保护：

1）本体、有载分接开关轻瓦斯保护。

a. 轻瓦斯保护：按容积整定，继电器气体容积整定要求在 250～300mL 范围内可靠动作，动作于信号。

b. 重瓦斯保护：按流速整定，继电器动作流速整定值以连接管内的稳态流速为准，流速整定值由变压器、有载分接开关生产厂家提供。或以下内容：120MVA 以下自冷式变压器 0.8～1.0m/s，强油循环变压器 1.0～1.2m/s；120MVA 及以上变压器 1.2～1.3m/s；动作于跳闸。

2）冷却器全停保护。

a. 强油循环变压器冷却器全停延时动作于跳闸。

b. 经温度闭锁时上层油温整定为 75℃，时间为 20min；不经温度闭锁时间整定 60min。

3）电流越限闭锁调压。

a. 电流值一般整定为变压器额定电流。

b. 变压器过负荷运行时，不宜进行调压操作；过负荷 1.2 倍时，禁止调压操作。

5.1.6 电抗器保护

（1）整定原则基于此配置：过电流 I 段、过电流 II 段，零序过电流 I 段、零序过电流 II 段。

（2）过电流 I 段保护：

1）应躲过电抗器投入时的励磁涌流，一般整定为 $3I_{LN}$～$5I_{LN}$（I_{LN} 电抗器额定电流，下同）。

2）在常见运行方式下，电抗器端部引线发生故障时，有不小于 1.3 的灵敏度。计算公式：$I_{opI} = I_{Dmin}^{(2)}/K_{sen}$。

变量注释：K_{sen} 为灵敏系数，$K_{sen} \geqslant 1.3$；$I_{Dmin}^{(2)}$ 为电抗器端部引线发生两相故障最小短路电流。

3）动作时间：0s。

（3）过电流 II 段保护：

1）可靠躲过电抗器的额定电流，一般整定为 $1.5I_{LN}$～$2I_{LN}$。

2）动作时间一般整定为 0.3s。

（4）零序过电流Ⅰ段：

1）中性点经低电阻接地系统，零序过电流Ⅰ段按对电抗器端部引线发生单相接地故障时，有不低于2的灵敏度。

计算公式：$I_{op0I} = 3I_{0Dmin}^{(1)}/K_{sen}$。

变量注释：K_{sen}为灵敏系数，$K_{sen} \geq 2$；$3I_{0Dmin}^{(1)}$为电抗器端部引线发生单相故障最小短路电流。

2）动作时间应满足风电场、光伏电站运行电压适应性要求，可取0s。

（5）零序过电流Ⅱ段：

1）中性点经低电阻接地系统，零序过电流Ⅱ段按躲正常运行时出现的零序电流整定，且发生高阻接地故障能可靠动作。

2）动作时间与零序过电流Ⅰ段时间配合，级差0.3s。

（6）谐波过电流保护计算方法及保护定值由动态无功补偿设备厂家提供。

（7）控制字：

1）过电流Ⅰ、Ⅱ段保护：投入。

2）低电阻接地系统，零序过电流Ⅰ、Ⅱ段：投入。

3）谐波过电流保护：投入。

5.1.7　电容器保护

（1）整定原则基于此配置：过电流Ⅰ段、过电流Ⅱ段、零序过电流Ⅰ段、零序过电流Ⅱ段、过电压保护、低电压保护、不平衡电压、平衡电流、桥差电流、相电压差动。

（2）过电流Ⅰ段保护：

1）按电容器端部引出线发生故障时，有不低于2.0的灵敏度，一般可整定为$3I_{CN} \sim 8I_{CN}$（I_{CN}电容器额定电流，下同）。

灵敏度校验公式：$K_{sen} = I_{Dmin}^{(2)}/I_{opI}$。

变量注释：K_{sen}为灵敏系数；$I_{Dmin}^{(2)}$为电容器端部引线发生两相短路故障最小电流。

2）动作时间一般整定为0.1s。

（3）过电流Ⅱ段保护：

1）按可靠躲过电容器的额定电流，一般整定为$1.5 I_{CN} \sim 2 I_{CN}$。

2）动作时间一般整定为0.3s。

（4）过电压保护：

1）按 1.3 倍电容器额定电压整定。

2）动作时间为 30s。

（5）低电压保护：

1）按电容器所接母线失压后可靠动作整定，一般取 $0.2U_{CN} \sim 0.5U_{CN}$（U_{CN} 为电容器额定电压）。

2）时间应与所接母线出线保护最末段时间配合，并考虑低电压穿越影响。

3）低电压保护闭锁电流定值：为防止 TV 断线保护误动作，可经电流闭锁，定值一般取值 $0.5I_{CN} \sim 0.8I_{CN}$。

（6）零序过电流保护：

1）中性点经低电阻接地系统，投入零序过电流 I、II 段。

2）零序电流 I 段。

a. 按电容器端部引线发生单相接地故障时有灵敏度整定，灵敏系数不小于 2。计算公式：$I_{op0I} = 3I_{0Dmin}^{(1)} / K_{sen}$。

变量注释：K_{sen} 为灵敏系数；$3I_{0Dmin}^{(1)}$ 为电容器端部引线发生单相接地故障最小零序电流。

b. 动作时间应满足风电场、光伏电站运行电压适应性要求，可取 0s。

3）零序过电流 II 段。

a. 按躲正常运行时出现的零序电流整定，并且发生高阻接地故障能可靠动作。

b. 动作时间：与零序过电流 I 段时间配合，级差 0.3s，可与本母线出线零序过电流 II 段取相同时间。

（7）不平衡保护：不平衡保护计算方法及保护定值由电容器厂家提供。

（8）谐波过电流保护：谐波过电流保护计算方法及保护定值由动态无功补偿设备制造厂家提供。

（9）控制字：

1）过电流 I、II 段保护：投入。

2）过电压、低电压保护：投入。

3）低电阻接地系统，零序过电流 I、II 段：投入。

4）不平衡电压保护，根据厂家说明及电容器组接线方式选择投退。

5）不平衡电流保护，根据厂家说明及电容器组接线方式选择投退。

6）相电压差动保护、桥差电流根据厂家说明及电容器组接线方式选择投退。

7）谐波过电流保护：投入。

5.1.8　SVG 变压器保护

（1）整定原则基于此配置：差动保护、过电流Ⅰ段、过电流Ⅱ段、零序过电流Ⅰ段、零序过电流Ⅱ段。

（2）差动保护：

1）容量在 10MVA 及以上的变压器，主保护差动保护按变压器内部故障能快速切除，区外故障可靠不动作的原则整定。

2）差动速断电流定值，躲过变压器可能产生的最大励磁涌流及外部短路最大不平衡电流，按变压器额定电流倍数取值，容量越大，系统阻抗越大，则倍数越小，可根据变压器容量适当调整倍数，一般取 $6I_{TN} \sim 8I_{TN}$。

3）差动保护最小动作电流定值，按躲过变压器正常运行时的最大不平衡电流，一般取 $0.3I_{TN} \sim 0.6I_{TN}$。

4）二次谐波制动系数，根据经验可整定为 $0.15 \sim 0.2$，一般推荐 0.15。

5）差动保护控制字：

a. 差动速断、纵差保护：置"1"。

b. TA 断线闭锁差动保护：置"1"时，TA 断线后，差动电流达到 $1.2I_N$ 时差动保护出口跳闸；置"0"时，TA 断线后不闭锁差动保护，一般置"0"。

c. 二次谐波制动：采用二次谐波制动时置"1"，采用其他涌流判别制动时置"0"。

（3）过电流Ⅰ段：

1）按高压侧引线故障有灵敏度整定，灵敏系数不小于 2。

计算公式：$I_{opI} = I_{Dmin}^{(2)}/K_{sen}$。

变量注释：K_{sen} 为灵敏系数；$I_{Dmin}^{(2)}$ 为 SVG 高压侧引线发生两相短路故障最小电流。

2）躲过低压侧母线故障和励磁涌流整定。

计算公式：$I_{opI} = K_k I_{Dmax}^{(3)}$。

变量注释：K_k 为可靠系数，$K_k \geqslant 1.2$；$I_{Dmax}^{(3)}$ 为 SVG 变压器低压侧发生三相短路故障最大电流。

3）动作时间一般整定为 0s。

（4）过电流Ⅱ段：

1）按 SVG 变压器低压侧发生故障有灵敏度整定，灵敏系数不小于 1.5。

计算公式：$I_{opII} = I_{Dmin}^{(2)}/K_{sen}$。

变量注释：K_{sen} 为灵敏系数；$I_{Dmin}^{(2)}$ 为 SVG 变压器低压侧发生两相短路故障最小电流。

2）动作时间一般整定为 0.3s。

（5）零序过电流Ⅰ段：

1）中性点经低电阻接地系统，零序过电流Ⅰ段按对变压器高压侧发生单相接地故障时，有不低于 2 的灵敏度。

计算公式：$I_{op0I} = 3I_{0Dmin}^{(1)}/K_{sen}$。

变量注释：K_{sen} 为灵敏系数，$K_{sen} \geqslant 2$；$3I_{0Dmin}^{(1)}$ 为变压器高压侧发生单相故障最小短路电流。

2）动作时间应满足风电场、光伏电站运行电压适应性要求，可取 0s。

（6）零序过电流Ⅱ段：

1）中性点经低电阻接地系统，零序过电流Ⅱ段按躲正常运行时出现的零序电流整定，且发生高阻接地故障能可靠动作。

2）动作时间与零序过电流Ⅰ段时间配合，可取 0.3s。

（7）控制字：

1）差动保护、差动速断保护：投入。

2）过电流Ⅰ、Ⅱ段保护：投入。

3）低电阻接地系统，零序过电流Ⅰ、Ⅱ段：投入。

5.1.9　站用变压器保护

（1）整定原则基于此配置：差动保护、过电流Ⅰ段、过电流Ⅱ段、零序过电流Ⅰ段、零序过电流Ⅱ段。

（2）差动保护：

1）容量在 10MVA 及以上的变压器，主保护差动保护按变压器内部故障能快速切除，区外故障可靠不动作的原则整定。

2）差动速断电流定值，躲过变压器可能产生的最大励磁涌流及外部短路最大不平衡电流，按变压器额定电流倍数取值，容量越大，系统阻抗越大，则倍数越小，可根据变压器容量适当调整倍数，一般取 $6I_{TN} \sim 8I_{TN}$。

3）差动保护最小动作电流定值，按躲过变压器正常运行时的最大不平衡电流，一般取 $0.3I_{TN} \sim 0.6I_{TN}$。

4）二次谐波制动系数，根据经验可整定为 0.15 ~ 0.2，一般推荐 0.15。

5）差动保护控制字。

a. 差动速断、纵差保护：置"1"。

b. TA 断线闭锁差动保护：置"1"时，TA 断线后，差动电流达到 $1.2I_N$ 时差动保护出口跳闸；置"0"时，TA 断线后不闭锁差动保护，一般置"0"。

c. 二次谐波制动：采用二次谐波制动时置"1"，采用其他涌流判别制动时置"0"。

（3）过电流 I 段

1）按高压侧引线故障有灵敏度整定，灵敏系数不小于 2。

计算公式：$I_{opI} = I^{(2)}_{Dmin}/K_{sen}$。

变量注释：K_{sen} 为灵敏系数；$I^{(2)}_{Dmin}$ 为站用变压器高压侧引线发生两相短路故障最小电流。

2）躲过低压侧母线故障和励磁涌流整定。

计算公式：$I_{opI} = K_k I^{(3)}_{Dmax}$。

变量注释：K_k 为可靠系数，$K_k \geqslant 1.2$；$I^{(3)}_{Dmax}$ 为站用变压器低压侧发生三相短路故障最大电流。

3）动作时间一般整定为 0s。

（4）过电流 II 段：

1）按站用变压器低压侧发生故障有灵敏度整定，灵敏系数不小于 1.5。

计算公式：$I_{opII} = I^{(2)}_{Dmin}/K_{sen}$。

变量注释：K_{sen} 为灵敏系数；$I^{(2)}_{Dmin}$ 为站用变压器低压侧发生两相短路故障最小电流。

2）动作时间一般整定为 0.3s。

（5）零序过电流 I 段：

1）中性点经低电阻接地系统，零序过电流 I 段按对变压器高压侧发生单相接地故障时，有不低于 2 的灵敏度。

计算公式：$I_{op0I} = 3I^{(1)}_{0Dmin}/K_{sen}$。

变量注释：K_{sen} 为灵敏系数，$K_{sen} \geqslant 2$；$3I^{(1)}_{0Dmin}$ 为变压器高压侧发生单相故障最小短路电流。

2）动作时间应满足风电场、光伏电站运行电压适应性要求，可取 0s。

（6）零序过电流 II 段：

1）中性点经低电阻接地系统，零序过电流 II 段按躲正常运行时出现的零序电流整定，且发生高阻接地故障能可靠动作。

2）动作时间与零序过电流 I 段时间配合，可取 0.3s。

（7）控制字：

1）差动保护、差动速断保护：投入。

2）过电流Ⅰ、Ⅱ段保护：投入。

3）低电阻接地系统，零序过电流Ⅰ、Ⅱ段：投入。

5.1.10 接地变压器保护

（1）整定原则基于此配置：过电流Ⅰ段、过电流Ⅱ段、零序过电流Ⅰ段、零序过电流Ⅱ段。

（2）过电流Ⅰ段：

1）保证接地变压器电源侧在最小方式下相间短路时有足够灵敏度，灵敏系数不小于1.5。

计算公式：$I_{\text{opI}} = I_{\text{Dmin}}^{(2)} / K_{\text{sen}}$。

变量注释：K_{sen}为灵敏系数；$I_{\text{Dmin}}^{(2)}$为接地变压器电源侧发生两相短路故障最小电流。

2）躲过励磁涌流整定，一般取$7I_{\text{TN}} \sim 10I_{\text{TN}}$。

3）动作时间一般整定为0s。

（3）过电流Ⅱ段：

1）按躲过接地变压器额定电流整定。

计算公式：$I_{\text{opⅡ}} = K_{\text{k}} K_{\text{zqd}} I_{\text{Lmax}} / K_{\text{f}}$。

变量注释：I_{Lmax}为最大负荷电流，可取变压器高压侧额定电流；K_{k}为可靠系数，$K_{\text{k}} \geq 1.2$；K_{f}为返回系数，$K_{\text{f}} = 0.85 \sim 0.95$；$K_{\text{zqd}}$为自启动系数，$K_{\text{zqd}} = 1.5 \sim 2$。

2）动作时间应大于母线各连接元件后备保护动作时间，级差0.3s。

（4）零序过电流Ⅰ段：

1）零序过电流Ⅰ段按对变压器高压侧发生单相接地故障时，有不低于2的灵敏度。

计算公式：$I_{\text{op0I}} = 3I_{\text{0Dmin}}^{(1)} / K_{\text{sen}}$。

变量注释：K_{sen}为灵敏系数，$K_{\text{sen}} \geq 2$；$3I_{\text{0Dmin}}^{(1)}$为变压器高压侧发生单相故障最小短路电流。

2）动作时间应大于母线各连接元件零序过电流Ⅱ段的最长动作时间，级差0.3s。

（5）零序过电流Ⅱ段：

1）零序过电流Ⅱ段按可靠躲过线路的电容电流整定。

2）动作时间与接地变压器零序过电流Ⅰ段时间配合，级差0.3s。

（6）控制字：

1）过电流Ⅰ、Ⅱ段保护：投入。

2）低电阻接地系统，零序过电流Ⅰ、Ⅱ段：投入。

5.1.11 单元变压器保护

（1）整定原则基于此配置：过电流Ⅰ段、过电流Ⅱ段。

（2）过电流Ⅰ段：

1）按变压器低压侧故障有灵敏度整定，灵敏系数不小于1.5。

计算公式：$I_{\text{opI}} = I_{\text{Dmin}}^{(2)}/K_{\text{sen}}$。

变量注释：K_{sen}为灵敏系数；$I_{\text{Dmin}}^{(2)}$为变压器低压侧发生两相短路故障最小电流。

2）动作时间一般整定为0s。

（3）过电流Ⅱ段：

1）按躲过变压器负荷电流整定。

计算公式：$I_{\text{opII}} = K_{\text{k}}K_{\text{zqd}}I_{\text{Lmax}}/K_{\text{f}}$。

变量注释：I_{Lmax}为最大负荷电流，可取变压器高压侧额定电流；K_{k}为可靠系数，$K_{\text{k}} \geq 1.2$；K_{f}为返回系数，$K_{\text{f}} = 0.85 \sim 0.95$；$K_{\text{zqd}}$为自启动系数，$K_{\text{zqd}} = 1.5 \sim 2$。

2）动作时间一般整定为0.3s。

（4）熔断器：

单元变压器高压侧配置熔断器时，其时间 - 电流特性宜与上级汇集线路保护进行反配合，避免汇集线路保护在单元变压器故障时失去选择性。

（5）控制字：

过电流Ⅰ、Ⅱ段保护：投入。

5.1.12 小电流接地故障选线装置

（1）汇集系统中性点经消弧线圈接地的升压站应按汇集母线配置小电流接地故障选线装置。

（2）零序电压元件对汇集系统单相接地故障有足够灵敏度，灵敏系数不小于1.5。

计算公式：$U_{\text{op}} = U_{\text{0Dmin}}^{(1)}/K_{\text{sen}}$。

变量注释：K_{sen}为灵敏系数，$K_{\text{sen}} \geq 1.5$；$U_{\text{0Dmin}}^{(1)}$为汇集线路发生单相故障最小零

序电压。

（3）动作时间：

1）经短延时切除故障汇集线路，$t \leqslant 0.5\mathrm{s}$。

2）经较长延时跳升压变压器低压侧断路器，$t \leqslant 1\mathrm{s}$。

3）经更长延时跳升压变压器各侧断路器，$t \leqslant 1.5\mathrm{s}$。

5.1.13 光伏逆变器保护

（1）整定原则基于此配置：过电压、低电压、过频率、低频率、电流保护、短路保护。

（2）过电压、低电压保护：

1）当并网点电压在标称电压的90%～110%时，光伏发电站内的光伏逆变器和无功补偿装置应能正常运行。

2）当并网点电压低于标称电压的90%时，应具备低电压穿越能力，符合 GB/T 19964—2024《光伏发电站接入电力系统技术规定》。

a. 光伏发电站并网点电压跌至0时，光伏发电站内的光伏逆变器和无功补偿装置应能够不脱网连续运行150ms。

b. 光伏发电站并网点电压跌至标称电压的20%时，光伏发电站内的光伏逆变器和无功补偿装置应能够不脱网连续运行625ms。

c. 光伏发电站并网点电压跌至标称电压的20%以上至90%时，光伏发电站内的光伏逆变器和无功补偿装置应能在规定范围内不脱网连续运行。

3）当并网点电压高于标称电压的110%时，应具备高电压穿越能力符合 GB/T 19964—2024 规定。

a. 光伏发电站并网点电压升高至标称电压的125%以上至130%时，光伏发电站的光伏逆变器和无功补偿装置应能够不脱网连续运行500ms。

b. 光伏发电站并网点电压升高至标称电压的120%以上至125%时，光伏发电站的光伏逆变器和无功补偿装置应能够不脱网连续运行1s。

c. 光伏发电站并网点电压升高至标称电压的110%以上至120%时，光伏发电站的光伏逆变器和无功补偿装置应能够不脱网连续运行10s。

（3）过频率、低频率保护：

1）光伏发电站的频率应满足表 5－1 的要求，应符合 GB/T 19964—2024 规定。

表 5-1　　　　　　不同电力系统频率范围内的光伏发电站的运行要求

电力系统频率（f）范围	要求
$f < 46.5\text{Hz}$	根据光伏逆变器和无功补偿装置允许运行的最低频率而定
$46.5\text{Hz} \leqslant f < 47\text{Hz}$	频率每次低于 47Hz 且高于 46.5Hz 时，光伏发电站应具有至少运行 5s 的能力
$47\text{Hz} \leqslant f < 47.5\text{Hz}$	频率每次低于 47.5Hz 且高于 47Hz 时，光伏发电站应具有至少运行 20s 的能力
$47.5\text{Hz} \leqslant f < 48\text{Hz}$	频率每次低于 48Hz 且高于 47.5Hz 时，光伏发电站应具有至少运行 60s 的能力
$48\text{Hz} \leqslant f < 48.5\text{Hz}$	频率每次低于 48.5Hz 且高于 48Hz 时，光伏发电站应具有至少运行 5min 的能力
$48.5\text{Hz} \leqslant f \leqslant 50.5\text{Hz}$	连续运行
$50.5\text{Hz} < f \leqslant 51\text{Hz}$	频率每次低于 51Hz 且高于 50.5Hz 时，光伏发电站应具有至少运行 3min 的能力，并执行电力系统调度机构下达的降低功率或高周切机策略，不允许停运状态的光伏发电站并网
$51\text{Hz} < f \leqslant 51.5\text{Hz}$	频率每次低于 51.5Hz 且高于 51Hz 时，光伏发电站应具有至少运行 30s 的能力，并执行电力系统调度机构下达的降低功率或高周切机策略，不允许停运状态的光伏发电站并网
$f > 51.5\text{Hz}$	根据光伏逆变器和无功补偿装置允许运行的最高频率而定

2）光伏发电站的光伏逆变器和无功补偿装置应在以下系统频率变化率范围内不脱网连续运行：

a. 在 0.5s 的滑窗时间内，频率变化率的绝对值不大于 2Hz/s。

b. 在 1s 的滑窗时间内，频率变化率的绝对值不大于 1.5Hz/s。

c. 在 2s 的滑窗时间内，频率变化率的绝对值不大于 1.25Hz/s。

3）逆变器应该具备有短路保护的能力，逆变器开机或运行中检测到输出侧发生短路时，逆变器应能自动保护，跳闸时间应小于 0.1s。

4）当直流侧输入电压高于逆变器允许的直流方阵接入电压最大值，逆变器不得启动或在 0.1s 内停机（正在运行的逆变器），同时发出警示信号。直流侧电压恢复到逆变器允许工作范围后，逆变器应能正常启动。

5）若逆变器输入不具备限功率的功能，则当逆变器输入功率超过额定功率的 1.1 倍时需跳闸。若逆变器输入端具有限功率的功能，当光伏方阵输出的功率超过逆变器允许的最大直流输入功率下，逆变器可停止向电网供电。恢复正常后，逆变器应能正常工作。

5.1.14　光伏防孤岛保护

（1）整定原则基于此配置：过电压、低电压、过频率、低频率保护。

（2）光伏发电站防孤岛保护装置动作时间应不大于2s。

（3）过电压及低电压保护定值按5.1.13（2）要求整定。

（4）过频率及低频率保护定值按5.1.13（3）要求整定。

（5）防孤岛保护应与电网侧线路保护和安全自动装置相配合。

5.1.15　风机涉网保护

（1）整定原则基于此配置：过电压、低电压、高频、低频、三相电压不平衡保护。

（2）过电压、低电压保护：

1）风电场并网点电压在标称电压的90%～110%时，风电机组应能正常运行。

2）风电场应具备低电压穿越能力，满足GB/T 19963.1—2021《风电场接入电力系统技术规定　第1部分：陆上风电》规定。

a. 风电场并网点电压跌至20%标称电压时，风电场内的风电机组应保证不脱网连续运行625ms。

b. 风电场并网点电压在发生跌落后2s内能够恢复到标称电压90%时，风电场内的风电机组应保证不脱网连续运行。

3）风电场应具备高电压穿越能力，满足GB/T 19963.1—2021规定。

a. 风电场并网点电压升高至标称电压的125%～130%之间时，风电场内的风电机组应保证不脱网连续运行500ms。

b. 风电场并网点电压升高至标称电压的120%～125%之间时，风电场内的风电机组应保证不脱网连续运行1s。

c. 风电场并网点电压升高至标称电压的110%～120%之间时，风电场内的风电机组应保证不脱网连续运行10s。

（3）高频、低频保护：风电场的频率应满足表5-2要求，应符合GB/T 19963.1—2021规定。

（4）三相电压不平衡保护：正常运行情况下，不平衡允许值不超过2%；短时间不得超过4%；应符合GB/T 15543—2008《电能质量　三相电压不平衡》规定。

表 5 - 2　　　　　　　风电场在不同电力系统频率范围内的运行规定

电力系统频率（f）范围	要求
$f < 46.5\text{Hz}$	根据风电场内风电机组允许运行的最低频率而定
$46.5\text{Hz} \leqslant f < 47\text{Hz}$	每次频率低于 47Hz 且高于 46.5Hz 时，要求风电场具有至少运行 5s 的能力
$47\text{Hz} \leqslant f < 47.5\text{Hz}$	每次频率低于 47.5Hz 且高于 47Hz 时，要求风电场具有至少运行 20s 的能力
$47.5\text{Hz} \leqslant f < 48\text{Hz}$	每次频率低于 48Hz 且高于 47.5Hz 时，要求风电场具有至少运行 60s 的能力
$48\text{Hz} \leqslant f < 48.5\text{Hz}$	每次频率低于 48.5Hz 且高于 48Hz 时，要求风电场具有至少运行 30min 的能力
$48.5\text{Hz} \leqslant f \leqslant 50.5\text{Hz}$	连续运行
$50.5\text{Hz} < f \leqslant 51\text{Hz}$	每次频率低于 51Hz 且高于 50.5Hz 时，要求风电场具有至少运行 3min 的能力，并执行电力系统调度机构下达的降低功率或高周切机策略，不允许停运状态的风电机组并网
$51\text{Hz} < f \leqslant 51.5\text{Hz}$	每次频率低于 51.5Hz 且高于 51Hz 时，要求风电场具有至少运行 30s 的能力，并执行电力系统调度机构下达的降低功率或高周切机策略，不允许停运状态的风电机组并网
$f > 51.5\text{Hz}$	根据风电场内风电机组允许运行的最高频率而定

5.1.16　故障录波器

（1）变化量启动元件按最小运行方式下线路末端金属性故障最小短路检验灵敏度，电流定值（一次值）可取 $\Delta I_\varphi \geqslant 0.1$ 倍额定电流，$\Delta I_2 \geqslant 0.1$ 倍额定电流（$3I_0 \geqslant 0.1$ 倍额定电流）；相电压定值（二次值）可取 $\Delta U_\varphi \geqslant 6\text{V}$，$\Delta 3U_0 \geqslant 6\text{V}$。

（2）稳态量相电流启动元件按躲最大负荷电流整定，一般取 $I_\varphi \geqslant 1.1$ 倍额定电流。过电压启动元件一般取 $U_\varphi \geqslant 1.1$ 倍额定电压，低电压启动元件一般取 $U_\varphi \leqslant 0.9$ 倍额定电压。

（3）负序（零序）分量启动元件按躲最大运行工况下不平衡电流整定，一次值可取 $3I_2 \geqslant 0.1$ 倍额定电流（$3I_0 \geqslant 0.1$ 倍额定电流）。

（4）频率越限及频率变化可取 $f > 50.2\text{Hz}$ 或 $f < 49.5\text{Hz}$，$\mathrm{d}f/\mathrm{d}t \geqslant 0.2\text{Hz/s}$。

5.2 整定计算实例

5.2.1 实例一

▶ 1. 整定计算参数

（1）系统参数，见表5-3。

表5-3　　　　　　　　　　220kV 外部系统参数

实例一新能源变电站 220kV 母线等值阻抗（基准容量 $S_B = 100\text{MVA}$，基准电压 $U_B = 230\text{kV}$）			
正序		零序	
大方式	小方式	大方式	小方式
j0.02011	j0.02717	j0.02067	j0.02818

（2）主变压器参数，见表5-4。

表5-4　　　　　　　　　　220kV 主变压器参数

名称	参数	名称	参数
设备参数	1 号主变压器	连接组别	YNyn0d11
型号	SZB11 – 120000/220	高压侧 TA	1600/1
额定容量	120MVA	高压侧零序 TA	400/1
额定电压	（230 ± 8 × 1.25%）/37kV	低压侧 TA	3000/1
额定电流	301.2A/1872.5A	高压侧间隙 TA	200/1
短路阻抗	12.03%	调压方式	有载调压
低压侧中性点接地电阻	53.4Ω（短路电流 400A）	低压侧中性点零序 TA	400/1
电抗标幺值计算：$X_{T*} = U\% \times S_B/S_N = 12.03\% \times 100/120 = 0.10025$			

（3）汇集线参数，见表 5-5。

表 5-5　　　　　　　　　　　　　　**35kV 汇集线参数**

名称	最远箱式变压器线路参数 （km）	阻抗标幺值	箱式变压器 台数	负荷电流 （A）
35kV 集电Ⅰ线	JL/GIA-240/30：6.58 JL/GIA-150/25：3.181 YJY22-26/35-3×70：1.05	0.3066	7	403.9

1. 每台箱式变压器容量 3700kVA。
2. TA 变比：800/1；零序 TA 变比：200/1。
3. JL/GIA-240/30：0.1181+j0.368Ω/km；
   JL/GIA-150/25：0.1939+j0.382Ω/km；
   YJY22-26/35-3×70：0.2657+j0.1353Ω/km。
4. 线路阻抗标幺值计算：$Z_{L*} = Z_L \times S_B / U_B^2$

（4）站用变压器参数，见表 5-6。

表 5-6　　　　　　　　　　　　　　**35kV 站用变压器参数**

名称	参数	名称	参数
设备参数	1 号站用变压器	短路阻抗	6.22%
型号	SCB11-500/35	连接组别	Dyn11
额定容量	500kVA	高压侧零序 TA	200/1
额定电压	（35±2×2.5%）/0.4kV	高压侧 TA	800/1
额定电流	8.25A/721.7A	低压侧零序 TA	200/1

电抗标幺值计算：$X_{T*} = U\% \times S_B/S_N = 6.22\% \times 100/0.5 = 12.44$

（5）电容器参数，见表 5-7。

表 5-7　　　　　　　　　　　　　　**35kV 电容器参数**

名称	参数	名称	参数
设备参数	电容器	额定电流	577A
型号	—	TA 变比	800/1
额定容量	35Mvar	零序 TA	200/1
额定电压	35kV		

（6）电抗器参数，见表 5 - 8。

表 5 - 8   35kV 电抗器参数

名称	参数	名称	参数
设备参数	电抗器	额定电流	16.5A
TA 变比	800/1	TA 变比	800/1
额定容量	1000kvar	电抗率	12%
额定电压	35kV	零序 TA	200/1

（7）SVG 变压器参数，见表 5 - 9。

表 5 - 9   35kV SVG 变压器参数

名称	参数	名称	参数
设备参数	SVG 变压器	额定电流	187.2A/693A
型号	S11 - 12000/37	TA 变比	800/1
额定容量	12000kVA	短路阻抗	9.76%
额定电压	（37 ±2 ×2.5%）/10kV	零序 TA 变比	200/1

电抗标幺值计算：$X_{T*} = U\% \times S_B/S_N = 9.76\% \times 100/12 = 0.81333$

（8）箱式变压器参数，见表 5 - 10。

表 5 - 10   35kV 风机箱式变压器参数

名称	参数	名称	参数
设备参数	1 号风机箱式变压器	短路阻抗	6.94%
型号	S11 - 3700/37	连接组别	Dyn11
额定容量	3700kVA	冷却方式	ONAN
额定电压	（37 ±2 ×2.5%）/1.14kV	低压侧脱扣器型号	PTU - 4.1
额定电流	57.7A/1873.9A	低压侧脱扣器额定电流	2500A

电抗标幺值计算：$X_{T*} = U\% \times S_B/S_N = 6.94\% \times 100/3.7 = 1.8757$

2. 短路电流计算

（1）基准电流计算，见表5-11。

表5-11 基准电流表

基准容量 $S_B = 100MVA$			
电压等级（kV）	基准电压（kV）	计算公式	基准电流（A）
220	230	基准电流	251
35	37	$I_B = S_B / (\sqrt{3}U_B)$	1560

（2）主变压器高压侧（220kV母线）短路电流计算：

1）大方式下最大相间短路电流。

大方式：$Z_{1*} = 0.02011$；

$I_{Dmax}^{(3)} = 1/Z_{1*} \times I_B = 1/0.02011 \times 251 = 12481$（A）。

2）小方式下最小相间短路电流。

小方式：$Z_{1*} = 0.02717$；

$I_{Dmin}^{(2)} = \sqrt{3}/2 \times 1/Z_{1*} \times I_B = \sqrt{3}/2 \times 1/0.02717 \times 251 = 8000$（A）。

（3）主变压器低压侧（35kV母线）短路电流计算：

1）大方式下最大相间短路电流。

大方式：$Z_{1*} = 0.02011 + 0.10025 = 0.12036$；

$I_{Dmax}^{(3)} = 1/Z_{1*} \times I_B = 1/0.12036 \times 1560 = 12961$（A）。

2）小方式下最小相间短路电流。

小方式：$Z_{1*} = 0.02717 + 0.10025 = 0.12742$；

$I_{Dmin}^{(2)} = \sqrt{3}/2 \times 1/Z_{1*} \times I_B = \sqrt{3}/2 \times 1/0.12742 \times 1560 = 10602$（A）。

3）小方式下主变压器低压侧故障折算到高压侧短路电流。

小方式：$Z_{1*} = 0.02717 + 0.10025 = 0.12742$；

$I_{Dmin}^{(2)} = \sqrt{3}/2 \times 1/Z_{1*} \times I_B = \sqrt{3}/2 \times 1/0.12742 \times 251 = 1705$（A）。

（4）35kV集电 I 线线末短路电流计算：

1）大方式下最大相间短路电流。

大方式：$Z_{1*} = 0.02011 + 0.10025 + 0.3066 = 0.42696$；

$I_{Dmax}^{(3)} = 1/Z_{1*} \times I_B = 1/0.42696 \times 1560 = 3653$（A）。

2）小方式下最小相间短路电流。

小方式：$Z_{1*} = 0.02717 + 0.10025 + 0.3066 = 0.43402$；

$I_{\text{Dmin}}^{(2)} = \sqrt{3}/2 \times 1/Z_{1*} \times I_B = \sqrt{3}/2 \times 1/0.43402 \times 1560 = 3112$（A）。

（5）35kV 集电 I 线所带箱式变压器低压侧短路电流计算：

1）大方式下最大相间短路电流（折算到35kV侧）。

大方式：$Z_{1*} = 0.02011 + 0.10025 + 0.3066 + 1.8757 = 2.30266$；

$I_{\text{Dmax}}^{(3)} = 1/Z_{1*} \times I_B = 1/2.30266 \times 1560 = 677$（A）。

2）小方式下最小相间短路电流（折算到35kV侧）。

小方式：$Z_{1*} = 0.02717 + 0.10025 + 0.3066 + 1.8757 = 2.30972$；

$I_{\text{Dmin}}^{(2)} = \sqrt{3}/2 \times 1/Z_{1*} \times I_B = \sqrt{3}/2 \times 1/2.30972 \times 1560 = 584$（A）。

（6）35kV SVG 变压器低压侧故障短路电流计算：

1）大方式下最大相间短路电流（折算到35kV侧）。

大方式：$Z_{1*} = 0.02011 + 0.10025 + 0.81333 = 0.93369$；

$I_{\text{Dmax}}^{(3)} = 1/Z_{1*} \times I_B = 1/0.93369 \times 1560 = 1670$（A）。

2）小方式下最小相间短路电流（折算到35kV侧）。

小方式：$Z_{1*} = 0.02717 + 0.10025 + 0.81333 = 0.94075$；

$I_{\text{Dmin}}^{(2)} = \sqrt{3}/2 \times 1/Z_{1*} \times I_B = \sqrt{3}/2 \times 1/0.94075 \times 1560 = 1436$（A）。

（7）35kV 站用变压器低压侧故障短路电流计算：

1）大方式下最大相间短路电流（折算到35kV侧）。

大方式：$Z_{1*} = 0.02011 + 0.10025 + 12.44 = 12.56036$；

$I_{\text{Dmax}}^{(3)} = 1/Z_{1*} \times I_B = 1/12.56036 \times 1560 = 124$（A）。

2）小方式下最小相间短路电流（折算到35kV侧）。

小方式：$Z_{1*} = 0.02717 + 0.10025 + 12.44 = 12.56742$；

$I_{\text{Dmin}}^{(2)} = \sqrt{3}/2 \times 1/Z_{1*} \times I_B = \sqrt{3}/2 \times 1/12.56742 \times 1560 = 107$（A）。

3. 汇集线保护整定计算

（1）参数：

名称：35kV 集电 I 线保护；

TA 变比：800/1；

零序 TA 变比：200/1；

最大负荷电流：403.9A。

（2）过电流 I 段：

1）按对本线路末端相间故障有足够灵敏度整定，灵敏系数不小于1.5。

$$I_{\text{opI}} = I_{\text{Dmin}}^{(2)}/K_{\text{sen}} = 3112/1.5 = 2074 \text{（A）}$$

式中：$I_{Dmin}^{(2)}$ 为本线路末端故障最小两相短路电流；K_{sen} 为灵敏系数。

2）考虑躲过单台单元变压器低压侧相间故障电流。

$$I_{opI} = K_k I_{Dmax}^{(3)} = 1.2 \times 677 = 812.4 \ (A)$$

式中：K_k 为可靠系数，$K_k \geqslant 1.2$；$I_{Dmax}^{(3)}$ 为本线路所带单元变压器低压侧三相相间故障最大短路电流。

故，取：$I_{opI} = 2000A$；

二次值：$I_{opI2} = 2000 / (800/1) = 2.5 \ (A)$。

3）动作时间为 0s。

（3）过电流 II 段：

1）按躲过本线路最大负荷电流整定。

$$I_{opII} = K_k I_{Lmax} / K_f = 1.2 \times 1.5 \times 403.9 / 0.85 = 855 \ (A)$$

式中：I_{Lmax} 为本线路的最大负荷电流；K_k 为可靠系数，$K_k \geqslant 1.2$；K_f 为返回系数，$K_f = 0.85 \sim 0.95$。

2）尽量对本线路最远端光伏发电站单元变压器或风电机组单元变压器低压侧故障有灵敏度，灵敏系数不小于 1.2。

$$I_{opII} = I_{Dmin}^{(2)} / K_{sen} = 584 / 1.2 = 486 \ (A)$$

式中：$I_{Dmin}^{(2)}$ 为本线路最远端单元变压器低压侧故障最小两相短路电流；K_{sen} 为灵敏系数。

故，取：$I_{opII} = 855A$；

二次值：$I_{opI2} = 855 / (800/1) = 1A$。

3）动作时间为 0.3s。

（4）零序电流 I 段：

1）按对本线路末端单相接地故障有灵敏度整定，灵敏系数不小于 2。

$$I_{op0I} = I_{0Dmin}^{(1)} / K_{sen} = 400 / 3 = 133 \ (A)$$

式中：$I_{0Dmin}^{(2)}$ 为本线路末端单相接地故障最小短路电流；K_{sen} 为灵敏系数。

故，取：$I_{op0I} = 133A$；

二次值：$I_{op0I2} = 133 / (200/1) = 0.67 \ (A)$。

2）动作时间为 0s。

（5）零序电流 II 段：

1）按可靠躲过本线路的电容电流整定。

电缆电容电流 $I_{dr} = 0.1 U_N L = 0.1 \times 37 \times 1.05 = 3.59 \ (A)$

架空线电容电流 $I_{dr} = 1.1 \times 3.3 U_N L = 1.1 \times 3.3 \times 37 \times (6.75 + 3.181) \times 10^{-3} = 1.33 \ (A)$

式中：U_N 为集电线额定电压等级；L 为集电线总长度。

故，取：$I_{op0II} = 40A$；

二次值：$I_{op0II2} = 40/(200/1) = 0.2$（A）。

2）动作时间为 0.3s。

（6）过负荷保护：

1）过负荷保护：正常发信号。

2）过负荷定值，一般按 1.05 倍正常最大负荷电流整定。

$$I_{op} = K_k I_{Lmax}/K_f = 1.05 \times 403.9/0.85 = 499（A）$$

式中：I_{Lmax} 为本线路的最大负荷电流；K_k 为可靠系数，$K_k = 1.05$；K_f 为返回系数，$K_f = 0.85 \sim 0.95$。

故，取：$I_{op} = 499A$；

二次值：$I_{op2} = 499/(800/1) = 0.62$（A）。

3）告警时间为 6s。

4. 汇集母线保护

（1）35kV 母线保护参数，各支路 TA 变比见表 5-12。

表 5-12 　　　　　　　　　　各支路 TA 变比明细表

支路序号	支路名称	TA 变比	基准变比
支路 1	1 号主变压器低压侧	3000/1	3000/1
支路 2	1 号站用变压器	800/1	
支路 3	1 号 SVG	800/1	
支路 4	1 号集电线	800/1	
支路 5	2 号集电线	800/1	

（2）差动保护启动电流定值：

1）按保证 35kV 母线发生金属性相间短路故障有不小于 2.0 的灵敏度整定。

$$I_{op} = I_{Dmin}^{(2)}/K_{sen} = 10602/3 = 3524（A）$$

式中：$I_{Dmin}^{(2)}$ 为本母线发生两相相间故障最小短路电流；K_{sen} 为灵敏系数。

2）尽可能躲过母线系统正常运行的不平衡电流和母线各出线的最大负荷电流。

$$I_{op} = K_k I_{Lmax} = 1.1 \times 1872.5 = 2059.75（A）$$

式中：I_{Lmax} 为本母线的最大负荷电流；K_k 为可靠系数，K_k 取 1.1 ~ 1.3。

故，取：$I_{op} = 3000A$；

二次值：$I_{op2} = 3000 /（3000/1）= 1A$。

（3）TA断线闭锁母差保护

1）TA断线闭锁定值，按躲各支路正常运行不平衡电流整定，宜小于最小支路负荷电流，一般整定为$0.05 I_N \sim 0.1 I_N$。

取 $\qquad I_{op} = 0.1 \times I_N = 0.1 \ （A）$

式中：I_N为基准TA变比额定电流（二次值）。

2）TA断线告警定值，躲过正常运行最大不平衡电流，一般可整定为$0.02 I_N \sim 0.1 I_N$。

取 $\qquad I_{op} = 0.08 \times I_N = 0.08 \ （A）$

式中：I_N为基准TA变比额定电流（二次值）。

（4）复合电压闭锁元件定值：

1）低电压闭锁元件定值按躲过最低运行电压整定，低电压闭锁元件宜整定为$60\% \sim 70\%$的额定电压。

取：$U_d = 40V/$相。

2）负序电压（U_2）宜整定为$4 \sim 12V$（二次值）。

取：$U_2 = 4V/$相。

3）零序电压（$3U_0$）（单相接地时$3U_0$为$100V$）可整定为$4 \sim 12V$（二次值）。

取：$3U_0 = 6V$。

▶ 5. 汇集母线分段断路器保护

（1）参数：

名称：35kV分段断路器充电保护；

TA变比：800/1。

（2）充电过电流Ⅰ段定值：

1）按35kV母线发生金属性故障时，有不小于1.5的灵敏度整定。

$$I_{opI} = I_{Dmin}^{(2)} / K_{sen} = 10602/1.5 = 7068 \ （A）$$

式中：$I_{Dmin}^{(2)}$为35kV母线发生两相相间故障最小短路电流；K_{sen}为灵敏系数。

故，取：$I_{opI} = 7000 \ A$；

二次值：$I_{opI2} = 7000 /（800/1）= 8.75 \ A$。

2）动作时间为0s。

（3）充电过电流Ⅱ段定值：

1）按35kV母线发生金属性故障时，有不小于2.0的灵敏度整定。

$$I_{opⅡ} = I_{Dmin}^{(2)} / K_{sen} = 10602/3 = 3534 \ （A）$$

式中：$I_{Dmin}^{(2)}$ 为 35kV 母线发生两相相间故障最小短路电流；K_{sen} 为灵敏系数。

故，取：$I_{opII} = 3520\ \text{A}$；

二次值：$I_{opII2} = 3520/\ (800/1)\ = 4.4\ \text{A}$。

2）动作时间为 0.3s。

▶ 6.220kV 变压器保护

（1）主变压器差动速断电流定值：

躲过变压器可能产生的最大励磁涌流及外部短路最大不平衡电流，按变压器额定电流倍数取值。

$$I_{sd} = K \times I_{TN} = 6I_{TN}$$

式中：K 为倍数，根据变压器容量适当调整倍数，一般可取 $4 \sim 6$；I_{TN} 为变压器高压侧额定电流。

故，取：$I_{sd} = 6I_{TN}$。

（2）差动保护启动电流定值：

1）躲过变压器正常运行时的最大不平衡电流。

$$I_{cdqd} = K_k \times\ (K_{er} + \Delta U + \Delta m)\ \times I_{TN} = 1.5 \times\ (0.01 \times 2 + 0.1 + 0.05)\ \times$$
$$I_{TN} = 0.255I_{TN}$$

式中：I_{TN} 为变压器额定电流；K_k 为可靠系数，一般取 $1.3 \sim 1.5$；K_{er} 为电流互感器的比误差，10P 型取 0.03×2，5P 型和 TP 型取 0.01×2；ΔU 为变压器调压引起的误差 $8 \times 1.25\% = 0.1$；Δm 为由于电流互感器变比未完全匹配产生的误差，可取 0.05。

2）保证变压器低压侧发生金属性短路故障时，有不小于 2.0 的灵敏度。在实用整定计算中，一般取 $0.3I_{TN} \sim 0.6I_{TN}$。

$$I_{cdqd} = I_{Dmin}^{(2)}/K_{sen} = 1705/5 = 341\ (\text{A})\ = 1.1I_{TN}$$

式中：$I_{Dmin}^{(2)}$ 为 35kV 母线发生两相相间故障主变压器高压侧最小短路电流；K_{sen} 为灵敏系数。

故，取：$I_{cdqd} = 0.6I_{TN}$。

3）二次谐波制动系数为 0.15。

（3）主变压器高压侧复压过电流保护（经复压）：

1）按对低压侧母线故障有灵敏度整定，灵敏系数不小于 1.5。

$$I_{op} = I_{Dmin}^{(2)}/K_{sen} = 1705/1.5 = 1136\ (\text{A})$$

式中：$I_{Dmin}^{(2)}$ 为 35kV 母线发生两相相间故障主变压器高压侧最小短路电流；K_{sen} 为灵敏系数。

2) 按躲过负荷电流整定。

$$I_{op} = K\, K_k I_{Lmax}/K_f = 1.1 \times 1.2 \times 301.2/0.85 = 468 \ (A)$$

式中: I_{Lmax} 为变压器最大负荷电流, 可取变压器高压侧额定电流; K 为配合系数, $K = 1.05 \sim 1.1$; K_k 为可靠系数, $K_k \geq 1.2$; K_f 为返回系数, $K_f = 0.85 \sim 0.95$。

故, 取: $I_{op} = 480$ A;

二次值: $I_{op2} = 480/(1600/1) = 0.3 \ (A)$。

3) 动作时间: 与低压侧过电流 I 段保护配合, 级差 0.3s。

取: $T_{op} = 0.9s$。

(4) 主变压器高压侧过电流保护复合电压定值 (取两侧电压):

1) 低电压元件 (线电压) 灵敏系数不小于 1.3, 一般取 $0.7U_N \sim 0.8 U_N$ (母线额定线电压)。

取: $U = 70V$。

2) 负序电压 (相电压) 元件灵敏系数不小于 1.5, 一般取 $0.04U_N \sim 0.08U_N$ (母线额定相电压)。

取: $U = 4.6V$。

(5) 主变压器高压侧零序保护:

1) 零序过电流 I 段 (零序电流取外接零序电流): 执行相关调度定值。

2) 零序过电流 II 段 (零序电流取外接零序电流): 执行相关调度定值。

3) 间隙过电压保护 (外接):

$3U_0 = 180V$ (二次值), $T = 0.5s$。

4) 间隙过电流保护 (外接):

$I = 100A$ (一次值) $/0.5A$ (二次值), $T = 0.5s$。

(6) 主变压器高压侧过负荷保护:

1) 按躲过负荷电流整定。

$$I_{op} = K_k I_{TN}/K_f = 1.05 \times 301.2/0.85 = 372 \ (A)$$

式中: I_{TN} 为变压器高压侧额定电流; K_k 为可靠系数, $K_k = 1.05$; K_f 为返回系数, $K_f = 0.85 \sim 0.95$。

故, 取: $I_{op} = 372A$;

二次值: $I_{op2} = 372/(1600/1) = 0.23 \ (A)$。

2) 告警时间为 6s。

(7) 主变压器低压侧过电流 I 段保护 (不经复压)

1) 按变压器低压侧汇集母线相间故障有灵敏度整定, 灵敏系数不小于 1.5。

$$I_{opI} = I_{Dmin}^{(2)}/K_{sen} = 10602/2 = 5301 \ (A)$$

式中：$I_{Dmin}^{(2)}$ 为变压器低压侧母线发生两相相间故障最小短路电流；K_{sen} 为灵敏系数。

2）按躲过负荷电流整定。

$$I_{opI} = K_k K_{zqd} I_{Lmax}/K_f = 1.2 \times 1.5 \times 1872.5/0.85 = 3965（A）$$

式中：I_{Lmax} 为最大负荷电流，复合电压闭锁的过电流保护只考虑变压器低压侧额定电流，无复合电压闭锁过电流保护的最大负荷电流应适当考虑自启动系数；K_k 为可靠系数，$K_k \geq 1.2$；K_f 为返回系数，$K_f = 0.85 \sim 0.95$；K_{zqd} 为自启动系数，$K_{zqd} = 1.5 \sim 2$。

3）作为低压侧汇集母线的后备保护，与本侧出线过电流I段配合。

$$I_{opI} = K_k K_F I'_{opI} = 1.1 \times 1 \times 2000 = 2200（A）$$

式中：K_k 为配合系数，$K_k \geq 1.1$；K_F 为最大分支系数；I'_{opI} 为本侧出线过电流I段最大动作值。

故，取：$I_{opI} = 5100$ A；

二次值：$I_{opI2} = 5100/（3000/1） = 1.7（A）$。

4）动作时间：与本侧出线过电流I段保护配合，级差0.3s。

取：$T_{opI} = 0.3s$。

（8）主变压器低压侧过电流Ⅱ段保护（经复压）：

1）按变压器低压侧汇集母线相间故障有灵敏度，灵敏系数不小于1.5。

$$I_{opⅡ} = I_{Dmin}^{(2)}/K_{sen} = 10602/2 = 5301（A）$$

式中：$I_{Dmin}^{(2)}$ 为变压器低压侧母线发生两相相间故障最小短路电流；K_{sen} 为灵敏系数。

2）按躲过负荷电流整定。

$$I_{opⅡ} = K_k K_{zqd} I_{Lmax}/K_f = 1.2 \times 1872.5/0.85 = 2643（A）$$

式中：I_{Lmax} 为最大负荷电流，复合电压闭锁的过电流保护只考虑变压器低压侧额定电流，无复合电压闭锁过电流保护的最大负荷电流应适当考虑自启动系数；K_k 为可靠系数，$K_k \geq 1.2$；K_f 为返回系数，$K_f = 0.85 \sim 0.95$；K_{zqd} 为自启动系数，$K_{zqd} = 1.5 \sim 2$。

3）作为低压侧汇集母线的后备保护，与本侧出线过电流Ⅱ段配合。

$$I_{opⅡ} = K_k K_F I'_{opⅡ} = 1.1 \times 1 \times 855 = 940（A）$$

式中：K_k 为配合系数，$K_k \geq 1.1$；K_F 为最大分支系数；$I'_{opⅡ}$ 为本侧出线过电流Ⅱ段最大动作值。

故，取：$I_{opⅡ} = 2700$ A；

二次值：$I_{opⅡ2} = 2700/（3000/1） = 0.9（A）$。

4）动作时间：与本侧出线过电流Ⅱ段保护配合，级差0.3s。

取：$T_{opⅡ} = 0.6s$。

（9）主变压器低压侧过电流保护复合电压定值（取本侧电压）：

1）低电压元件（线电压）灵敏系数不小于1.3，一般取$0.7U_N \sim 0.8U_N$（母线额定线电压）。

取：$U = 70V$。

2）负序电压（相电压）元件灵敏系数不小于1.5，一般取$0.04U_N \sim 0.08U_N$（母线额定相电压）。

取：$U = 4.6V$。

（10）主变压器低压侧零序过电流Ⅰ段保护：

1）零序过电流Ⅰ段按汇集线路末端接地故障有足够灵敏度整定，灵敏系数不小于2。

$$I_{op0I} = 3I_{0Dmin}/K_{sen} = 400/2 = 200 \text{（A）}$$

式中：$3I_{0Dmin}$为汇集线路末端接地故障最小零序短路电流；K_{sen}为灵敏系数。

故，取：$I_{op0I} = 200A$；

二次值：$I_{op0I2} = 200/（400/1）= 0.5 \text{ A}$。

2）动作时间应大于母线各连接元件零序过电流Ⅱ段的最长动作时间，动作时间配合级差0.3s。

取：$T_{op0I} = 0.6s$。

（11）主变压器低压侧零序过电流Ⅱ段保护

1）零序过电流Ⅱ段按单相高阻接地故障有灵敏度整定。

取：$I_{op0II} = 120A$；

二次值：$I_{op0II2} = 120/（400/1）= 0.3 \text{（A）}$。

2）动作时间应大于零序过电流Ⅰ段的动作时间，级差0.3s。

取：$T_{op0II} = 0.9s$。

（12）主变压器低压侧过负荷保护：

1）按躲过负荷电流整定。

$$I_{op} = K_k I_{TN}/K_f = 1.05 \times 1872.5/0.85 = 2313 \text{（A）}$$

式中：I_{TN}：为变压器低压侧额定电流；K_k为可靠系数，$K_k = 1.05$；K_f为返回系数，$K_f = 0.85 \sim 0.95$。

故，取：$I_{op} = 2310A$；

二次值：$I_{op2} = 2310/（3000/1）= 0.77A$。

2）告警时间为6s。

7. 电抗器保护

（1）过电流Ⅰ段保护：

1）应躲过电抗器投入时的励磁涌流。

$$I_{opI} = K \times I_{LN} = 5I_{LN} = 5 \times 16.5 = 82.5 \ (A)$$

式中：K 为倍数，根据电抗器容量适当调整倍数，一般可取 3~5；I_{LN} 为电抗器额定电流。

2）在常见运行方式下，电抗器端部引线发生故障时，有不小于 1.3 的灵敏度。

$$I_{opI} = I_{Dmin}^{(2)}/K_{sen} = 10602/3 = 3534 \ (A)$$

式中：K_{sen} 为灵敏系数，$K_{sen} \geq 1.3$；$I_{Dmin}^{(2)}$ 为电抗器端部引线发生两相故障最小短路电流。

故，取：$I_{opI} = 1000 \ A$；

二次值：$I_{opI2} = 1000/(800/1) = 1.25 \ (A)$。

3）动作时间为 0s。

（2）过电流 II 段保护：

1）可靠躲过电抗器的额定电流。

$$I_{opII} = K \times I_{LN} = 2I_{LN} = 2 \times 16.5 = 33 \ (A)$$

式中：K 为倍数，根据电抗器容量适当调整倍数，一般可取 1.5~2；I_{LN} 为电抗器额定电流

故，取：$I_{opII} = 120 \ A$；

二次值：$I_{opII2} = 120/(800/1) = 0.15 \ (A)$。

2）动作时间为 0.3s。

（3）零序过电流 I 段：

1）按对电抗器端部引线发生单相接地故障时，有不低于 2 的灵敏度整定。

$$I_{op0I} = 3I_{0Dmin}^{(1)}/K_{sen} = 400/4 = 100 \ (A)$$

式中：K_{sen} 为灵敏系数，$K_{sen} \geq 2$；$3I_{0Dmin}^{(1)}$ 为电抗器端部引线发生单相故障最小短路电流。

故，取：$I_{op0I} = 100 \ A$；

二次值：$I_{op0I2} = 100/(200/1) = 0.5 \ A$。

2）动作时间为 0s。

（4）零序过电流 II 段：

1）按躲正常运行时出现的零序电流整定，且发生高阻接地故障能可靠动作。

取：$I_{opII} = 40 \ A$；

二次值：$I_{opII2} = 40/(200/1) = 0.2 \ (A)$。

2）动作时间为 0.3s。

8. 电容器保护

（1）过电流 I 段保护

1）按电容器端部引出线发生故障时，有不低于 2.0 的灵敏度整定，一般可整

定为 $3I_{CN} \sim 8I_{CN}$。

$$I_{opI} = 8I_{CN} = 8 \times 577 = 4616 \text{ (A)}$$

校核灵敏度 $K_{sen} = I_{Dmin}^{(2)} / I_{opI} = 10602/4616 = 2.3$

式中：K_{sen} 为灵敏系数；$I_{Dmin}^{(2)}$ 为电容器端部引线发生两相短路故障最小电流。

故，取：$I_{opI} = 4616$ A

二次值：$I_{opI2} = 4616 / (800/1) = 5.77$（A）

2）动作时间：0.1s。

（2）过电流 II 段保护：

1）按可靠躲过电容器的额定电流整定，一般整定为 $1.5 I_{CN} \sim 2 I_{CN}$。

$$I_{opII} = 2I_N = 2 \times 577 = 1154 \text{ (A)}$$

故，取：$I_{opII} = 1160$ A；

二次值：$I_{opII2} = 1160 / (800/1) = 1.45$（A）。

2）动作时间为 0.3s。

（3）零序过电流 I 段：

1）按电容器端部引线发生单相接地故障时有灵敏度整定，灵敏系数不小于2。

$$I_{op0I} = 3I_{0Dmin}^{(1)}/K_{sen} = 400/4 = 100 \text{ (A)}$$

式中：K_{sen} 为灵敏系数；$3I_{0Dmin}^{(1)}$ 为电容器端部引线发生单相接地故障最小零序电流。

故，取：$I_{op0I} = 100$ A；

二次值：$I_{op0I2} = 100 / (200/1) = 0.5$（A）。

2）动作时间为 0s。

（4）零序过电流 II 段：

1）按躲正常运行时出现的零序电流整定，并且发生高阻接地故障能可靠动作。

取：$I_{opII} = 40$ A；

二次值：$I_{opII2} = 40 / (200/1) = 0.2$（A）。

2）动作时间为 0.3s。

（5）过电压保护：

1）按 1.3 倍电容器额定电压整定。

取：$U = 130$V。

2）动作时间为 30s。

（6）低电压保护：

1）取：$U = 50$V。

2）动作时间为 0.6s。

9. SVG 变压器保护

（1）差动速断电流定值：躲过变压器可能产生的最大励磁涌流及外部短路最大不平衡电流。

取：$I_{cd} = 6I_{TN}$。

（2）差动保护最小动作电流定值：按躲过变压器正常运行时的最大不平衡电流。

取：$I_{cdqd} = 0.5I_{TN}$。

（3）二次谐波制动系数：0.15。

（4）过电流Ⅰ段：

1）按高压侧引线故障有灵敏度整定，灵敏系数不小于 2。

$$I_{opI} = I_{Dmin}^{(2)} / K_{sen} = 10602/3 = 3534 \ (A)$$

式中：K_{sen} 为灵敏系数；$I_{Dmin}^{(2)}$ 为 SVG 高压侧引线发生两相短路故障最小电流。

2）躲过低压侧母线故障和励磁涌流整定。

$$I_{opI} = K_k I_{Dmax}^{(3)} = 1.2 \times 1670 = 2004 \ (A)$$

式中：K_k 为可靠系数，$K_k \geqslant 1.2$；$I_{Dmax}^{(3)}$：为 SVG 变压器低压侧发生三相短路故障最大电流。

故，取：$I_{opI} = 2400 \ A$；

二次值：$I_{opI2} = 2400 / (800/1) = 3 \ (A)$。

3）动作时间为 0s。

（5）过电流Ⅱ段：

1）按 SVG 变压器低压侧发生故障有灵敏度整定，灵敏系数不小于 1.5。

$$I_{opⅡ} = I_{Dmin}^{(2)} / K_{sen} = 1436/1.5 = 957 \ (A)$$

式中：K_{sen} 为灵敏系数；$I_{Dmin}^{(2)}$ 为 SVG 变压器低压侧发生两相短路故障最小电流。

故，取：$I_{opⅡ} = 880 \ A$；

二次值：$I_{opⅡ2} = 880 / (800/1) = 1.1 \ (A)$。

2）动作时间为 0.3s。

（6）零序过电流Ⅰ段：

1）按对变压器高压侧发生单相接地故障时，有不低于 2 的灵敏度整定。

$$I_{op0I} = 3I_{0Dmin}^{(1)} / K_{sen} = 400/4 = 100 \ (A)$$

式中：K_{sen} 为灵敏系数，$K_{sen} \geqslant 2$；$3I_{0Dmin}^{(1)}$ 为变压器高压侧发生单相故障最小短路电流。

故，取：$I_{op0I} = 100 \ A$；

二次值：$I_{op0I2} = 100 / (200/1) = 0.5$（A）。

2）动作时间为 0s。

（7）零序过电流 Ⅱ 段：

1）按躲正常运行时出现的零序电流整定，且发生高阻接地故障能可靠动作。

取：$I_{opII} = 40$ A；

二次值：$I_{opII2} = 40 / (200/1) = 0.2$（A）。

2）动作时间为 0.3s。

◇ **10. 站用变压器保护**

（1）过电流 Ⅰ 保护：

1）按高压侧引线故障有灵敏度整定，灵敏系数不小于 2。

$$I_{opI} = I_{Dmin}^{(2)} / K_{sen} = 10602/8 = 1325 \ （A）$$

式中：K_{sen} 为灵敏系数；$I_{Dmin}^{(2)}$ 为站用变压器高压侧引线发生两相短路故障最小电流。

2）躲过低压侧母线故障和励磁涌流整定。

$$I_{opI} = K_k I_{Dmax}^{(3)} = 1.5 \times 124 = 186 \ （A）$$

式中：K_k 为可靠系数，$K_k \geqslant 1.2$；$I_{Dmax}^{(3)}$ 为站用变压器低压侧发生三相短路故障最大电流。

故，取：$I_{opI} = 200$ A；

二次值：$I_{opI2} = 200 / (800/1) = 0.25$ A。

3）动作时间为 0s。

（2）过电流 Ⅱ 段：

1）按站用变压器低压侧发生故障有灵敏度整定，灵敏系数不小于 1.5。

$I_{opII} = I_{Dmin}^{(2)} / K_{sen} = 107/1.5 = 71$ A

式中：K_{sen} 为灵敏系数；$I_{Dmin}^{(2)}$ 为站用变压器低压侧发生两相短路故障最小电流。

故，取：$I_{opII} = 64$ A；

二次值：$I_{opII2} = 64 / (800/1) = 0.08$（A）。

2）动作时间为 0.3s。

（3）零序过电流 Ⅰ 段：

1）按对变压器高压侧发生单相接地故障时，有不低于 2 的灵敏度。

$$I_{op0I} = 3I_{0Dmin}^{(1)} / K_{sen} = 400/4 = 100 \ （A）$$

式中：K_{sen} 为灵敏系数，$K_{sen} \geqslant 2$；$3I_{0Dmin}^{(1)}$ 为变压器高压侧发生单相故障最小短路电流。

故，取：$I_{op0I} = 100$ A；

二次值: I_{op012} = 100/ (200/1) = 0.5 (A)。

2) 动作时间为0s。

(4) 零序过电流Ⅱ段:

1) 按躲正常运行时出现的零序电流整定,且发生高阻接地故障能可靠动作。

取: $I_{opⅡ}$ = 40 A;

二次值: $I_{opⅡ2}$ = 40/ (200/1) = 0.2 A。

2) 动作时间为0.3s。

5.2.2 实例二

◎ 1. 整定计算参数

(1) 系统参数,见表5-13。

表5-13   110kV 外部系统参数

实例二新能源变电站110kV 母线等值阻抗 (S_B = 100MVA, U_B = 121kV)			
正序		零序	
大方式	小方式	大方式	小方式
j0. 14562	j0. 23555	j0. 07215	j0. 28599

(2) 主变压器参数,见表5-14。

表5-14   110kV 主变压器参数

名称	参数	名称	参数
设备参数	1 号主变压器	零序短路阻抗	14. 31%
型号	SFZ11 - 100000/110	高压侧 TA	800/1
额定容量	100MVA	高压侧零序 TA	200/1
额定电压	(121 ± 8 × 1. 25%) /36. 75kV	低压侧 TA	1500/1
额定电流	477. 1A/1571A	高压侧间隙 TA	100/1
短路阻抗	10. 5%	调压方式	有载调压
连接组别	YNd11		
电抗标幺值计算: X_{T*} = $U\%$ × S_B/S_N = 10. 5% × 100/100 = 0. 105			

（3）接地变压器参数，见表 5 – 15。

表 5 – 15   35kV 接地变压器参数

名称	参数	名称	参数
设备参数	1 号接地变压器	连接组别	ZN
型号	THT – DKSC – 500/36.75	高压侧零序 TA	100/1
额定容量	500kVA	中性点额定电流	200A
额定电压	36.75kV	中性点接地电阻	106Ω（200A）
额定电流	7.86A	高压侧 TA	800/1
零序阻抗	135.8Ω/相	中性点 TA	200/1

零序阻抗标幺值计算：$X_{0*} = X_0 \times S_B / U_B^2 = 135.8 \times 100/36.75^2 = 10.055$

其他参数略，整定计算方法同实例一。

2. 短路电流计算

（1）基准电流计算，见表 5 – 16。

表 5 – 16   基准电流表

基准容量 $S_B = 100MVA$			
电压等级（kV）	基准电压（kV）	计算公式	基准电流（A）
110	121	$I_B = S_B / (\sqrt{3} U_B)$	502
35	37		1560

（2）主变压器高压侧（110kV 母线）短路电流计算：

1）大方式下最大相间短路电流。

大方式：$Z_{1*} = 0.14562$；

$I_{Dmax}^{(3)} = 1/Z_{1*} \times I_B = 1/0.14562 \times 502 = 3447$（A）。

2）小方式下最小相间短路电流。

小方式：$Z_{1*} = 0.23555$；

$I_{Dmin}^{(2)} = \sqrt{3}/2 \times 1/Z_{1*} \times I_B = \sqrt{3}/2 \times 1/0.23555 \times 502 = 1846$（A）。

（3）主变压器低压侧（35kV 母线）短路电流计算：

1）大方式下最大相间短路电流。

大方式：$Z_{1*} = 0.14562 + 0.105 = 0.25062$；

$I_{Dmax}^{(3)} = 1/\ Z_{1*} \times I_B = 1/0.25062 \times 1560 = 6224$ （A）。

2）小方式下最小相间短路电流。

小方式：$Z_{1*} = 0.23555 + 0.105 = 0.34055$；

$I_{Dmin}^{(2)} = \sqrt{3}/2 \times 1/\ Z_{1*} \times I_B = \sqrt{3}/2 \times 1/0.34055 \times 1560 = 3967$ （A）。

3）小方式下主变压器低压侧故障折算到高压侧短路电流。

小方式：$Z_{1*} = 0.23555 + 0.105 = 0.34055$；

$I_{Dmin}^{(2)} = \sqrt{3}/2 \times 1/\ Z_{1*} \times I_B = \sqrt{3}/2 \times 1/0.34055 \times 502 = 1277$ （A）。

3. 110kV 变压器保护

（1）主变压器差动速断电流定值：躲过变压器可能产生的最大励磁涌流及外部短路最大不平衡电流，按变压器额定电流倍数取值。

$$I_{sd} = K \times I_{TN} = 6I_{TN}$$

式中：K 为倍数，根据变压器容量适当调整倍数，一般可取 $4 \sim 6$；I_{TN} 为变压器高压侧额定电流。

故，取：$I_{sd} = 6I_{TN}$。

（2）差动保护启动电流定值：

1）躲过变压器正常运行时的最大不平衡电流。

$I_{cdqd} = K_k \times (K_{er} + \Delta U + \Delta m) \times I_N = 1.5 \times (0.01 \times 2 + 0.1 + 0.05) \times I_{TN} = 0.255 I_{TN}$

式中：I_{TN} 为变压器额定电流；K_k 为可靠系数，一般取 $1.3 \sim 1.5$；K_{er} 为电流互感器的比误差，10P 型取 0.03×2，5P 型和 TP 型取 0.01×2；ΔU 为变压器调压引起的误差 $8 \times 1.25\% = 0.1$；Δm 为由于电流互感器变比未完全匹配产生的误差，可取 0.05。

2）保证变压器低压侧发生金属性短路故障时，有不小于 2.0 的灵敏度。在实用整定计算中，一般取 $0.3I_{TN} \sim 0.6I_{TN}$。

$$I_{cdqd} = I_{Dmin}^{(2)}/K_{sen} = 1508/3 = 502 \ (A) \ = 1.05 I_{TN}$$

式中：$I_{Dmin}^{(2)}$ 为 35kV 母线发生两相相间故障主变压器高压侧最小短路电流；K_{sen} 为灵敏系数。

故，取：$I_{cdqd} = 0.6I_N$。

3）二次谐波制动系数为 0.15。

（3）主变压器高压侧复压过电流保护（经复压）：

1）按对低压侧母线故障有灵敏度整定，灵敏系数不小于 1.5。

$$I_{op} = I_{Dmin}^{(2)}/K_{sen} = 1277/1.5 = 851 \ (A)$$

式中：$I_{Dmin}^{(2)}$ 为 35kV 母线发生两相相间故障主变压器高压侧最小短路电流；K_{sen} 为灵敏系数。

2）按躲过负荷电流整定。

$$I_{op} = K K_k I_{Lmax}/K_f = 1.1 \times 1.2 \times 477.1/0.85 = 741（A）$$

式中：I_{Lmax} 为变压器最大负荷电流，可取变压器高压侧额定电流；K 为配合系数，$K = 1.05 \sim 1.1$；K_k 为可靠系数，$K_k \geqslant 1.2$；K_f 为返回系数，$K_f = 0.85 \sim 0.95$。

故，取：$I_{op} = 744$ A；

二次值：$I_{op2} = 744/（800/1）= 0.93（A）$。

3）动作时间：与低压侧过电流 I 段保护配合，级差 0.3s。

取：$T_{op} = 1.2s$。

（4）主变压器高压侧过电流保护复合电压定值（取两侧电压）：

1）低电压元件（线电压）灵敏系数不小于 1.3，一般取 $0.7U_N \sim 0.8U_N$（母线额定线电压）。

取：$U = 70V$。

2）负序电压（相电压）元件灵敏系数不小于 1.5，一般取 $0.04U_N \sim 0.08U_N$（母线额定相电压）。

取：$U = 4.6V$。

（5）主变压器高压侧零序保护：

1）零序过电流 I 段（零序电流取外接零序电流）：执行相关调度定值。

2）零序过电流 II 段（零序电流取外接零序电流）：执行相关调度定值。

3）间隙过电压保护（外接）：

$3U_0 = 180V$（二次值），$T = 0.5s$。

4）间隙过电流保护（外接）：

$I = 100A$（一次值）/1A（二次值），$T = 0.6s$。

（6）主变压器高压侧过负荷保护：

1）按躲过负荷电流整定。

$$I_{op} = K_k I_{TN}/K_f = 1.05 \times 477.1/0.85 = 589（A）$$

式中：I_{TN} 为变压器高压侧额定电流；K_k 为可靠系数，$K_k = 1.05$；K_f 为返回系数，$K_f = 0.85 \sim 0.95$。

故，取：$I_{op} = 589A$；

二次值：$I_{op2} = 589/（800/1）= 0.74（A）$。

2）告警时间取：6s。

（7）主变压器低压侧过电流 I 段保护（不经复压）：

1）按变压器低压侧汇集母线相间故障有灵敏度，灵敏系数不小于1.5。

$$I_{\text{opI}} = I_{\text{Dmin}}^{(2)} / K_{\text{sen}} = 3967/1.5 = 2644 \text{（A）}$$

式中：$I_{\text{Dmin}}^{(2)}$为变压器低压侧母线发生两相相间故障最小短路电流；K_{sen}为灵敏系数。

2）按躲过负荷电流整定。

$$I_{\text{opI}} = K_{\text{k}} K_{\text{zqd}} I_{\text{Lmax}} / K_{\text{f}} = 1.2 \times 1571/0.85 = 2218 \text{（A）}$$

式中：I_{Lmax}为最大负荷电流，复合电压闭锁的过电流保护只考虑变压器低压侧额定电流，无复合电压闭锁过电流保护的最大负荷电流应适当考虑自启动系数；K_{k}为可靠系数，$K_{\text{k}} \geq 1.2$；K_{f}为返回系数，$K_{\text{f}} = 0.85 \sim 0.95$；$K_{\text{zqd}}$为自启动系数，$K_{\text{zqd}} = 1.5 \sim 2$。

3）作为低压侧汇集母线的后备保护，与本侧出线过电流Ⅰ段配合。

$$I_{\text{opI}} = K_{\text{k}} K_{\text{F}} I'_{\text{opI}} = 1.1 \times 1 \times 2000 = 2200 \text{（A）}$$

式中：K_{k}为配合系数，$K_{\text{k}} \geq 1.1$；K_{F}为最大分支系数；I'_{opI}为本侧出线过电流Ⅰ段最大动作值。

故，取：$I_{\text{opI}} = 2640 \text{ A}$；

二次值：$I_{\text{opI2}} = 2640/(1500/1) = 1.76 \text{（A）}$。

4）动作时间：与本侧出线过电流Ⅰ段保护配合，级差0.3s。

取：$T_{\text{opI}} = 0.3\text{s}$。

（8）主变压器低压侧过电流Ⅱ段保护（经复压）：

1）按变压器低压侧汇集母线相间故障有灵敏度，灵敏系数不小于1.5。

$$I_{\text{opI}} = I_{\text{Dmin}}^{(2)} / K_{\text{sen}} = 3967/1.5 = 2644 \text{（A）}$$

式中：$I_{\text{Dmin}}^{(2)}$为变压器低压侧母线发生两相相间故障最小短路电流；K_{sen}为灵敏系数。

2）按躲过负荷电流整定（复压元件投入且取主变压器低压侧电压）。

$$I_{\text{opI}} = K_{\text{k}} K_{\text{zqd}} I_{\text{Lmax}} / K_{\text{f}} = 1.2 \times 1571/0.85 = 2218 \text{（A）}$$

式中：I_{Lmax}为最大负荷电流，复合电压闭锁的过电流保护只考虑变压器低压侧额定电流，无复合电压闭锁过电流保护的最大负荷电流应适当考虑自启动系数；K_{k}为可靠系数，$K_{\text{k}} \geq 1.2$；K_{f}为返回系数，$K_{\text{f}} = 0.85 \sim 0.95$；$K_{\text{zqd}}$为自启动系数，$K_{\text{zqd}} = 1.5 \sim 2$。

3）作为低压侧汇集母线的后备保护，与本侧出线过电流Ⅱ段配合。

$$I_{\text{opI}} = K_{\text{k}} K_{\text{F}} I'_{\text{opII}} = 1.1 \times 1 \times 855 = 940 \text{（A）}$$

式中：K_{k}为配合系数，$K_{\text{k}} \geq 1.1$；K_{F}为最大分支系数；I'_{opII}为本侧出线过电流Ⅱ段最大动作值。

故，取：$I_{\text{opI}} = 2250 \text{ A}$；

二次值：$I_{\text{opI2}} = 2250/(1500/1) = 1.5 \text{（A）}$。

4）动作时间：与本侧出线过电流Ⅱ段保护配合，级差0.3s。

取：$T_{\text{opI}} = 0.9\text{s}$。

（9）主变压器低压侧过电流保护复合电压定值（取本侧电压）：

1）低电压元件（线电压）灵敏系数不小于 1.3，一般取 $0.7U_\mathrm{N} \sim 0.8U_\mathrm{N}$（母线额定线电压）。

取：$U = 70\mathrm{V}$。

2）负序电压（相电压）元件灵敏系数不小于 1.5，一般取 $0.04U_\mathrm{N} \sim 0.08U_\mathrm{N}$（母线额定相电压）。

取：$U = 4.6\mathrm{V}$。

（10）主变压器低压侧过负荷保护：

1）按躲过负荷电流整定。

$$I_\mathrm{op} = K_\mathrm{k}I_\mathrm{TN}/K_\mathrm{f} = 1.05 \times 1571/0.85 = 1940 \ （\mathrm{A}）$$

式中：I_TN 为变压器低压侧额定电流；K_k 为可靠系数，$K_\mathrm{k} = 1.05$；K_f 为返回系数，$K_\mathrm{f} = 0.85 \sim 0.95$。

故，取：$I_\mathrm{op} = 1940\mathrm{A}$；

二次值：$I_\mathrm{op2} = 1940/（1500/1）= 1.29 \ （\mathrm{A}）$。

2）告警时间为 6s。

▷ 4. 35kV 接地变压器保护

（1）过电流 I 段：

1）按保证接地变压器电源侧在最小方式下相间短路时有足够灵敏度，灵敏系数不小于 1.5。

$$I_\mathrm{opI} = I_\mathrm{Dmin}^{(2)}/K_\mathrm{sen} = 3967/5 = 793 \ （\mathrm{A}）$$

式中：K_sen 为灵敏系数；$I_\mathrm{Dmin}^{(2)}$ 为接地变压器电源侧发生两相短路故障最小电流。

2）躲过励磁涌流整定，一般取 $7I_\mathrm{TN} \sim 10I_\mathrm{TN}$。

$$I_\mathrm{opI} = 10I_\mathrm{TN} = 10 \times 7.86 = 78.6 \ （\mathrm{A}）$$

故，取：$I_\mathrm{opI} = 720 \ \mathrm{A}$；

二次值：$I_\mathrm{opI2} = 720/（800/1）= 0.9 \ （\mathrm{A}）$。

3）动作时间为 0s。

（2）过电流 II 段

1）按躲过接地变压器额定电流整定。

$$I_\mathrm{opII} = K_\mathrm{k}K_\mathrm{zqd}I_\mathrm{Lmax}/K_\mathrm{f} = 1.2 \times 2 \times 7.86/0.85 = 27.7 \ （\mathrm{A}）$$

式中：I_Lmax 为最大负荷电流，可取变压器高压侧额定电流；K_k 为可靠系数，$K_\mathrm{k} \geqslant 1.2$；$K_\mathrm{f}$ 为返回系数，$K_\mathrm{f} = 0.85 \sim 0.95$；$K_\mathrm{zqd}$ 为自启动系数，$K_\mathrm{zqd} = 1.5 \sim 2$。

故，取：$I_\mathrm{opII} = 80 \ \mathrm{A}$；

二次值：$I_{\text{opII}2} = 80/(800/1) = 0.1$（A）。

2）动作时间应大于母线各连接元件后备保护动作时间，级差0.3s。

取：$T = 0.6$s。

（3）零序过电流 I 段：

1）按对变压器高压侧发生单相接地故障时，有不低于2的灵敏度整定。

$$I_{\text{op0I}} = 3I_{\text{0Dmin}}^{(1)}/K_{\text{sen}} = 200/2 = 100 \quad (\text{A})$$

式中：K_{sen} 为灵敏系数，$K_{\text{sen}} \geqslant 2$；$3I_{\text{0Dmin}}^{(1)}$ 为变压器高压侧发生单相故障最小短路电流。

故，取：$I_{\text{op0I}} = 100$ A；

二次值：$I_{\text{op0I}2} = 100/(200/1) = 0.5$（A）

2）动作时间为0.6s。

（4）零序过电流 II 段：

1）零序过电流 II 段按可靠躲过线路的电容电流整定。

取：$I_{\text{op0II}} = 40$ A；

二次值：$I_{\text{op0II}2} = 40/(200/1) = 0.2$ A。

2）动作时间为0.9s。

第6章 新能源场站继电保护管理要求和反事故措施

6.1 新能源场站继电保护管理要求

6.1.1 基本原则

（1）新能源场站是继电保护安全管理的责任主体，应当遵照国家及行业有关电力安全生产的法律法规、规章制度和技术标准，负责本单位的继电保护安全管理工作。

（2）调度机构、并网新能源场站、运维单位依据国能发安全规〔2022〕92号《电力二次系统安全管理若干规定》、GB/T 14285—2023《继电保护和安全自动装置技术规程》、DL/T 559—2018《220kV～750kV电网继电保护运行整定规程》、DL/T 587—2016《继电保护和安全自动装置运行管理规程》、DL/T 995—2016《继电保护和电网安全自动装置检验规程》、DL/T 623—2010《电力系统继电保护及安全自动装置运行评价规程》、各级调度机构继电保护及安全自动装置运行和管理规程、电网安全稳定控制装置软件管理规定等，按照直调范围开展继电保护和安全自动装置的定值管理、运行管理及检验管理等工作。

（3）并网新能源场站接受相应调度机构的继电保护专业的全过程管理。

6.1.2 规划建设管理

（1）继电保护规划设计应满足国家和行业相关技术标准和有关规定。

（2）继电保护设备选型及配置应满足国家和行业相关技术标准，以及设备技术规程、规范的要求。涉网二次系统规划设计、设备选型及配置还应征求调度机构意见，并满足调度机构相关技术规定及电网反事故措施的有关要求。

（3）继电保护设备应选择具备相应资质的质检机构检验合格的产品。

（4）继电保护安装、试验、验收应满足国家和行业相关标准、规范，及调度机构有关规程和管理制度的要求。涉网二次系统应按照有关规定进行并网安全评价，确保满足并网条件。

（5）项目建设完成应由项目监理单位出具相关质量评估报告，其中涉网二次系统应经调度机构确认。

6.1.3 定值管理

（1）继电保护装置整定工作原则上应由新能源场站专业人员具体负责；如需委托外单位，应委托具备相应专业能力的单位承担。

（2）与电网安全稳定运行紧密相关的继电保护及安全自动装置定值由调度机构负责管理。调度机构下达限额或定值，新能源场站按调度机构要求整定，并报调度机构审核和备案。其他与电网安全稳定运行相关的继电保护定值由新能源场站自行管理，并负责整定，定值应报调度机构备案。

（3）调度机构将影响涉网二次系统运行和整定的系统阻抗等有关变化情况，书面通知新能源场站；新能源场站应及时校核定值和参数，在调度机构指导下及时调整二次系统的运行方式和有关定值。

（4）继电保护和安全自动装置的整定计算按照直调范围开展，新能源场站、储能电站、分布式电源、用户站负责变压器及低压系统保护定值计算。变压器中性点零序电流保护定值应按照调度机构下达的限值执行，并满足电网运行要求，定值应报相关调度机构备案。

（5）上级调度机构可将部分继电保护装置的整定计算授权至下级调度机构或运维单位。

（6）继电保护定值应依据直调该设备的调度机构（含被授权单位）下达的定值单整定。继电保护和安全自动装置的整定计算及定值单下达可电子化流转，定值单由新能源场站运行值班人员或变电设备运维人员与值班调度员核对执行。定值单执行后及时返回归档。

（7）涉及整定分界面的定值整定，应按下一级电网服从上一级电网、下级调度服从上级调度、尽量考虑下级电网需要的原则处理。

（8）涉及整定分界面的调度机构间应定期或结合基建、技改工程进度相互提供整定分界点的保护配置、设备参数、系统阻抗、保护定值以及整定配合要求等资料，宜相互交换各自电网的整定计算数据、参数、模型等。

（9）新能源场站、运维单位应定期向相关调度机构收集整定所需的系统侧等值参数，对自行整定的保护装置定值进行整定、校核及批准，定值单应提交相关调度

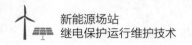
机构备案。

（10）110kV 及以上的变压器中性点接地方式由调管该设备的调度机构确定，并报上级调度机构备案。如上级调度机构对主变压器中性点接地方式有明确规定，则按上级调度机构规定执行。

（11）整定计算应考虑新能源电源对短路电流的影响，新能源场站应向调度机构提供经过准确性验证的短路电流计算模型。

6.1.4　运行及检验管理

（1）应按照国家、行业标准及调度机构相关规程和管理制度组织继电保护的定期检查和日常维护工作。

（2）二次系统设备、装置及功能应按照相关规定投退，不得随意投入、停用或改变参数设置。属调度机构调度管辖范围的二次系统设备、装置及功能因故需要投入、退出、停用或改变参数设置的应报相应调度机构批准同意后方可进行。

（3）电力企业及相关电力用户应对不满足电力系统安全稳定运行要求的二次系统及时进行更新、改造，并进行相关试验。需要进行联合调试的，调度机构负责安排相关运行方式，为联合调试创造条件。

（4）已运行的二次系统（包括硬件和软件）需要改造升级的，应满足关于规划设计、设备选型、网络安全防护等要求。

（5）新能源场站应加强继电保护安全风险管控和隐患排查治理。

（6）电力系统发生异常与故障后，各相关单位应依据调度规程和现场运行有关规定，正确、迅速进行处理，保全现场文档，并及时向调度机构报告设备状态和处理情况。

（7）各相关单位应加强沟通，互相提供有关资料，积极查找异常与事故原因，配合相关部门进行电力安全事故调查工作，并根据调查情况分别制定措施，落实整改。

（8）进入电网运行的继电保护和安全自动装置应通过国家或行业的设备质量检测中心的检测。

（9）继电保护和安全自动装置应按规定正常投运。一次设备不允许无主保护运行，特殊情况下退出主保护，应按规定处理。保护检验工作，一般应配合一次设备停电检修进行；满足双重化配置时，可退出一套保护进行校验。

（10）未经一次电流和工作电压检验的保护装置，不得投入运行；在给保护做相量检查时（保护可不退出），必须有能够保证切除故障的后备保护。

（11）断路器（含线路、母联、分段、旁路断路器等）的充电保护（包括相间过电流、零序过电流保护等），只有在给设备充电时投入，充电完毕退出。

（12）一次设备处于运行或热备用状态时，相应继电保护和安全自动装置投退应由值班调度员下令执行；一次设备处于检修或冷备用状态时，相应继电保护和安全自动装置投退按相关规定执行。运行值班人员、变电设备运维人员按照场站继电保护和安全自动装置运行规定执行具体操作。未经值班调度员许可不得自行投退或在装置及其回路上进行工作。

（13）运行中的继电保护和安全自动装置动作时，值班监控员、运行值班员及变电设备运维人员应记录继电保护及安全自动装置动作情况，立即向调管该设备的值班调度员汇报，并通知运维单位。运维单位查明动作原因后，应及时汇报监控及调管该设备的调度机构。各级调度人员应根据故障录波系统、继电保护故障信息系统等信息，综合判断故障信息，进行故障处置。

（14）继电保护和安全自动装置的反事故措施及软件版本应统一管理，分级实施。安全稳定控制装置投运前应按《电网安全稳定控制装置软件管理规定》（调技〔2019〕115号）要求将相关资料提交调度机构备案。运维单位负责反事故措施及软件版本升级的具体实施。

（15）继电保护和安全自动装置的动作分析和运行评价按照分级管理的原则，依据DL/T 623—2010《电力系统继电保护及安全自动装置运行评价规程》开展。

（16）继电保护和安全自动装置的状态信息、告警信息、动作信息及故障录波数据应上送至调度机构。

（17）运行值班人员、变电设备运维人员必须按保护运行规程的规定，对继电保护装置和安全自动装置及回路进行定期巡视、检查相关告警信息、监视交流电压回路，以免保护装置失压造成误动或拒动。

（18）继电保护和安全自动装置的异常（或缺陷），应在装置退出运行后及时处理。值班监控员、发电场站运行值班人员或变电设备运维人员应立即报告相应值班调度员并按规定先行处理后，通知保护专业人员前往现场处理。处理结果及异常原因及时报告相应值班调度员。保护动作后，所属公司、场站的保护专业人员应立即组织分析，初步明确动作原因后与省调保护专业联系，并报送现场保护动作报告、录波文件，以便及时进行保护动作行为确认。

（19）运维单位应按照DL/T995—2016《继电保护和电网安全自动装置检验规程》等规程、规定的要求，根据检修计划对继电保护和安全自动装置进行维护检验。

（20）运维单位应保证主保护的投入率、运行率及正确动作率，对存在的各种缺陷，应采取措施及时消除。

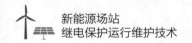
（21）运维单位应按照继电保护管理部门要求及时填报继电保护动作、继电保护动作分析报告等信息。

（22）继电保护及安全自动装置基础台账信息、保护动作事件信息、缺陷记录等由调度机构、场站及运维单位共同维护，及时更新。

（23）配网保护功能配置、设计和整定应严格执行 GB/T 33982—2017《分布式电源并网继电保护技术规范》、GB/T 33593—2017《分布式电源并网技术要求》、GB/T 29319—2024《光伏发电系统接入配电网技术规定》、DL/T 584—2017《3kV ~ 110kV 电网继电保护装置运行整定规程》等相关规程规范要求。

6.1.5　智能变电站继电保护和安全自动装置管理

（1）智能变电站继电保护和安全自动装置、含继电保护功能模块的智能电子设备及对继电保护和安全自动装置功能有影响的二次回路相关设备和工具软件均应纳入继电保护和安全自动装置设备管理范畴。

（2）调度机构对智能变电站中的全站系统配置文件（SCD）进行归口管理，设备运维单位具体负责验收把关及备案，确保 SCD 文件与现场工程实际一致。

（3）SCD 配置及在线运维管控工具等影响继电保护和安全自动装置功能的工具软件，以及智能装置能力描述文件（ICD）应通过国家或行业的设备质量检测中心的检测。

6.2　新能源场站继电保护反措要求

新能源场站应严格执行继电保护及安全自动装置反事故措施。不满足反措要求的新能源场站应限期整改，已建、新建和改扩建的风电场均应落实继电保护反措，一般最迟不超过 12 个月。

新能源应执行的反事故措施文件主要有：《防止电力生产事故的二十五项重点要求》（国能发安全〔2023〕22 号）以及其他各级调度发布的继电保护反事故措施文件，例如《国家电网有限公司关于印发十八项电网重大反事故措施（修订版）的通知》（国家电网设备〔2018〕979 号）、《国家电网有限公司防止安全稳定控制系统事故措施》（国家电网调〔2022〕496 号）、《关于印发风电并网运行反事故措施要点的通知》（国家电网调〔2011〕974 号）等反事故措施文件。

《防止电力生产事故的二十五项重点要求》第 18 章防止继电保护及安全自动装置事故的重点要求如下：

6.2.1 规划设计阶段的重点要求

（1）涉及电网安全、稳定运行的发、输、变、配及重要用电设备的继电保护装置应纳入电网统一规划、设计、运行、管理和技术监督。在一次系统规划建设中，应充分考虑继电保护的适应性，避免出现特殊接线方式造成继电保护配置及整定难度的增加。

（2）继电保护及安全自动装置的设计、配置和选型，必须满足有关规程规定的要求，并经相关继电保护管理部门同意。继电保护及安全自动装置选型应采用技术成熟、性能可靠、质量优良、经有资质的专业检测机构检测合格的产品。

（3）稳控系统应在合理的电网结构和电源结构基础上规划、设计和运行，控制策略和措施应安全可靠、简单实用。对无法采取稳定控制措施保持系统稳定的情况，应通过完善网架方案、优化运行方式、完善第三道防线方案等综合措施，共同降低并控制系统运行风险。

（4）继电保护及安全自动装置应符合网络安全防护规定，满足《电力监控系统安全防护规定》（国家发展和改革委员会令第 14 号）及 GB/T 36572—2018《电力监控系统网络安全防护导则》要求。

（5）220kV 及以上电压等级线路、变压器、母线、高压电抗器、串联电容器补偿装置等交流输变电设备的保护及电网安全稳定控制装置应按双重化配置。

（6）依照双重化原则配置的两套保护装置，每套保护均应含有完整的主、后备保护功能，能反应被保护设备的各种故障及异常状态，并能作用于跳闸或给出信号。

（7）220kV 及以上电压等级输电线路（含电铁牵引站及引入线路）两端均应配置双重化线路纵联保护，两套保护的通道应相互独立，优先采用纵联电流差动保护，双侧均应具备远方跳闸功能；具备条件的 110（66）kV 输电线路（含电铁牵引站及引入线路）宜配置纵联电流差动保护。

（8）继电保护及安全自动装置的通信通道应采用安全可靠的传输方式，线路纵联保护应优先采用光纤通道。220kV 及以上电压等级线路纵联保护的通道（含光纤、微波、载波等通道及加工设备和供电电源等）、远方跳闸及就地判别装置（或功能）应遵循相互独立的原则按双重化配置。穿越覆冰区的 220kV 及以上电压等级输电线路，应至少配置一条不受冰灾影响的应急通道。

（9）100MW 及以上容量及接入 220kV 及以上电压等级的发电机、启动备用变压器应按双重化原则配置微机保护（非电量保护除外）；重要发电厂的启动备用变

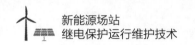
压器保护宜采用双重化配置。

（10）对 220kV 及以上电压等级电网、110（66）kV 变压器的保护和测控功能应相互独立，在单一功能损坏或异常情况下，保护和测控功能应互相不受影响。

（11）继电保护及安全稳定控制装置组屏设计应充分考虑运行和检修时的安全性，应采取合理布置端子排、预留足够检修空间、规范现场安全措施等防止继电保护"三误"（误碰、误整定、误接线）事故的措施。当双重化配置的两套保护装置不能实施确保运行和检修安全的技术措施时，应安装在各自屏柜内。

（12）为保证继电保护相关辅助设备（如交换机、光电转换器、通信接口装置等）的供电可靠性，宜采用直流电源供电。因硬件条件限制只能交流供电的，电源应取自站用不间断电源。

（13）在新建、扩建和技改工程中，应根据相关规定和电网发展带来的系统短路容量增加等情况进行电流互感器的选型工作，并充分考虑到保护配置及整定的要求。

（14）差动保护用电流互感器的相关特性宜一致；母线差动保护各支路电流互感器变比差不宜大于 4 倍。

（15）母线差动、变压器差动和发电机–变压器组差动保护各支路的电流互感器应优先选用准确限值系数和额定拐点电压较高的电流互感器。

（16）应充分考虑合理的电流互感器配置和二次绕组分配，消除主保护死区。

1）当 220kV 及以上电压等级变电站、升压站新建、改建或扩建采用 3/2、4/3、角形、桥形接线等多断路器接线形式时，应在断路器两侧均配置电流互感器。

2）对经计算影响电网安全稳定运行的重要变电站的 220kV 及以上电压等级双母线双分断接线方式的母联、分段断路器，应在断路器两侧配置电流互感器。

3）独立式 TA 应按照 TA 故障时跳闸范围最小的原则合理选择等电位点。

4）针对短期不能按前两条要求进行改造的老旧场站或其他确实无法快速切除故障的保护动作死区，在满足系统稳定要求的前提下，应采取启动失灵和远方跳闸等后备措施加以解决；经系统方式计算可能对系统稳定造成较严重的威胁时，应进行改造。

（17）110（66）kV 及以上电压等级发电厂升压站、变电站应配置故障录波器；100MW 及以上容量发电机–变压器组应配置专用故障录波器。发电厂、变电站内的故障录波器应对站用直流系统的各母线段（控制、保护）对地电压进行录波。

（18）除母线保护、变压器保护、发电机–变压器组保护外，不同间隔设备的主保护功能不应集成。

（19）应充分考虑安装环境对保护装置性能及寿命的影响，对于布置在室外的保护装置，其附属设备（如智能控制柜及温控设备）的性能指标应满足保护运行要求且便于维护。

（20）继电保护及相关设备的端子排，应按照功能进行分区、分段布置，正负电源之间、跳（合）闸引出线之间以及跳（合）闸引出线与正电源之间、交流电流与交流电压回路之间等应至少采用一个空端子隔开或增加绝缘隔片。交流回路与直流回路的接线端子不宜布置在同一段端子排。新建、扩建、改建工程中，端子箱、汇控柜等户外设备应采用额定电压1000V的端子。

（21）500kV及以上电压等级变压器低压侧并联电抗器和电容器、站用变压器的保护配置与设计，应与一次系统相适应，防止电抗器、电容器或站用变压器故障造成主变压器的跳闸。

（22）双回线路采用同型号纵联保护，或线路纵联保护采用双重化配置时，在回路设计和调试过程中应采取有效措施防止保护通道交叉使用。分相电流差动保护应采用同一路由收发、往返延时一致的通道。

（23）对闭锁式纵联保护，"其他保护停信"回路应直接接入保护装置，而不应接入收发信机。

（24）发电厂升压站断路器控制回路及保护装置电源，应取自升压站配置的独立的直流系统。

（25）发电厂的辅机设备及其电源在外部系统发生故障时，应具有一定的抵御事故能力，以保证发电机在外部系统故障情况下的持续运行。

（26）稳控装置动作切除负荷或机组后，应采取有效措施防止重合闸、备用电源自动投入装置或被切除机组所带负荷转由同一厂站的其他机组承担等导致的控制措施失效。

6.2.2　继电保护配置的重点要求

（1）继电保护的设计、配置和选型应以继电保护可靠性、选择性、灵敏性、速动性为基本原则，任何技术创新不得以牺牲继电保护的快速性和可靠性为代价。

（2）按双重化配置的两套保护中，当一套保护退出时不应影响另一套保护运行。双重化配置的继电保护应满足以下基本要求：

1）两套保护装置的交流电流、电压应分别取自互感器互相独立的绕组。对原设计中电压互感器仅有一组二次绕组，且已经投运的变电站，应积极安排电压互感器的更新改造工作，改造完成前，应在开关场的电压互感器端子箱处，利用具有短路跳闸功能的两组分相空气断路器将按双重化配置的两套保护装置交流电压回路分开。

2）两套保护装置的直流电源应取自不同蓄电池组连接的直流母线段。每套保护装置及与其相关设备（电子式互感器、合并单元、智能终端、采集执行单元、通信及网络设备、操作箱、跳闸线圈等）的直流电源均应取自于同一蓄电池组连接的直流母线段，避免因一组站用直流电源异常对两套保护功能同时产生影响而导致的保护拒动。

3）按双重化配置的两套保护装置的跳闸回路应与断路器的两个跳闸线圈、压力闭锁继电器分别一一对应。

4）双重化配置的两套保护装置之间不应有电气联系。两套保护装置与其他保护、设备配合的回路及通道应遵循相互独立的原则，应保证每一套保护装置与其他相关装置（如通道、失灵保护）联络关系的正确性，防止因交叉停用导致保护功能缺失。

5）为防止装置家族性缺陷可能导致的双重化配置的两套继电保护装置同时拒动的问题，新建、改建、扩建工程双重化配置的线路、变压器、发电机－变压器组、调相机变压器组、母线、高压电抗器保护装置宜采用不同生产厂家的产品。

（3）220kV及以上电压等级的线路保护应满足以下要求：

1）每套保护均应能对全线路内发生的各种类型故障快速动作切除。对于要求实现单相重合闸的线路，在线路发生单相经高阻接地故障时，应能正确选相跳闸。

2）对于远距离、重负荷线路及负荷转移等情况，继电保护装置应采取有效措施，防止相间、接地距离保护在系统发生较大的潮流转移时误动作。

3）应采取措施，防止由于零序功率方向元件的电压死区导致零序功率方向纵联保护拒动，零序动作电压不应低于最大可能的零序不平衡电压。

（4）220kV及以上电压等级变压器、电抗器单套配置的非电量保护以及单套配置的断路器失灵保护应同时作用于断路器的两个跳闸线圈。未采用就地跳闸方式的非电量保护应设置独立的电源回路（包括直流空气小开关及其直流电源监视回路）和出口跳闸回路，且应与电气量保护完全分开。当变压器、电抗器的非电量保护采用就地跳闸方式时，应向监控系统发送动作信号。

（5）非电量保护及动作后不能随故障消失而立即返回的保护（只能靠手动复位或延时返回）不应启动失灵保护。发电机电气量保护应启动失灵保护。

（6）发电机－变压器组的阻抗保护须经电流元件（如电流突变量、负序电流等）启动，正常运行期间在发生电压二次回路失压、断线以及切换过程中交流或直流失压等异常情况时，阻抗保护应具有防止误动措施。

（7）200MW及以上容量发电机定子接地保护宜将基波零序过电压保护与三次

谐波电压保护的出口分开，基波零序过电压保护投跳闸。

（8）采用零序电压原理的发电机匝间保护应设有负序方向闭锁元件。

（9）并网电厂均应制定完备的发电机带励磁失步振荡故障的应急措施，300MW及以上容量的发电机应配置失步保护，在进行发电机失步保护整定计算和校验工作时应能正确区分失步振荡中心所处的位置，在机组进入失步工况时根据不同工况选择不同延时的解列方式，并保证断路器断开时的电流不超过断路器失步允许开断电流。

（10）发电机的失磁保护应使用能正确区分短路故障和失磁故障的、具备复合判据的方案。应仔细检查和校核发电机失磁保护的整定范围与励磁系统低励限制的配合关系，防止发电机进相运行时发生误动作。

（11）300MW及以上容量发电机应配置启、停机保护，应考虑防止并网断路器承受过电压造成的断口闪络问题；对并入220kV及以上电压等级系统的发电机－变压器组，高压侧断路器应配置断路器断口闪络保护。

（12）全电缆线路禁止采用重合闸，对于含电缆的混合线路应根据电缆线路距离出口的位置、电缆线路的比例等实际情况采取停用重合闸等措施，防止变压器及电网连续遭受短路冲击。

（13）220kV及以上电压等级变压器、发电机－变压器组的断路器失灵保护应满足以下要求：

1）当接线形式为线路－变压器或线路－发电机－变压器组时，线路和主设备的电气量保护均应启动断路器失灵保护。当本侧断路器无法切除故障时，应采取启动远方跳闸等后备措施加以解决。

2）变压器的电气量保护应启动断路器失灵保护，断路器失灵保护动作除应跳开失灵断路器相邻的全部断路器外，还应跳开本变压器连接其他电源侧的断路器。

3）发电机机端断路器失灵保护判据中不应使用机端断路器辅助触点作为判据。

（14）防跳继电器动作时间应与断路器动作时间配合，断路器三相位置不一致保护的动作时间应与相关保护、重合闸时间相配合。

（15）断路器失灵保护中用于判断断路器主触点状态的电流判别元件应保证其动作和返回的快速性，动作和返回时间均不宜大于20ms，其返回系数也不应低于0.9。

（16）为提高切除变压器低压侧母线故障的可靠性，宜在变压器的低压侧设置取自不同电流回路的两套电流保护功能。当短路电流大于变压器热稳定电流时，变压器保护切除故障的时间不宜大于2s。

（17）变压器过励磁保护的启动、反时限和定时限元件应根据变压器的过励磁

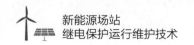

特性曲线分别进行整定，其返回系数不应低于 0.96。

（18）110（66）kV 及以上电压等级的母联、分段断路器宜按断路器配置具备瞬时和延时跳闸功能的过电流保护装置或功能。

（19）有保护远方修改定值等远方控制业务需求的场站，应有措施保证保护定值修改的安全性。

6.2.3 调试及检验的重点要求

（1）应从保证设计、调试和验收质量的要求出发，合理确定新建、改建、扩建工程工期。工程调试应严格按照规程规定执行，不得为赶工期减少调试项目，降低调试质量。

（2）新建、改建、扩建工程的相关设备投入运行后，施工（或调试）单位应及时提供完整的一、二次设备安装资料及调试报告，并应保证图纸与实际投入运行设备相符。

（3）保护验收应进行所有保护整组检查，模拟故障检查保护与硬（软）连接片的唯一对应关系，避免有寄生回路存在。

（4）保护装置整组传动验收时，应检验同一间隔内所有保护之间的相互配合关系；线路纵联保护还应与对侧线路保护进行一一对应的联动试验；新投保护装置应考虑被保护设备的各套保护装置同时、不同时动作，采取有效方法对两套保护装置、控制电源及相关回路进行验证。

（5）所有继电保护及安全自动装置投入运行前，除应在能够保证互感器与测量仪表精度的负荷电流条件下，测定相回路和差回路外，还必须测量各中性线的不平衡电流、电压，以保证保护装置和二次回路接线的正确性。

（6）验收方应根据有关规程、规定及反措要求制定详细的验收标准。新设备投产前应认真编写保护启动方案，做好事故预想，确保新投设备发生故障能可靠被切除。

（7）应保证继电保护装置、安全自动装置、故障录波器、保护故障信息管理系统等二次设备与一次设备同期投入。

（8）继电保护及安全自动装置应按照 DL/T 995—2016《继电保护和电网安全自动装置检验规程》等标准要求开展检修及出口传动检验，确保传动开关的正确性与断路器跳合闸回路的可靠性，确保功能完整可用。

（9）稳控系统应按照"入网必检、逢修必验"原则加强稳控系统厂内测试、工程验证和现场调试，严格落实软件改动后全面测试原则。

6.2.4　运行管理阶段的重点要求

（1）加强继电保护及安全自动装置软件版本的管控，新投、修改、升级前，应对其书面说明材料及检测报告进行确认，并对原运行软件进行备份。发电场、电铁牵引站等与电网相连的并网线路两侧纵联保护装置型号、软件版本应相适应。未经调度部门认可的软件版本和智能站配置文件不得投入运行。现场二次回路变更应经相关保护管理部门同意并及时修订相关的图纸资料。

（2）加强继电保护装置运行维护工作。装置检验应保质保量，严禁超期和漏项，应特别加强对基建投产设备及新安装装置投产验收检验和首年全检工作，消除设备运行隐患。

（3）配置足够的保护备品、备件，缩短继电保护缺陷处理时间。

（4）加强继电保护试验仪器、仪表的管理工作，每1~2年应对继电保护试验装置进行一次全面检测，防止因试验仪器、仪表存在问题而造成继电保护误整定、误试验。

（5）继电保护专业和通信专业应密切配合，加强对纵联保护通道设备的检查，重点检查是否设定了不必要的收、发信环节的延时或展宽时间。注意校核继电保护通信设备（光纤、微波、载波）传输信号的可靠性和冗余度及通道传输时间，防止因通信问题引起保护不正确动作。

（6）利用载波作为纵联保护通道时，应建立阻波器、结合滤波器等高频通道加工设备的定期检修制度。对已退役的高频阻波器、结合滤波器和分频滤过器等设备，应及时采取安全隔离措施。

（7）配置母差保护的变电站，在母差保护停用期间应采取相应措施，严格限制母线侧隔离开关的倒闸操作，以保证系统安全。

（8）针对电网运行工况，加强备用电源自动投入装置的管理，定期进行传动试验，保证事故状态下投入成功率。

（9）在电压切换和电压闭锁回路，断路器失灵保护，母线差动保护，远跳、远切、联切回路、"和电流"等接线方式有关的二次回路上工作时，以及3/2断路器接线单断路器检修而相邻断路器仍需运行时，应做好安全隔离措施。

（10）新投运或电流、电压回路发生变更的220kV及以上保护设备，在第一次经历区外故障后，应通过保护装置和故障录波器相关录波数据校核保护交流采样值、功率方向以及差动保护差流值的正确性。

（11）建立和完善二次设备在线监视与分析系统，确保继电保护信息、故障录波等可靠上送。在线监视与分析系统应严格按照国家有关网络安全规定，做好安全防护。

（12）对于运行工况不良以及运行超过 12 年的 110kV 及以上保护装置，经评估存在保护拒动、误动或无法及时消缺等运行风险，应立项改造。

（13）电网调整运行方式时，应充分考虑其对稳控系统的影响，保证稳控系统控制功能正常运行。

（14）电厂应开展初步设计、施工图设计、施工调试、验收并网、生产运行、退役报废、技术改造等阶段的继电保护及安全自动装置全过程技术监督。电厂技术监督工作应落实调度机构的涉网安全要求，涉网安全检查发现的问题同时作为电厂技术监督问题纳入闭环整改流程。

（15）严格执行工作票制度和二次工作安全措施票制度，规范现场安全措施，防止继电保护"三误"事故。相关专业工作涉及继电保护及安全自动装置相关二次回路时，应遵守继电保护专业技术要求及管理规定，避免导致保护不正确动作。

6.2.5 定值管理的重点要求

（1）依据电网结构和继电保护配置情况，按相关规定进行继电保护的整定计算。当灵敏性与选择性难以兼顾时，应首先考虑以保灵敏度为主，防止保护拒动，可提前设置失配点，并备案报主管领导批准，做好失配风险的管控。

（2）发电企业应按相关规定进行继电保护整定计算，并认真校核与电网侧保护的配合关系。加强对主设备及厂用系统的继电保护整定计算与管理工作，安排专人每年对所辖设备的整定值进行全面复算和校核，当厂用系统结构或参数发生变化时应对所辖设备的整定值进行全面复算和校核，当系统阻抗变化较大时应对系统阻抗相关的保护进行校核，注意防止因厂用系统保护不正确动作，扩大事故范围。

（3）大型发电机高频、低频保护整定计算时，应分别根据发电机在并网前、后的不同运行工况和制造厂提供的发电机性能、特性曲线，并结合电网要求进行整定计算。

（4）发电机 - 变压器组过励磁保护的启动元件、反时限和定时限应能分别整定，其返回系数不宜低于 0.96。整定计算应全面考虑主变压器及高压厂用变压器的过励磁能力，并与励磁调节器 V/Hz 限制特性相配合，按励磁调节器 V/Hz 限制首先动作，再由过励磁保护动作的原则进行整定和校核。

（5）发电机负序电流保护应根据制造厂提供的负序电流暂态限值（A 值）进行整定，并留有一定裕度。应校核发电机保护启动失灵保护的零序或负序电流判别元件满足灵敏度要求。

（6）发电机励磁绕组过负荷保护应投入运行，且与励磁调节器过励磁限制（OEL）相配合。

（7）变压器中、低压侧为110kV及以下电压等级且并列运行的，其中、低压侧后备保护宜第一时限跳开母联断路器或分段断路器，缩小故障范围。

6.2.6 二次回路的重点要求

（1）装设静态型、微机型继电保护装置机箱应构成良好电磁屏蔽体，并有可靠的接地措施。

（2）重视继电保护二次回路的接地问题，并定期检查这些接地点的可靠性和有效性。继电保护二次回路接地应满足以下要求：

1）电流互感器或电压互感器的二次回路只能有一个接地点。当两个及以上电流（电压）互感器二次回路间有直接电气联系时，其二次回路接地点设置应符合以下要求：

a. 便于运行中的检修维护。

b. 互感器或保护设备的故障、异常、停运、检修、更换等均不得造成运行中的互感器二次回路失去接地。

2）未在开关场接地的电压互感器二次回路，宜在电压互感器端子箱处将每组二次回路中性点分别经放电间隙或氧化锌阀片接地，其击穿电压峰值应大于 $30I_{max}$（I_{max} 为电网接地故障时通过变电站的可能最大接地电流有效值，单位为 kA）。应定期检查、更换放电间隙或氧化锌阀片，防止造成电压二次回路出现多点接地。为保证接地可靠，各电压互感器的中性线不得接有可能断开的开关或熔断器等。

3）独立的、与其他互感器二次回路没有电气联系的电流互感器二次回路在开关场一点接地时，应考虑将开关场不同点地电位引至同一保护柜时对二次回路绝缘的影响。

4）严禁在保护装置电流回路中并联接入过电压保护器，防止过电压保护器不可靠动作引起差动保护误动作。

（3）二次回路电缆敷设应符合以下要求：

1）合理规划二次电缆的路径，尽可能离开高压母线、避雷器和避雷针的接地点，并联电容器、电容式电压互感器、结合电容及电容式套管等设备；避免和减少迂回以缩短二次电缆的长度；拆除与运行设备无关的电缆。

2）交流电流和交流电压回路、不同交流电压回路、交流和直流回路、强电和弱电回路、来自电压互感器二次的四根引入线和电压互感器开口三角绕组的两根引入线均应使用各自独立的电缆。

（4）保护装置的跳闸回路和启动失灵回路均应使用各自独立的电缆。

（5）严格执行有关规程、规定及反措，防止二次寄生回路的形成。

（6）在运行和检修中应加强对直流系统的管理，防止直流系统故障，特别要防止交流串入直流回路，造成电网事故。

（7）主设备非电量保护应防水、防震、防油渗漏、密封性好。气体继电器至保护柜的电缆应尽量减少中间转接环节。

（8）新建、改建、扩建工程引入两组及以上电流互感器构成和电流的继电保护及安全自动装置，各组电流互感器应分别引入保护装置，禁止通过装置外部回路形成和电流。

（9）对经长电缆跳闸的回路，应采取防止长电缆分布电容影响和防止出口继电器误动的措施。

（10）继电保护及安全自动装置和保护屏柜应具有抗电磁干扰能力，保护装置由屏外引入的开入回路应采用220V/110V直流电源。光耦开入的动作电压应控制在额定直流电源电压的55%～70%范围以内。

（11）继电保护及安全自动装置应选用抗干扰能力符合有关规程规定的产品，针对来自系统操作、故障、直流接地等的异常情况，应采取有效防误动措施。断路器失灵启动母线保护等重要回路应采用装设大功率重动继电器或者采取软件防误等措施。外部开入直接跳闸、不经闭锁直接跳闸（如变压器和电抗器的非电量保护、不经就地判别的远方跳闸等）的重要回路，应在启动开入端采用动作电压在额定直流电源电压的55%～70%范围以内的中间继电器，并要求其动作功率不低于5W。

（12）采用油压、气压作为操动机构的断路器，当压力闭锁回路改动后，应试验整组传动分、合、分—合—分正常；断路器弹簧机构未储能触点不得闭锁跳闸回路。

（13）备用电源自动投入装置启动后跟跳主供电源开关时，禁止通过手跳回路启动跳闸，以防止因同时启动"手跳闭锁备自投"逻辑而误闭锁备用电源自动投入装置。

（14）保护屏柜上交流电压回路的空气断路器应与电压回路总路开关在跳闸时限上有明确的配合关系。

（15）应采取有效措施减少短路电流、电磁场等对继电保护装置、二次电缆的干扰，具体要求如下：

1）在保护室屏柜下层的电缆室（或电缆沟道）内，沿屏柜布置的方向逐排敷设截面积不小于100mm²的铜排（缆），将铜排（缆）的首端、末端分别连接，形成保护室内的等电位地网。该等电位地网应与变电站主地网一点相连，连接点设置在保护室的电缆沟道入口处。为保证连接可靠，等电位地网与主地网的连接应使用4根及以上，每根截面积不小于50mm²的铜排（缆）。

2）分散布置保护小室（含集装箱式保护小室）的变电站，每个小室均应设置与主地网一点相连的等电位地网，小室之间若存在相互连接的二次电缆，则小室的等电位地网之间应使用截面积不小于100mm²的铜排（缆）可靠连接，连接点应设在小室等电位地网与变电站主接地网连接处。保护小室等电位地网与控制室、通信室等的地网之间亦应按上述要求进行连接。

3）微机保护和控制装置的屏柜下部应设有截面积不小于100mm²的铜排（不要求与保护屏绝缘），屏柜内所有装置、电缆屏蔽层、屏柜门体的接地端应用截面积不小于4mm²的多股铜线与其相连，铜排应用截面不小于50mm²的铜缆接至保护室内的等电位接地网。

4）微机型继电保护装置之间、保护装置至开关场就地端子箱之间以及保护屏至监控设备之间所有二次回路的电缆均应使用屏蔽电缆，电缆的屏蔽层两端接地，严禁使用电缆内的备用芯线替代屏蔽层接地。控制和保护设备的直流电源电缆宜采用屏蔽电缆。保护室与通信室之间信号优先采用光缆传输。若传输模拟量电信号，应采用双绞双屏蔽电缆，其中内屏蔽在信号接收侧单端接地，外屏蔽在电缆两端接地。直流电源系统绝缘监测装置的平衡桥和检测桥的接地端以及微机型继电保护装置柜屏内的交流供电电源（照明、打印机和调制解调器）的中性线（零线）不应接入保护专用的等电位接地网。

5）为防止地网中的大电流流经电缆屏蔽层，应在开关场二次电缆沟道内沿二次电缆敷设截面积不小于100mm²的专用铜排（缆）；专用铜排（缆）的一端在开关场的每个就地端子箱处与主地网相连，另一端在保护室的电缆沟道入口处与主地网相连。

6）接有二次电缆的开关场就地端子箱内（包括汇控柜、智能控制柜）应设有铜排（不要求与端子箱外壳绝缘），二次电缆屏蔽层、保护装置及辅助装置接地端子、屏柜本体通过铜排接地。铜排截面积应不小于100mm²，一般设置在端子箱下部，通过截面积不小于100mm²的铜缆与电缆沟内不小于100mm²的专用铜排（缆）及变电站主地网相连。

7）由一次设备（如变压器、断路器、隔离开关、电流互感器、电压互感器等）直接引出的二次电缆的屏蔽层应使用截面不小于4mm²多股铜质软导线仅在就地端子箱处一点接地，在一次设备的接线盒（箱）处不接地，二次电缆经金属管从一次设备的接线盒（箱）引至电缆沟，并将金属管的上端与一次设备的底座或金属外壳良好焊接，金属管另一端应在距一次设备 3~5m 之外与主接地网焊接。

8）由纵联保护用高频结合滤波器至电缆主沟施放一根截面不小于 50mm^2 的分支铜导线，该铜导线在电缆沟的一侧焊至沿电缆沟敷设的截面积不小于 100mm^2 专用铜排（缆）上；另一侧在距耦合电容器接地点 3~5m 处与变电站主地网连通，接地后将延伸至保护用结合滤波器处。

9）结合滤波器中与高频电缆相连的变送器的一、二次线圈间应无直接连线，一次线圈接地端与结合滤波器外壳及主地网直接相连；二次线圈与高频电缆屏蔽层在变送器端子处相连后用不小于 10mm^2 的绝缘导线引出结合滤波器，再与上述与主沟截面积不小于 100mm^2 的专用铜排（缆）焊接的 50mm^2 分支铜导线相连；变送器二次线圈、高频电缆屏蔽层以及 50mm^2 分支铜导线在结合滤波器处不接地。当使用复用载波作为纵联保护通道时，结合滤波器至通信室的高频电缆敷设应按第 9）和第 10）的要求执行。

10）应沿线路纵联保护光电转换设备至光通信设备光电转换接口装置之间的 2M 同轴电缆敷设截面积不小于 100mm^2 铜电缆。该铜电缆两端分别接至光电转换接口柜和光通信设备（数字配线架）的接地铜排。该接地铜排应与 2M 同轴电缆的屏蔽层可靠相连。为保证光电转换设备和光通信设备（数字配线架）的接地电位的一致性，光电转换接口柜和光通信设备的接地铜排应同点与主地网相连。重点检查 2M 同轴电缆接地是否良好，防止电网故障时由于屏蔽层接触不良影响保护通信信号。

（16）控制系统与继电保护的直流电源配置应满足以下要求：

1）对于按近后备原则双重化配置的保护装置，每套保护装置应由不同的电源供电，并分别设有专用的直流空气断路器。

2）母线保护、变压器差动保护、发电机差动保护、各种双断路器接线方式的线路保护等保护装置与每一断路器的控制回路应分别由专用的直流空气断路器供电。

3）有两组跳闸线圈的断路器，其每一跳闸回路应分别由专用的直流空气断路器供电，且跳闸回路控制电源应与对应保护装置电源取自同一直流母线段。

4）禁止继电保护及安全自动装置的蓄电池的两段直流电源以自动切换的方式对同一设备进行供电。

5）直流空气断路器的额定工作电流应按最大动态负荷电流（即保护三相同时动作、跳闸和收发信机在满功率发信的状态下）的 2.0 倍选用。

（17）对发电机–变压器组分相操动机构的断路器，除就地配置非全相保护外，

宜在发电机 – 变压器组保护内配置具有反映发电机 – 变压器组运行状态的电气量闭锁的非全相保护启动失灵的逻辑及回路。

6.2.7 智能变电站继电保护的重点要求

（1）有扩建需要的智能变电站，在初期设计、建设中，交换机、网络报文分析仪、故障录波器、母线保护、公用测控装置、电压合并单元等公用设备需要为扩建设备预留相关接口及通道，避免扩建时公用设备改造增加运行设备风险。

（2）保护装置不应依赖外部对时系统实现其保护功能，避免对时系统或网络故障导致同时失去多套保护。

（3）220kV 及以上电压等级的继电保护及与之相关的设备、网络等应按照双重化原则进行配置，任一套装置故障不应影响双重化配置的两个网络。应采取有效措施防止因网络风暴原因同时影响双重化配置的两个网络。

（4）交换机 VLAN 划分应遵循"简单适用，统一兼顾"的原则，既要满足新站设备运行要求，防止由于交换机配置失误引起保护装置拒动，又要兼顾远景扩建需求，防止新设备接入时多台交换机修改配置所导致的大规模设备陪停。

（5）为保证智能变电站二次设备可靠运行、运维高效，合并单元、智能终端、采集执行单元、交换机应采用经有资质的专业检测机构检测合格的产品，装置应满足相关技术标准的互操作要求。

（6）加强合并单元、采集执行单元额定延时参数的测试和验收，防止参数错误导致的保护不正确动作。

（7）运维单位应完善智能变电站现场运行规程，细化智能设备各类报文、信号、硬连接片、软连接片的使用说明和异常处置方法，应规范连接片操作顺序，现场操作时应严格按照顺序进行操作，并在操作前后检查保护的告警信号，防止误操作事故。

（8）应加强 SCD 等配置文件在设计、基建、改造、验收、运行、检修等阶段的全过程管控，验收时要确保 SCD 等文件的正确性及其与设备配置文件的一致性，防止因 SCD 等文件错误导致保护失效或误动。

第 **7** 章　继电保护动作典型案例

继电保护正确动作对保障电力系统的安全运行起着十分重要的作用，继电保护不正确动作（包括误动和拒动）也给电力系统造成重大的灾难。每一次重大的电力系统崩溃事故，几乎都是由于不适合系统全局要求的继电保护装置误动所引起，因此，要求继电保护工作者从电力系统全局着眼来看问题，认真学习其科学基本理论知识。本章选择了主变压器、线路、母线等的继电保护动作案例，有正确动作，也有因设计不规范、施工调试疏忽、运维不到位引起的继电保护不正确动作，供大家参考研究。

7.1　主变压器低压引线短路跳闸（正确动作）

7.1.1　事故简要经过

某日，郭原站 1 号主变压器低压侧穿墙套管室外接线处由于小动物侵入放电，1 号主变压器差动保护动作，171、371、571 断路器跳闸。现场发现 1 号主变压器低压侧穿墙套管绝缘子根部有放电痕迹。

7.1.2　事故前运行方式

事故前运行方式见图 7 – 1。

平陆站平郭 I 线 157 断路器通过郭原站 175 断路器带全站负荷，平陆站平郭 II 线 158 线路充电运行，郭原站 176 断路器热备，郭原站 1、2 号主变压器运行，110kV 母线、35kV 母线并列运行，10kV 母线分列运行。

7.1.3　保护动作分析

▶ **1. 平陆站保护启动情况**

平郭 I 线 157 有保护 PSL621C 启动报告（见图 7 – 2）：故障发生时刻，U_a、U_b、

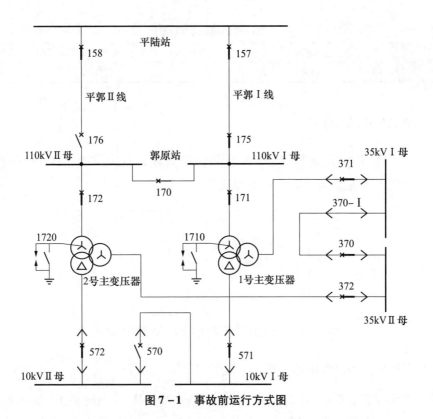

图 7-1 事故前运行方式图

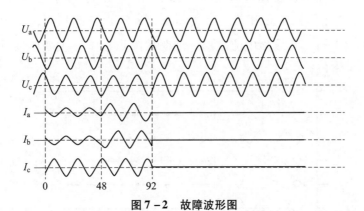

图 7-2 故障波形图

U_c电压有所降低，但降低不是很明显，I_a、I_b电流同相，大小几乎相等，两相之和与I_c大小相等、方向相反，符合郭原站 Yd11 变压器低压侧 bc 相短路特性，持续 48ms 后，转化为三相短路，故障持续 92ms 左右，U_a超前I_a约 3ms（等于 54）°，为正方向故障，测量阻抗 $Z_m = \dfrac{U_c}{I_c} = \dfrac{47.09}{2.01} = 23.5(\Omega)$，大于相间距离 I 段定值 5.31Ω，无零序电压和电流，距离保护和零序保护不动作。

故障时的电压、电流（TA 变比：600/1）见表 7-1。

表 7-1   故障时的电压、电流

母线电压	U_a	58.98V	U_b	58.58V	U_c	47.09V	$3U_0$	1.15V
故障电流	I_a	1.01A	I_b	1.02A	I_c	2.01A	$3I_0$	0.02A

▶ 2. 郭原站保护动作情况

郭原站 1 号主变压器 PST671UA 差动保护动作，171、371、571 断路器跳闸。
查看 1 号主变压器保护装置动作信息见图 7-3。

> 2018-11-18 02:41:26.577
>
> 差动保护动作：20ms
>
> A相差流：0.073A
>
> B相差流：17.585A
>
> C相差流：17.682A

图 7-3   1 号主变压器 PST671UA 装置动作信息

主变压器保护 B、C 相差流远大于定值 $0.5I_N = 0.5\dfrac{S_N}{\sqrt{3}U_N}\Big/\dfrac{300}{5} \approx 2.187A$，故障
电流出现 20ms 后差动保护出口。主变压器容量为 50MW，高压侧 TA 变比为 300/5。

查看 1 号主变压器差动保护录波图（见图 7-4），高压侧（1 侧）故障电流从
A、B 相流入主变压器，从 C 相流出，中压侧（3 侧）与此相同，证明故障在低压
侧，而低压侧（4 侧）无故障电流波形，证明故障点在 1 号主变压器低压侧绕组与

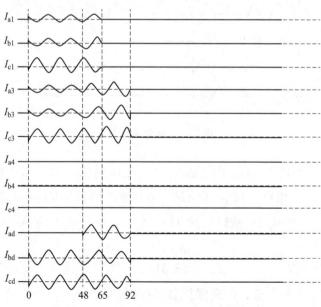

图 7-4   1 号主变压器差动保护录波图

TA 之间，属于差动保护范围，保护动作正确。高压侧 171 断路器切除故障时间为 65ms，中压侧 371 断路器切除故障时间为 92ms。

3. 根据波形推导差流

根据郭原站故障录波器波形，平郭Ⅰ线 175 断路器、分段 170 断路器、1 号主变压器 171 断路器、1 号主变压器 371 断路器、2 号主变压器 172 断路器、2 号主变压器 372 断路器均有故障电流，短路初期 I_a、I_b 电流同相，电流之和与 I_c 反相。比较各间隔电流相位可以画出故障电流流向图（以 U_a 为基准，画 I_a）见图 7-5。

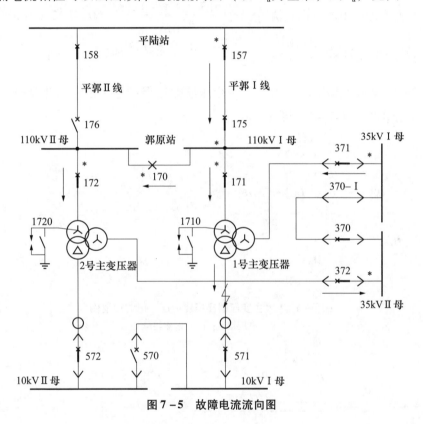

图 7-5 故障电流流向图

从平郭Ⅰ线 175 断路器波形图上可以看出故障时的电压、电流，见表 7-2。

表 7-2　　　　　　　　　　　　故障时的电压、电流

母线电压	U_a	53.54V	U_b	52.36V	U_c	39.12V	$3U_0$	1.21V
故障电流	I_a	5.06A	I_b	5.11A	I_c	10.15A	$3I_0$	0.02A

平郭Ⅰ线 175 变比为：600/5，一次电流 $I_a = 5.06A \times 120 = 607.2A$，$I_b = 5.11A \times 120 = 613.2A$，$I_c = 10.15A \times 120 = -1218A$，全部转变为主变压器差流。

查看 PST671UA 说明书，此装置通过 Y→△ 变换实现相角补偿，星形接线侧的

调整方法为（主变压器高压侧 TA 变比为：300/5）

$$I'_{\mathrm{A}} = \frac{1}{\sqrt{3}}(I_{\mathrm{A}} - I_{\mathrm{B}})$$

$$I'_{\mathrm{B}} = \frac{1}{\sqrt{3}}(I_{\mathrm{B}} - I_{\mathrm{C}})$$

$$I'_{\mathrm{C}} = \frac{1}{\sqrt{3}}(I_{\mathrm{C}} - I_{\mathrm{A}})$$

通过故障电流计算 a 相差流 $I_{\mathrm{ad}} = \left| \dfrac{607.2 - 613.2}{\sqrt{3}}/60 \right| = 0.1(\mathrm{A})$

通过故障电流计算 b 相差流 $I_{\mathrm{bd}} = \left| \dfrac{613.2 - (-1218)}{\sqrt{3}}/60 \right| \approx 17.62(\mathrm{A})$

通过故障电流计算 c 相差流 $I_{\mathrm{cd}} = \left| \dfrac{-1218 - 607.2}{\sqrt{3}}/60 \right| \approx 17.56(\mathrm{A})$

通过故障电流推导出的差流，与主变压器差动保护显示的差流相吻合。

（1）相量图见图 7-6、图 7-7。

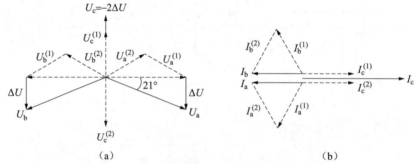

（a）　　　　　　　　　　　　（b）

图 7-6　1 号主变压器高压侧电压、电流相量图

（a）电压相量；（b）电流相量

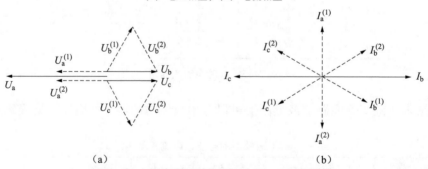

（a）　　　　　　　　　　　　（b）

图 7-7　1 号主变压器低压侧电压、电流相量图

（a）电压相量；（b）电流相量

（2）低压侧故障电压、电流

$$K = \frac{n_1}{n_2} = \frac{110}{10.5} = 10.5$$

$$I_{\mathrm{b}} = - I_{\mathrm{c}} = \sqrt{3} \times 10.5 \times 613.2 \approx 11151.66(\mathrm{A})$$

图 7 – 8 为低压侧波形，BC 相短路初期 0 ~ 12ms，低压侧电压符合相量推导，B、C 相电压同相，与 A 相反相，幅值为 A 相的一半，12ms 后 BC 相短路并接地，电压降为 3V，A 相电压升高到 88V，48ms 后发展为三相短路，三相电压降为 2V。由于低压侧 TA 未流过故障电流，无电流波形。

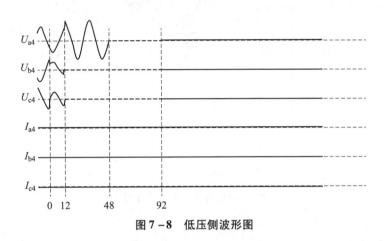

图 7 – 8　低压侧波形图

7.1.4　结论

小动物侵入引起 110kV 主变压器差动跳闸

7.1.5　启示

应采取有效措施，防止小动物侵入母线桥穿墙套管处，如：在母线桥穿墙套管处下方加装遮拦等。

7.2　主变压器中压侧两点故障引起主变压器跳闸（正确动作）

7.2.1　故障情况

▶ **1. 系统运行方式**

故障前 110kV 某站运行方式为：110kV Ⅰ、Ⅱ 段母线分列运行；35kV 只有一条母线，由 1 号主变压器供电，仅供 3603 断路器一条出线；10kV Ⅰ、Ⅱ 段母线分列运行；1号主变压器接地运行。系统主接线示意图如图7-9所示。

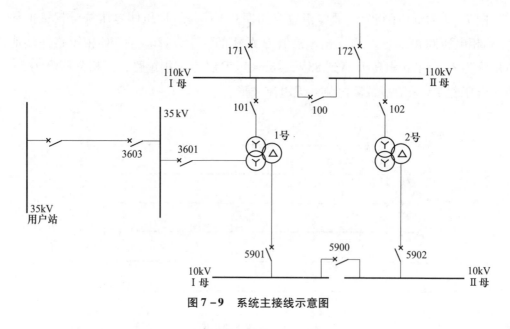

图 7-9　系统主接线示意图

2. 故障简述

110kV 某站 35kV 出线 3603 断路器对侧用户站内发生 B 相线路 TV 爆炸，导致 B 相接地，随后 110kV 站内 1 号主变压器差动保护快速动作跳 101、3601、5901 断路器。

7.2.2　故障录波及分析

1. 故障录波

1号主变压器保护装置动作报文为：25ms 比率差动保护动作（CA 相短路）。需要说明的是经现场核实，故障录波器中压侧 TA 绕组使用"加极性"接线方式。

2. 主变压器差动动作原因分析

从图 7-10 中我们可以看出，故障时主变压器高压侧 A、B 相电流大小相同，相位相差 180°；中压侧只有 B 相有故障电流；低压侧无故障电流。根据故障特点，我们可以排除低压侧发生故障的可能性。初步怀疑有两种可能性：一是高压侧发生了区内 A、B 两相短路故障，二是中压侧发生了两点接地故障，且一点在主变压器保护区内，另一点在保护区外。下面用排除法进行分析。

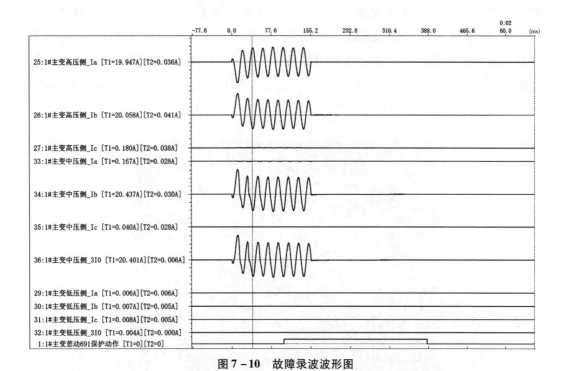

图 7 - 10　故障录波波形图

（1）高压侧 A、B 两相短路故障。假设高压侧发生 A、B 两相短路故障，因主变压器为 YNyd11 接线，所以中压侧三相均应无短路电流通过；低压侧因有零序通路，A、B 相中应流过大小相同，方向相同的电流，C 相通过短路电流是 A、B 两相两倍，且方向与 A、B 相相反。该结论与故障时电流特征不一致。

此外，当高压侧发生 A、B 两相短路故障时，高压侧 A、B 相电压应大小、方向相同。而本次故障从图 7 - 11 可知，A、B 相相位并不相同。

图 7 - 11　故障时高压侧电压相量分析图

综合上述分析，可以排除了高压侧发生 A、B 两相短路故障的可能性。

（2）中压侧两点接地故障。从目前信息中已知，故障初期 35kV 出线 3603 断路器对侧用户站内发生 B 相线路 TV 爆炸导致的 B 相接地故障，由于 35kV 是不接地系统，故故障初期中压侧没有短路电流。同时单相接地故障会导致非故障相电压升高到线电压，此过程中可能会发生因设备绝缘问题而引起接地故障。根据该思路，现场对 35kV 一次设备逐步排查，发现主变压器本体至 35kV 开关柜之间一次电缆 A 相一次电缆烧毁接地，见图 7 - 12。该接地点位于主变压器差动保护动作区内。

图 7 - 12　一次电缆烧毁现场图

下面对主变压器一个区内、一个区外两个故障点进行简单分析，其故障示意图如图 7 - 13 所示。中压侧 AB 相两点短路，反映到主变压器中压侧 TA 处，中压侧 B 相可以感受到故障电流，而 A 相故障点在主变压器与 TA 之间，无法感受到故障电流，这也解释了录波图中没有中压侧 A 相电流的原因。

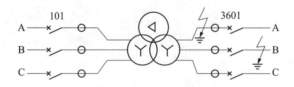

○表示TA安装位置

图 7 - 13　故障示意图

3. 主变压器差动动作验证计算

主变压器差动保护定值见表 7 - 3。

表 7 - 3　　　　　　　　　　　　　主变压器差动保护定值

主变压器容量：40000kVA　　　TA 变比：110kV　　300/5　　35kV　　800/5　　10kV　　3000/5

	序号	定值名称	整定值	序号	定值名称	整定值
系统参数	1	变压器容量	40MVA	7	高压侧 TA 一次额定值	0.3kA
	2	高压侧 TV 一次额定值	110kV	8	桥侧 TA 一次额定值	—
	3	桥侧 TV 一次额定值	—	9	中压侧 TA 一次额定值	0.8kA
	4	中压侧 TV 一次额定值	36.75kV	10	低压侧 TA 一次额定值	3kA
	5	低压侧 TV 一次额定值	10.5kV	11	TA 二次额定值	5A
	6	TV 二次额定值	100V	12	变压器接线方式	202.10

	序号	定值名称	一次值	整定值	动作开关	灵敏度
保护定值	1	高压侧过电流定值		—		
	2	桥侧过电流定值		—		
	3	中压侧过电流定值		—		
	4	低压侧过电流定值		—		
	5	TA 断线定值	$0.2I_N$（42A）	0.7A		
	6	差动速断定值	$7I_N$（1470A）	24.5A	总出口	>2
	7	比率差动的启动定值	$0.5I_N$（105A）	1.75A	总出口	>2
	8	比率差动的制动定值 1	I_N（210A）	3.5A		
	9	比率差动的制动定值 2	$3I_N$（630A）	10.5A		
	10	比率差动的制动系数 1		0.5		
	11	比率差动的制动系数 2		1.0		

选取故障录波器中故障时一组高、中压电流数据

$$\begin{cases} I_{HA} = 18.5\angle 0° & I_{MA} = 0 \\ I_{HB} = 18.6\angle 180° & I_{MB} = 22.1\angle 0° \\ I_{HC} = 0 & I_{MC} = 0 \end{cases}$$

保护装置通过下面的公式进行 Y→△相位变化。根据上文中的实测值，高压侧、中压侧转换后的电流值分别为

$$\begin{cases} I'_{H1A} = (I_{HA} - I_{HB})/\sqrt{3} \approx 21.36\angle 0° \\ I'_{H1B} = (I_{HB} - I_{HC})/\sqrt{3} \approx 10.74\angle 180° \\ I'_{H1C} = (I_{HC} - I_{HA})/\sqrt{3} \approx 10.68\angle 180° \end{cases}$$

$$\begin{cases} I'_{MA} = (I_{MA} - I_{MB})/\sqrt{3} \approx 12.76\angle 180° \\ I'_{MB} = (I_{MB} - I_{MC})/\sqrt{3} \approx 12.76\angle 0° \\ I'_{MC} = (I_{MC} - I_{MA})/\sqrt{3} \approx 0 \end{cases}$$

已知高压侧平衡系数为1，中压侧平衡系数为 $K_M = 0.89$。可计算差流为

$$\begin{cases} I_{dA} = I'_{H1A} + K_M \times I'_{MA} \approx 10\angle 0° \\ I_{dB} = I'_{H1B} + K_M \times I'_{MB} \approx 0.62\angle 0° \\ I_{dC} = I'_{H1C} + K_M \times I'_{MC} \approx 10.68\angle 180° \end{cases}$$

制动电流为

$$\begin{cases} I_{rA} = Max(I_{HA}, K_M \times I_{MA}) = 21.36\angle 0° \\ I_{rB} = Max(I_{HB}, K_M \times I_{MB}) = 11.36.36\angle 0° \\ I_{rC} = Max(I_{HC}, K_M \times I_{MC}) = 10.68\angle 0° \end{cases}$$

此时根据变压器比例差动制动曲线可知

$$\begin{cases} I'_{dA} = 1.75 + (10.5 - 3.5) \times 0.5 + (21.36 - 10.5) \times 0.7 = 12.85A > I_{dA} \\ I'_{dB} = 1.75 + (10.5 - 3.5) \times 0.5 + (11.36 - 10.5) \times 0.7 = 5.85A > I_{dB} \\ I'_{dC} = 1.75 + (10.5 - 3.5) \times 0.5 + (10.68 - 10.5) \times 0.7 = 5.37A < I_{dC} \end{cases}$$

通过计算可知，C 相中有差流，且差流值位于比率差动动作区，故差动保护动作行为正确。

▶ 4. 3603 断路器未动作原因分析

从表 7-4 中可知，3603 线路保护的过电流 I 段定值为 50A，过电流 II 段定值为 24A，时限 0.3s。中压侧 B 相最大短路电流一次值 $I_{max} = 22A \times 160 = 3.52kA$，换算为该间隔电流二次值为 $I_{3603} = 3.52kA/80 = 44A$，该定值小于 I 段值，故过电流 I 段不动。虽大于 II 段定值，但动作时限比主变压器差动长。因此，本次事故中 3603 线路保护不会动作。

表 7-4   3603 断路器定值

保护种类	改变前定值		改变后定值				
	变比	二次值	变比	一次值	二次值	时间	灵敏度
方向电流速断		51.25A	400/5	4000A	50.0A	0s	
方向限时速断		15.15A	400/5	1920A	24.0A	0.3s	
方向过电流			400/5	500A	6.25A	1.2s	
重合闸					停用		

注 方向指定线路。

7.2.3　启示

当不接地系统发生单相接地故障时，非故障相相电压升至线电压，非故障相绝缘能力薄弱的地点可能引发次生故障。

7.3　区外断线引起主变压器间隙过电压动作分析（正确动作）

7.3.1　故障情况

110kV 某站运行方式如图 7－14 所示。高压侧接线方式为内桥接线方式，低压侧为单母分段接线方式，全站为大分裂运行方式，两台主变压器均为 Yd11 接线方式，该站 2 号主变压器高中性点不接地；139 断路器对侧为 220kV 变电站，该站 110kV 母线为并列运行方式，1 号主变压器高、中压侧中性点直接接地运行。

某日，该站 2 号主变压器高压侧高间隙保护一时限（T_1）出口，110kV 线路 139 断路器跳闸；同时跳 2 号主变压器低压侧 5202 断路器。

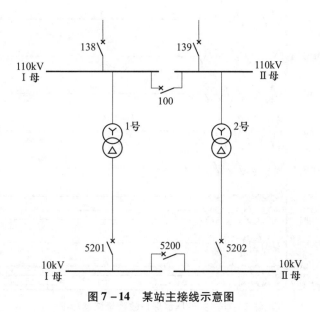

图 7－14　某站主接线示意图

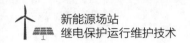
7.3.2 故障分析

1. 现场检查

核实定值单，不接地零序过电压定值为 150V，时限 0.5s。

检查 2 号主变压器保护装置动作报文如表 7-5 所示。

表 7-5   2 号主变压器动作报文

第一套保护装置 CSC-326FA	第二套保护装置 CSC-326FA
00ms 保护启动	00ms 保护启动
509ms 高间隙保护 T_1 出口	509ms 高间隙保护 T_1 出口
$3U_0 = 155V$，$I = 0.0156A$	$3U_0 = 155V$，$I = 0.0156A$

2. 故障录波信息

保护装置故障录波图如图 7-15 所示。

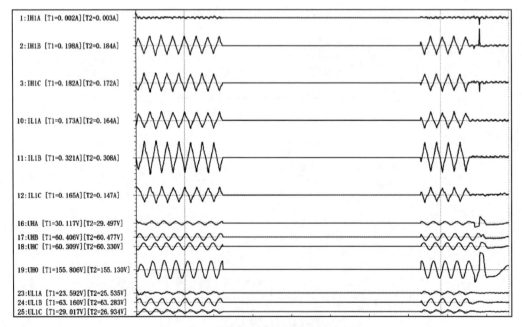

图 7-15   主变压器保护故障录波波形图

3. 主变压器高压侧电压、 电流分析

（1）主变压器高压侧电流波形分析。故障时某一时刻的高压侧电流相量图如图7－16所示。

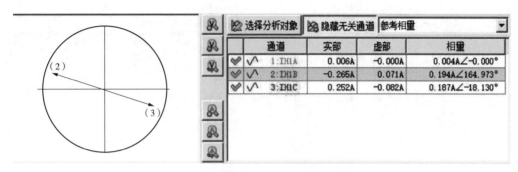

图7－16 故障后高压侧电流相量分析图

从图7－16可以看出故障时高压侧B、C相电流大小基本相等，相角相差180°，A相电流为0。

（2）主变压器高压侧电压波形分析。以故障时某一时刻的高压侧电流相量图如图7－17所示。

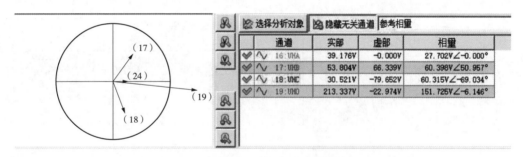

图7－17 故障后高压侧电流相量分析图

从图7－17可以看出故障时高压侧B、C相电压与故障前基本上没有变化，A相电压的有效值为故障前电压的一半且相角与故障前相差180°。零序电压的相位与A相电压基本一致，有效值为A相电压有效值的$3\sqrt{3}$倍，即A、B、C三相电压相量和（自产零序电压）的$\sqrt{3}$倍。这是因为主变压器间隙保护所用零序电压为外接零序电压，而外接零序电压所用的二次电压额定值是100V，而母线电压所用二次电压额定值为57.74V，因此所得外接零序电压值会是自产零序电压的$\sqrt{3}$倍。

4. 主变压器低压侧电压、电流分析

（1）主变压器低压侧电流波形分析。以故障时某一时刻的低压侧电流相量图如图 7-18 所示。

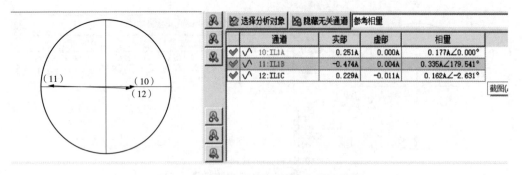

图 7-18　故障后低压侧电流相量分析图

从图 7-18 中可以看出故障时低压侧 A、C 相电流幅值、相位基本相同，B 相电流的幅值为 A、C 相电流幅值的 2 倍，相位相差 180°。

（2）主变压器低压侧电压波形分析。故障时某一时刻的低压侧电流相量图如图 7-19 所示。

图 7-19　故障后低压侧电压相量分析图

从图 7-19 可以看出故障时低压侧 A、C 相电流幅值较小、相位基本相同，B 相电压幅值最高，相位与 A、C 相差 180°。

5. 主变压器高、低压侧电流分析

保护装置通过下面的公式进行 Y→△相位变化。根据图 7-20 中的实测值，高压侧转换后的电流值为

$$I'_{H1A} = (I_{H1A} - I_{H1B})/\sqrt{3} \approx 0.11 \angle -46°$$

$$I'_{H1B} = (I_{H1B} - I_{H1C})/\sqrt{3} \approx 0.21\angle 134°$$

$$I'_{H1C} = (I_{H1C} - I_{H1A})/\sqrt{3} \approx 0.1\angle -46°$$

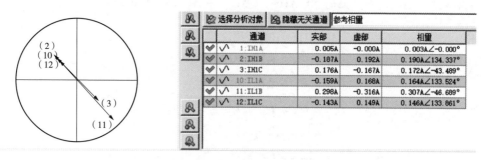

图 7-20 故障后高、低压侧电压相量分析图

已知高压侧平衡系数为 1，低压侧平衡系数为 $K_L = 0.71$。可以进一步求得差流为

$$I_{dA} = I'_{H1A} + K_L \times I_{L1A} \approx 0$$

$$I_{dB} = I'_{H1B} + K_L \times I_{L1B} \approx 0.007\angle 134°$$

$$I_{dC} = I'_{H1C} + K_L \times I_{L1C} \approx 0.003\angle 134°$$

通过计算可知，高压侧三相电流与低压侧三相电流相位相差为 180°，三相均无差流。高、低压侧电流为穿越性电流，说明故障为主变压器差动区外故障，因此此次故障差动保护未动作。

根据故障时高、低压侧电流量的特征我们感觉故障很像是高压侧发生主变压器区外 BC 相短路。但如果结合电压特征考虑，我们看到故障时高压侧 B 相和 C 相电压并非同相位，不符合 BC 相短路特征。排除了上述可能性，故障应该是高压侧发生区外 A 相断线故障。

6. 不接地系统 A 相断线时主变压器高、低压侧故障量的分析

110kV 某站 2 号变压器高压侧中性点不接地，110 分段开关分裂运行，电源侧 220kV 阳汾站中性点接地。通过上述信息可以大致绘制出 A 相断线时复合序网图，如图 7-21 所示。

边界条件为

$$\begin{cases} \Delta U_B = \Delta U_C = 0 \\ I_A = 0 \end{cases}$$

假设系统正序阻抗 Z_1 等于负序阻抗 Z_2，则有

$$E_A = I_{A1} \times (Z_1 + Z_2) = 2I_{A1} \times Z_1$$

$$\Delta U_{A1} = \Delta U_{A2} = \Delta U_{A0} = 0.5E_A$$

$$\Delta U_A = \Delta U_{A1} + \Delta U_{A2} + \Delta U_{A0} = 1.5E_A$$

$$U_A = E_A - \Delta U_A = -0.5E_A$$

$$U_B = E_B - \Delta U_B = E_B$$

$$U_C = E_C - \Delta U_C = E_C$$

$$U_0 = U_A + U_B + U_C = -1.5E_A$$

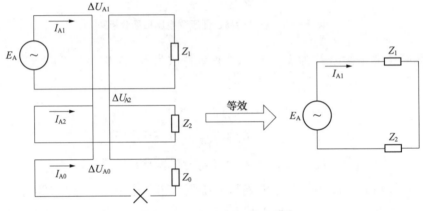

图7-21 A相断线复合序网图

从上面的公式中我们可以看出，不接地系统发生A相断相时，A相电压幅值变为故障前一半，与故障前相位反相，B相和C相保持不变。

高压侧发生A相断线电流特征与BC相短路特征相似，B相与C相电流幅值相等，方向相反。低压侧三相均有电流通过，对应于故障B相电流最大，B相电流幅值是其余两相的2倍，方向与其余两相反向；其余两相大小相等，方向相同。

所得结论与录波图中故障后电压、电流量吻合，因此确定本次事故是由高压侧区外A相断线故障引起的主变压器高压侧间隙零序过电压引起的，保护装置正确动作。

7.3.3 启示

对于变压器间隙电压保护，当发生区外单相断线故障时，由于其变压器为中性点不接地，可能导致中性点电压大于间隙电压定值，使得变压器间隙过电压保护动作。

7.4 装置运行状态不正常致多套保护拒动事件分析

7.4.1 站内接线情况

　　某光伏电站接线图如图7－22所示。220kV系统采用单母线接线方式，带1号主变压器高压侧201断路器、2号主变压器高压侧202断路器、两条联络线231、232断路器。1号主变压器低压侧301断路器。

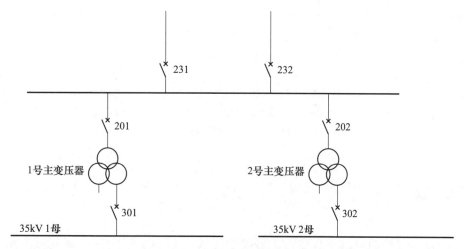

图7－22　光伏电站主接线图（局部）

7.4.2 故障情况

　　1号主变压器低压侧平衡绕组发生相间短路故障，两套主变压器保护PRS－778S（深瑞）、RCS－978（南瑞）差动速断保护动作，低压侧301断路器跳闸，高压侧201断路器拒动。之后，220kV母线第一套母差保护PCS－915失灵保护正确动作，231、232断路器跳闸，202断路器拒动。

7.4.3 保护动作情况

　　1号主变压器RCS－978差动速断保护动作跳301断路器，约300ms后PCS－915母差失灵保护跳231、232断路器，202断路器未跳，BP－2CS没有动作出口。

1 号主变压器 A 屏保护 PRS – 778S 与 220kV 母差保护 PCS – 915 配合，1 号主变压器 B 屏保护 RCS – 978 与 220kV 母差保护 BP – 2CS 配合。

故障录波图如图 7 – 23 所示。

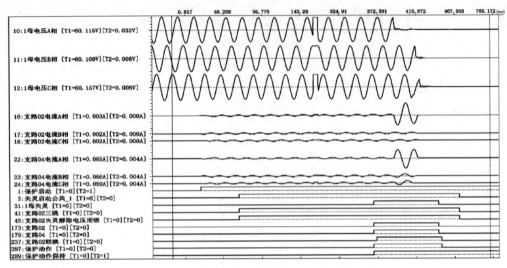

图 7 – 23　故障录波图

7.4.4　故障分析

201 断路器拒动原因是故障前 1 号主变压器 C 屏 201 断路器控制电源已断开造成 201 断路器拒动；

202 断路器未跳原因是 PCS – 915 母差保护屏跳 202 断路器跳闸连接片未投。

220kV 母差保护 BP – 2CS 没有动作原因：由该保护配合的 1 号主变压器保护 B 屏 RCS – 978 的保护屏解除失灵复压闭锁回路未开出，造成 BP – 2CS 未动作。

经查施工设计图纸与保护厂家提供图纸一致，现场接线与图纸相符，与厂家联系后把控制字跳闸备用三投入后，调试传动实验解除失灵复压闭锁正常开出，220kV 母差保护 BP – 2CS 正确动作。

由以上分析可知，此次事故由外界故障引发，同时由于现场设备未按运行规定正常投入空气断路器和连接片，导致事故扩大。

7.4.5　启示

（1）运维单位应加强保护空气断路器、屏柜连接片专业化管理，规范运维专业化巡视工作。可研究制定二次设备状态检查卡。在二次设备停送电前后应核实连接片、空气断路器状态，确保设备正常运行。

（2）加强日常培训，提高运维人员专业技能水平，提升现场管理能力，保证日常巡视质量。

（3）投产前、检修时应对保护进行全面校核，确保每台装置、每项功能、每条回路全覆盖。重视保护间配合逻辑的调试，特别是失灵启动回路等远后备保护措施。

7.5　区外故障变压器差动速断保护误动分析

7.5.1　故障情况

某变电站一条 110kV 线路近端发生 A 相接地故障（故障点离变电站约 1km），线路保护 I 段距离元件动作跳断路器，约 1s 后重合于故障线路，后加速跳断路器。在合于故障线路的过程中，变压器差动速断动作。一次系统故障示意图如图 7-24 所示。

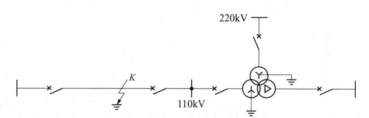

图 7-24　一次系统故障示意图

故障时各电流录波图见图 7-25～图 7-27。

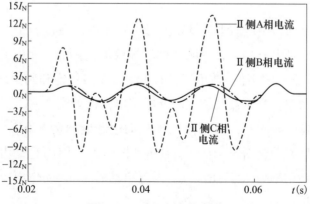

图 7-25　中压侧各相电流

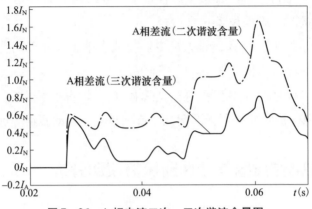

图 7 - 26 A 相电流二次、三次谐波含量图

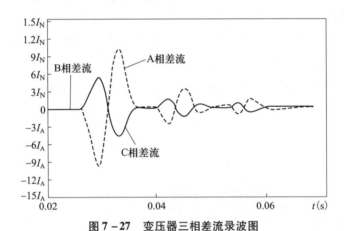

图 7 - 27 变压器三相差流录波图

7.5.2 动作分析

从图 7 - 25 可知, 中压侧电流畸变严重, A 相电流在重合于故障 3ms 左右出现了饱和, 而且电流是上升趋势, 说明是剩磁导致的饱和。A 相电流中二次、三次谐波含量都超过 TA 饱和闭锁值, 如图 7 - 26 所示, 抗 TA 饱和判据满足闭锁条件, 比率差动元件未能动作。变压器三相差动继电器电流值如图 7 - 27 所示, 变压器 A 相差动速断继电器在一段时间内差电流大于差动速断定值为 $5.0I_N$, A 相差流已超过差动速断定值, 且差动速断不能受 TA 饱和判据闭锁 (因为它是为避免区内严重故障时出现 TA 饱和而造成拒动而增设), 因此启动后 15ms 动作出口造成了差动速断误动作。

7.5.3 解决方法

（1）重新审定Ⅱ侧 TA 的选型和使用变比。

（2）差动速断定值可适当抬高。

（3）对差动保护而言，电流互感器最好选用对剩磁有限制的类型。

7.6 电流互感器二次回路接线不正确引起变压器差动保护误动

7.6.1 二次回路接线

某站的变压器差动保护和后备保护均使用套管电流互感器，该互感器具有抽头，变比分别为 1200/5、600/5。变压器差动保护和后备保护均选用 1200/5。但因接线错误，将两组 600/5 的二次回路抽头端子连接在一起了，如图 7 - 28 所示。正常运行时，差动保护用互感器接地点与后备保护用接地点基本上是等电位，图 7 - 28 中 $\Delta U = 0$，两互感器 600/5 抽头对地电位相等，对运行系统没有影响。

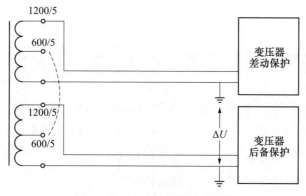

图 7 - 28 电流回路接线示意图

7.6.2 故障情况

在该站母线发生接地故障时，地网上流过故障电流，使两组互感器的接地点产生了电位差，$\Delta U \neq 0$，两个互感器 600/5 的二次抽头端子间产生了电压，导致变压器差动保护在区外故障时出现差电流，造成了变压器差动保护误动。

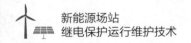

7.6.3 变压器差动保护误动分析

当母线对地发生接地故障时，接地电流可经故障点、地网、接地变压器中性点、系统成回路流动，在大地上有接地电流流动，两组电流互感器的接地点之间产生了 ΔU（电位差），如图 7－28 所示，假设变压器差动保护与后备保护的二次回路负荷相同，则可以得出故障时变压器差动保护二次回路的等值电路，如图 7－29 所示。

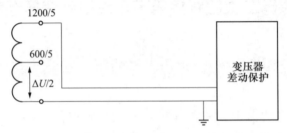

图 7－29　故障时变压器差动保护二次回路的等值电路

由于 TA 二次电流回路阻抗很小，在 600/5 的抽头端子对地之间的电压为 $\Delta U/2$，作为电压源向变压器差动绕组提供附加电流，引起了差动保护的误动。

互感器二次回路这种接线，实际上是违反了"有电联系的电流互感器不允许有两点接地"的规定。

7.6.4 解决措施

严格执行 DL/T 995—2016《继电保护和电网安全自动装置检验规程》，进行新安装装置验收试验时，从保护屏柜的端子处，将外回路电缆全部接线断开，分别将电流、电压、直流控制、信号的所有端子各自连接在一起，用 1000V 绝缘电阻表测量绝缘电阻，其阻值均应大于 10MΩ 的回路如下：

（1）各回路对地；

（2）各回路相互间。

启示：必须保证各电流回路间的绝缘合格，严防因绝缘损坏，造成有电联系的电流回路多点接地现象发生。

7.6.5 启示

必须重视二次回路间的绝缘问题。

7.7　光伏电站误投油温高跳闸造成 1 号主变压器停电

7.7.1　事故经过

××光伏电站 1 号主变压器报"油面温度过高"，1 号主变压器高压侧 101 断路器、低压侧 301 断路器、35kV 1 号无功补偿 SVG316 断路器跳闸。

7.7.2　故障分析

1 号主变压器报"油面温度过高"，现场核对图纸并检查 1 号主变压器保护装置的接线正确，造成"油面温度过高"的原因是 ES – BWG – Y2（油面温度控制器）装置故障，在装置上进行操作没有反应。ES – BWG – Y2（油面温度控制器）误发"油面温度过高"的跳闸信号，1 号主变压器非电量保护装置"油面温度过高"连接片误投，所以在主变压器温控装置损坏以后直接导致 1 号主变压器跳闸。

7.7.3　结论

光伏电站 1 号主变压器跳闸的原因是因为主变压器油面温度控制器装置故障，"油面温度过高"触点误闭合，且非电量保护"绕组油温过高"投的是跳闸，不是信号。所以导致 1 号主变压器跳闸。经检修后，排除故障装置并恢复送电。

7.7.4　启示

主变压器非电量保护一般只投重瓦斯，其他非电量保护一般只投信号。无论验收还是运维中，都要检查非电量保护连接片。

7.8　保护误整定导致的越级动作分析

7.8.1　故障简述

110kV 某光伏电站 35kV 集电 I 线箱式变压器高压电缆 T 接线路的跌落式熔断

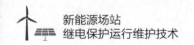

器由于熔丝长度不够，施工人员将熔丝缠绕后进行连接，当给 35kV 集电Ⅰ线第 3 次充电时，由于线路充电时充电电流大，熔丝缠绕处发热爆炸，造成跌落式熔断器 A、B 相间短路，1 号主变压器高压侧复压过电流Ⅰ段 1 时限保护动作，1 号主变压器高压侧 101 断路器、低压侧 301 断路器跳闸，故障切除。与故障相关的系统接线见图 7－30。

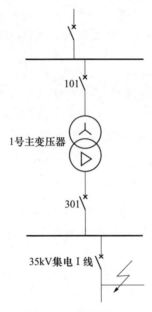

图 7－30　系统接线图

7.8.2　保护动作分析

▶ 1．故障录波图

故障录波器录波图见图 7－31。

▶ 2．主变压器保护动作分析

35kV 集电Ⅰ线充电前，按照启动步骤："将 1 号主变压器保护的一套低压过电流长延时改为短延时"，但由于运维人员对保护装置不熟悉，误将 1 号主变压器 PST671U 高后备"复压过电流Ⅰ段时间"由 1.9s 改为 0.01s。

定值如下：

1 号主变压器高后备复压过电流Ⅰ段定值：0.7A（一次值 420A），1.9s（充电前被误整定为 0.01s）。

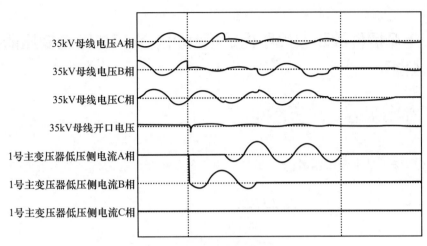

图7-31　故障录波器录波图

1号主变压器低后各复压过电流Ⅰ段定值：1.7A（一次值2040A），短延时0.6s跳301断路器，长延时0.9s跳101断路器、301断路器。

35kV集电Ⅰ线过电流Ⅰ段定值：2A（一次值1200A），0.3s。

发生故障时短路电流 $I_a = 4.762A$、$I_b = 2.076A$、$I_c = 0.002A$，故障电压 $U_a = 18.129V$、$U_b = 26.847V$、$U_c = 45.146V$。故障电流达到1号主变压器高后备复压过电流Ⅰ段动作值，由于主变压器高后备复压过电流Ⅰ段动作时间短于1号主变压器低后备复压过电流Ⅰ段和35kV集电Ⅰ线过电流Ⅰ段时间定值，高后备保护动作出口将1号主变压器高压侧101断路器、低压侧301断路器跳闸。集电Ⅰ线保护启动未出口跳闸。

7.8.3　结论

由于1号主变压器高压侧复压过电流Ⅰ段时间定值误整定，导致保护定值失去选择性，造成保护越级动作。

7.8.4　防范措施

（1）对所有35kV箱式变压器T接处跌落式熔断器全面检查，将缠绕连接的熔丝全部更换，对集电线路、箱式变压器全面检查，确保送电回路设备状态正常。

（2）对保护定值全面核对，确保正确无误。

（3）加强人员技能培训，充分掌握继电保护基本技能，熟悉保护装置操作流程，防止"三误"事故发生。

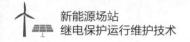

7.9 电源插件故障致线路保护拒动引起联锁故障主变压器跳闸分析

7.9.1 故障简述

某风电场 1 号主变压器运行，35kV 集电 I 线 311 断路器运行，系统图见图 7-32。

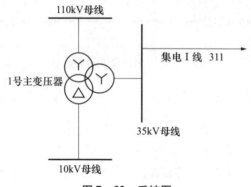

图 7-32 系统图

某日：35kV 集电 I 线 311 断路器限时电流速断保护动作，311 断路器未跳闸；

16 时 32 分 53 秒 903 毫秒：1 号主变压器保护低压侧过电流 I 段 2 时限保护动作，主变压器低压侧 301 断路器跳闸；

16 时 32 分 55 秒 473 毫秒：1 号主变压器保差动速断保护动作，主变压器高压侧 101 断路器跳闸，全场失电。

7.9.2 事故分析

受雷电天气过程影响，35kV 集电 I 线惬出现雷电过电流三相绝缘子弧光放电，造成 35kV 集电 I 线惬 311 断路器保护限时速断保护动作。但其保护装置 ISA-367G 存在自检故障，未出口，311 断路器未跳闸。现场装置自检出错，保护退出运行，进一步检查发现保护装置电源板故障，更换电源板后装置恢复正常。

从故障录波图（见图 7-33）分析和现场实际发现情况看，集电 I 线惬（311断路器）发生三相短路，因 311 断路器未跳闸，故障电流未切除，造成 1 号主变压器"过电流 I 段 2 时限保护"动作出口，主变压器保护正常动作，1 号主变压器低压侧 301 断路器跳闸。

17 日 16 时 32 分 55 秒 473 毫秒时，主变压器低压 TA 内侧又发生 AB 相间短

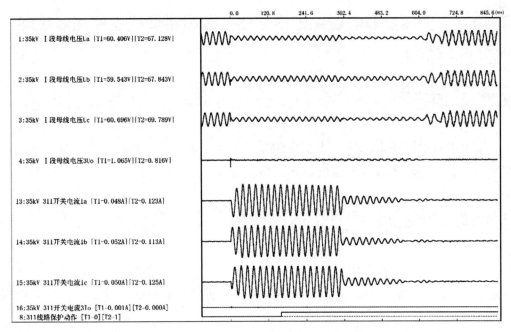

图7-33 集电Ⅰ线惬311录波图

路，1号主变压器差动速断保护动作出口，1号主变压器高压侧断路器跳闸，保护动作正常。

7.9.3 结论

本次事故中主变压器保护动作两次，第一次低后备保护过电流Ⅰ段2时限动作，是由于35kV集电Ⅰ线惬311断路器线路保护拒动造成的越级跳闸；第二次差动速断保护动作，是由于故障发展成主变压器差动保护范围内的相间短路，造成的差动保护动作。本次事故中，主变压器保护动作正确。

事故的主要原因是35kV集电Ⅰ线惬311断路器保护装置电源板故障造成了35kV集电Ⅰ线惬311断路器拒动，未能及时切除故障，从而导致事故范围扩大。

7.9.4 启示

在日常运维中应及时关注保护装置电源板的运行情况，对于到达使用年限的电源板应及时更换，避免因电源故障而导致的保护拒动。

7.10 主变压器非电量保护误接线并误投跳造成主变压器跳闸分析

7.10.1 故障简述

某风电场运行正常，23：41 主变压器非电量保护 RCS – 974 装置"绕组过温跳闸"动作，主变压器各侧断路器跳闸；全场失电。

7.10.2 故障原因分析

根据主变压器保护动作及现场实际情况分析，主变压器绕组温度动作动合触点设定值为：100℃超温报警，120℃超温跳闸，且通过非电量保护装置进行保护动作报警或跳闸的执行。

而导致主变压器跳闸的运行温度只有81℃左右，甚至未达到主变压器绕组过温报警设定值，进一步核查过程中发现"主变压器本体接线端子柜"图纸中的绕组温度计接线设计与现场实际接线不符，误将120℃超温跳闸的动合触点二次线接到80℃强制油循环变压器应设置的过温报警动合触点（此触点在设计图纸中未设计接线）。故导致主变压器绕组温度达到80℃时，此动合触点闭合，主变压器非电量保护装置判断为绕组过温。

同时，在该风电场二期投运时，施工单位保护人员设定主变压器保护时，误将绕组过温跳闸保护连接片投入，导致本次主变压器跳闸事故的发生。

7.10.3 总结

在此次事故中，温度计误接线和运行人员误投连接片是造成主变压器非电量保护误动的两个主要原因。

7.10.4 启示

（1）误接线是继电保护误动的常见原因之一，继电保护人员在设备投产验收时，应结合图纸认真检查二次回路。

（2）连接片的操作应配备详细的连接片投退说明，继电保护人员应对连接片投退说明进行审核，运行人员在进行连接片操作时必须严格按照连接片投退说明执行。

7.11 主变压器滤油时未将重瓦斯停用造成保护动作跳闸

7.11.1 故障简述

110kV 某风电场为线路 – 变压器组单元制接线，联络线 111 断路器、1 号主变压器、35kV 母线及附属设备运行正常。

09 时 48 分，该风电场 1 号主变压器调压重瓦斯动作，高压侧 111 断路器、低压侧 301 断路器跳闸；35kV SVG 312 断路器保护装置欠电压保护动作，312 断路器跳闸。

7.11.2 故障原因分析

9 时 40 分，运行人员投入 1 号主变压器有载开关滤油装置，工作前没有将有载调压重瓦斯改投信号位置，1 号主变压器有载调压在线滤油装置油管内气体，造成 1 号主变压器有载调压重瓦斯动作，主变压器高、低压侧断路器跳闸。相关规定如下。

《国家电网有限公司十八项电网重大反事故措施（修订版）》9.3.3.1 运行中变压器的冷却器油回路或通向储油柜各阀门由关闭位置旋转至开启位置时，以及当油位计的油面异常升高、降低或呼吸系统有异常现象，需要打开放油、补油或放气阀门时，均应先将变压器重瓦斯保护停用。

1 号主变压器高、低压侧断路器跳闸之后，35kV 母线失电，导致 35kV SVG 312 断路器保护装置欠电压保护动作，312 断路器跳闸。

7.11.3 结论

本次事故是由于运行人员工作前，未按照未按照《国家电网有限公司十八项电网重大反事故措施（修订版）》规定退出调压重瓦斯而造成主变压器跳闸。

7.11.4 启示

《国家电网有限公司十八项电网重大反事故措施》中 9.3.3.1：运行中变压器

的冷却器油回路或通向储油柜各阀门由关闭位置旋转至开启位置时，以及当油位计的油面异常升高、降低或呼吸系统有异常现象，需要打开放油、补油或放气阀门时，均应先将变压器重瓦斯保护停用。

工作中，工作人员必须严格按照相关规程规定执行安全措施。

7.12　主变压器保护误整定造成区外故障误动作

7.12.1　故障简述

某 220kV 风电场 35kV 集电 I 线惬 6 号箱式变压器高压侧 C 相电缆发生接地故障，500ms AB 相短路，220kV 1 号主变压器保护 A 柜 CSC326B 装置差动保护区外误动作，造成 1 号主变压器低压侧 301 断路器、高压侧 201 断路器跳闸。

7.12.2　保护动作分析

1 号主变压器两侧容量均为 120MVA，220kV 高压侧 TA 变比 600/1，35kV 低压侧 TA 变比 2400/1，差动保护启动值 0.1A，高压侧平衡系数为 1，低压侧平衡系数为 0.635。故障时 1 号主变压器各侧电流录波图见图 7-34。主变压器各侧标幺值

$$I_{eH} = \frac{120 \times 10^6}{\sqrt{3} \times 220 \times 10^3 \times 600} = 0.524(A)$$

$$I_{eL} = \frac{120 \times 10^6}{\sqrt{3} \times 35 \times 10^3 \times 2400} = 0.8248(A)$$

图 7-35 为故障时刻 1 号主变压器保护相量图，从图中可以看出，高压侧与低压侧相序基本一致。两侧零序电流几乎为 0，按照 1 号主变压器 YNyn0 一次接线方式以及 CSC-326 差流计算公式，此时

$$I_{DA} = |I_{HA} \cdot I_{KH} + I_{LA} \cdot I_{KL}| \approx 0$$

$$I_{DB} = |I_{HB} \cdot I_{KH} + I_{LB} \cdot I_{KL}| \approx 0$$

$$I_{DC} = |I_{HC} \cdot I_{KH} + I_{LC} \cdot I_{KL}| \approx 0$$

即故障为区外故障，装置内部无差流。

现场在 CSC-326 保护装置整定时，根据 CSC-326 保护说明书，装置参数应整定三绕组变压器，但是实际情况参数整定成了双绕组变压器，造成装置误以 Yd11 方式进行计算，仍以故障时刻图中各侧电流为例，此时，CSC-326 以 Ｙ向 △ 完成转角，转角公式如下

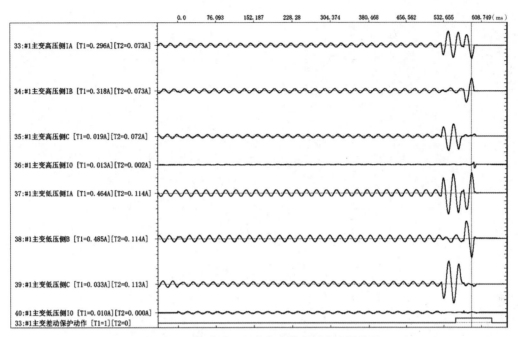

图 7-34　故障时 1 号主变压器各侧电流录波图

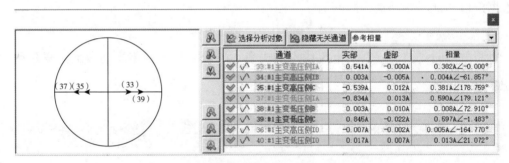

图 7-35　故障时刻 1 号主变压器保护相量图

$$\dot{I}'_A = (\dot{I}_{ah} - \dot{I}_{bh}) / \sqrt{3}$$

$$\dot{I}'_B = (\dot{I}_{bh} - \dot{I}_{ch}) / \sqrt{3}$$

$$\dot{I}'_C = (\dot{I}_{ch} - \dot{I}_{ah}) / \sqrt{3}$$

CSC-326 保护比率制动曲线见图 7-36，CSC-326 差动、制动电流公式如下

$$I_D = | I_H \cdot I_{KH} + I_L \cdot I_{KL} |$$

$$I_R = | I_H \cdot I_{KH} - I_H \cdot I_{KH} | / 2$$

此时，可求得

$$I_{RA} = | I_{HA} \cdot I_{KH} - I_{HA} \cdot I_{KH} | / 2 \approx 0.06A$$

$$I_{RB} = | I_{HB} \cdot I_{KH} - I_{HB} \cdot I_{KH} | / 2 \approx 0.06A$$

$$I_{RC} = | I_{HC} \cdot I_{KH} - I_{HC} \cdot I_{KH} | / 2 \approx 0.12A$$

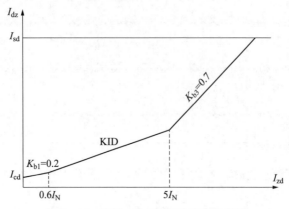

图 7-36　CSC-326 保护比率制动曲线

$$I_{DA} = |I_{HA} \cdot I_{KH} + I_{LA} \cdot I_{KL}| \approx 0.13A$$
$$I_{DB} = |I_{HB} \cdot I_{KH} + I_{LB} \cdot I_{KL}| \approx 0.12A$$
$$I_{DC} = |I_{HC} \cdot I_{KH} + I_{LC} \cdot I_{KL}| \approx 0.26A$$

将差动、制动电流转化为标幺值可知，动作时刻制动电流均在 $0 \sim 0.6I_N$ 之间，根据定值知此时差动动作区间为

$$I_D > 0.2I_R + 0.1$$

将故障时刻差动、制动电流代入上式中，A、B、C 三相差流均满足比率差动动作条件。

7.12.3　整改措施

将 1 号主变压器保护 A 柜 CSC-326B 装置内控制字参数由双绕组变压器整定为三绕组变压器。

7.12.4　启示

在保护定值整定中，保护装置参数的整定不仅与现场一次设备、二次回路、运行方式等因素有很大关系，同时也要求整定人员对保护装置说明书非常熟悉，否则，保护装置参数易出现误整定引起不正确动作。

7.13　110kV 母线支柱故障母线保护动作分析（正确动作）

7.13.1　故障简述

某日，220kV 某站 110kV 母线 C 相接地，母差保护 C 相动作出口，110kV Ⅰ母上所有断路器跳闸，110kV Ⅰ母线失电。

该站故障前 220、110kV 母线并列运行，35kV 母线分列运行，母联 100 断路器合闸运行，1 号主变压器 101、178、181、183 断路器上 110kV Ⅰ母运行，2 号主变压器 102、180、182、184、185、186 断路器上 110kV Ⅱ母运行。

7.13.2　事故分析

故障示意图如图 7 - 37 所示，110kV Ⅰ段母线发生故障，C 相母线对支柱发生放电，C 相接地短路。

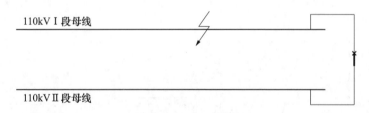

图 7 - 37　故障示意图

如图 7 - 38 所示，110kV 母线保护 C 相大差电流和 Ⅰ母小差电流产生差流达到定值，Ⅱ母小差为 0，母线保护动作断开母联及 Ⅰ母上所有断路器，快速隔离故障，110kV Ⅰ母失电。

故障发生时，110kV Ⅰ母、Ⅱ母电压如图 7 - 39 和图 7 - 40 所示，Ⅰ母、Ⅱ母 C 相电压在故障期间为 0，故障切除后 Ⅱ母电压恢复正常。

7.13.3　总结

本次事故 110kV 母线保护正确动作，快速、可靠地切除故障。

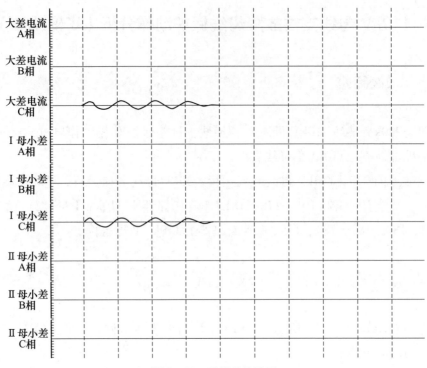

图 7 - 38　母线差流波形

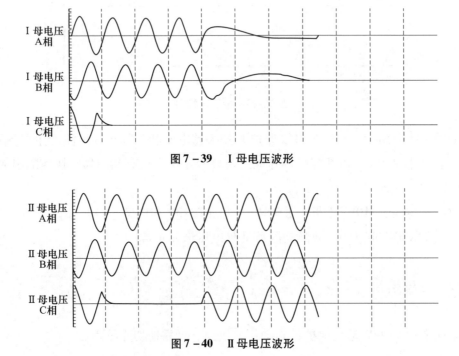

图 7 - 39　Ⅰ母电压波形

图 7 - 40　Ⅱ母电压波形

7.14 电压互感器二次回路两点接地线路保护反向故障误动分析

7.14.1 故障情况

某厂（甲侧）变压器引线故障，220kV 母线上 1、2 号线路共四套保护均反方向误动作出口跳闸，造成 220kV 母线全站停电。

两线四套纵联保护的工作方式均为允许式纵联保护。误动保护均为零序纵联保护。

本次故障短路电流大，线路电流互感器变比均为 1600/5。分析可知，仅两线在 B 相接地时刻的零序电流有效值相加，就可达到 $[(56.95A + 54.8A) \times 1600/5]/1.41 = 25.36kA$。变压器侧的短路电流未能取到。

7.14.2 线路故障录波图

（1）甲站 1 号线两套保护故障录波图如图 7-41~图 7-44 所示。

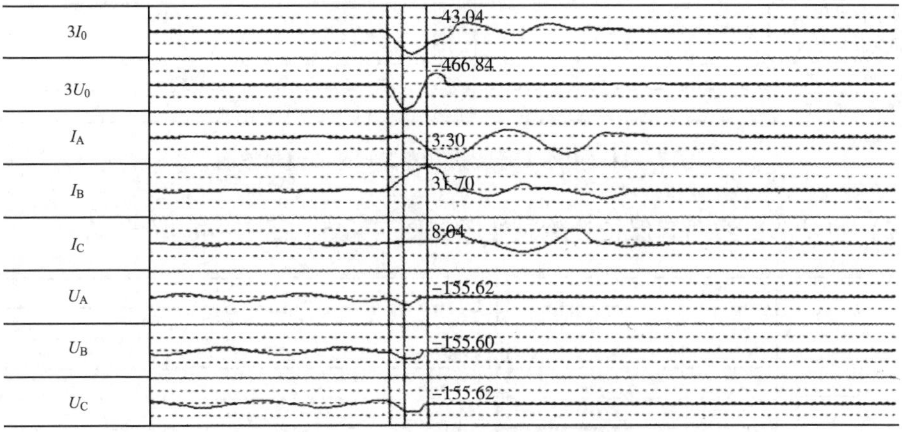

图 7-41 甲站 1 号线第一套保护电气量录波图

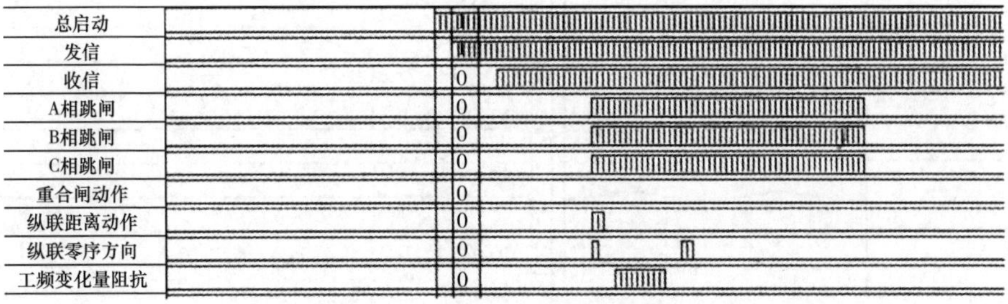

图 7-42 甲站 1 号线第一套保护故障开关量录波图

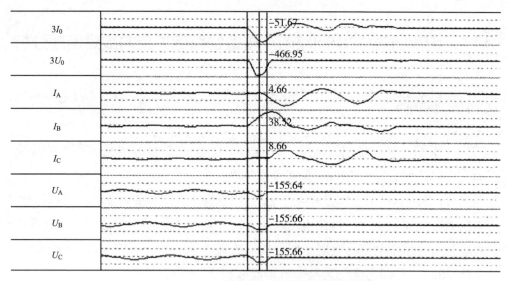

图 7 – 43　甲站 1 号线第二套保护电气量录波图

总启动		
发信		
收信		
A相跳闸		
B相跳闸		
C相跳闸		
重合闸动作		
纵联变化量方向		
纵联零序方向		
工频变化量阻抗		

图 7 – 44　甲站 1 号线第二套保护开关量录波图

（2）甲站 2 号线两套保护故障录波图如图 7 – 45 ~ 图 7 – 48 所示。

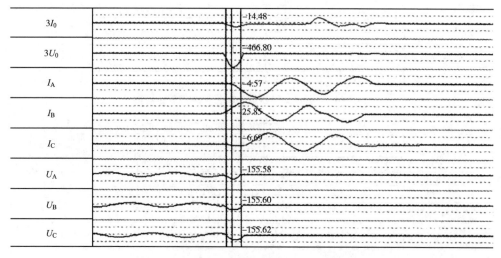

图 7 – 45　甲站 2 号线第一套保护电气量录波图

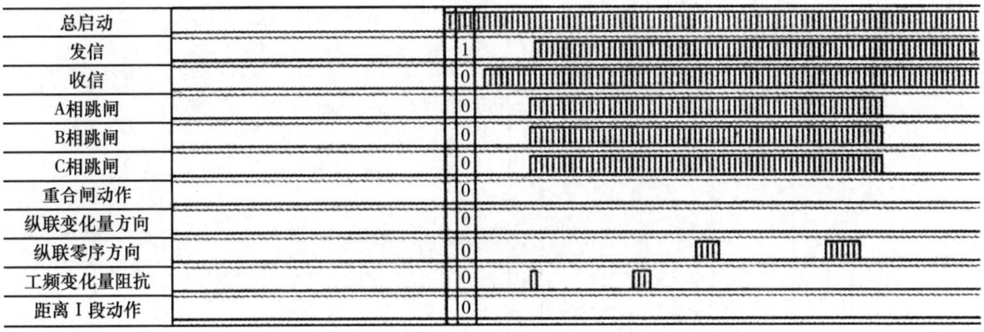

总启动
发信
收信
A相跳闸
B相跳闸
C相跳闸
重合闸动作
纵联变化量方向
纵联零序方向
工频变化量阻抗
距离 I 段动作
1
0
0
0
0
0
0
0
0
0

图 7-46　甲站 2 号线第一套保护开关量录波图

$3I_0$
$3U_0$
I_A
I_B
I_C
U_A
U_B
U_C
-15.08
-466.86
-4.87
26.99
-6.90
-155.62
-155.62
155.62

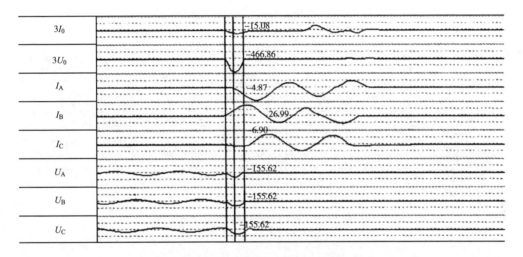

图 7-47　甲站 2 号线第二套保护电气量录波图

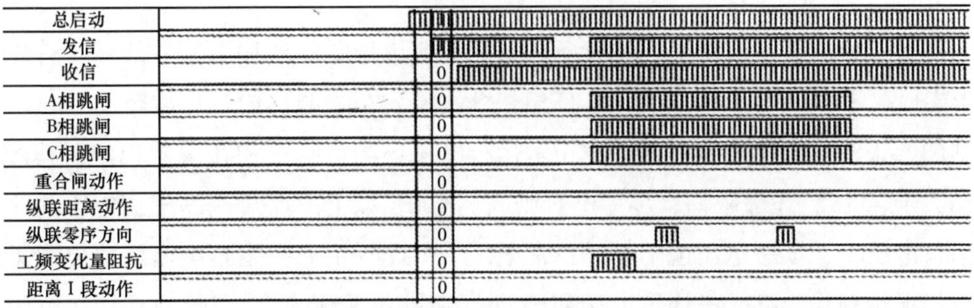

总启动
发信
收信
A相跳闸
B相跳闸
C相跳闸
重合闸动作
纵联距离动作
纵联零序方向
工频变化量阻抗
距离 I 段动作
0
0
0
0
0
0
0
0
0
0

图 7-48　甲站 2 号线第二套保护开关量录波图

（3）对侧 1 号线某保护故障录波图如图 7-49 和图 7-50 所示。

$3I_0$
5.33
$3U_0$
-1.06
I_A
48.48
I_B
-24.36
I_C
-29.26
U_A
0.51
U_B
8.70
U_C
-10.27

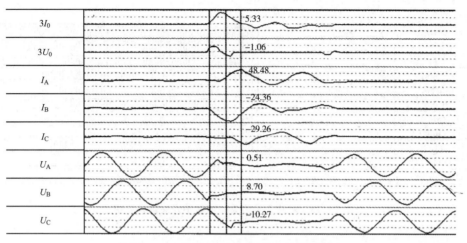

图 7－49　对侧 1 号线某保护电气量录波图

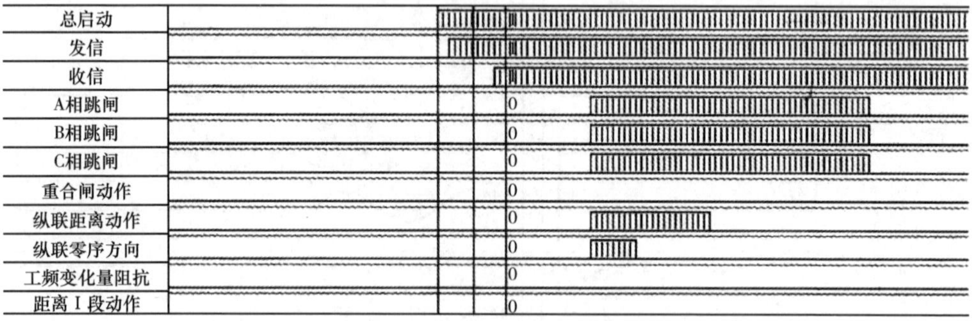

总启动
发信
收信
A相跳闸
B相跳闸
C相跳闸
重合闸动作
纵联距离动作
纵联零序方向
工频变化量阻抗
距离Ⅰ段动作

图 7－50　对侧 1 号线某保护开关量录波图

7.14.3　故障分析

综合分析故障录波情况，比较各相短路电流出现时间顺序可知，故障时首先为 B 相接地故障，2～3ms 后转为 A、C 相相继故障。在未能形成三相故障的 10ms 内，甲站的四张图上各相电压幅值均比正常运行电压还高，且三相几乎同相位，其最大值均大于 155V，还被限幅；零序电压则高达 400V 以上。而对侧的三相电压均比正常运行电压小，零序电压也不超过正常电压。由此判定，一定是电压回路出现了问题。经艰难查找，终于找到了电压回路除在控制室 N600 有一点接地外，在电压互感器的端子箱处又发现了一点接地。

在图 7－51（a）中，当系统发生接地故障时，将产生地中电流，在 01、02、03 三点间将产生电位差 $\Delta U'$、$\Delta U''$、$\Delta U'''$，引入保护的电压不是真正的 U_A、U_B、U_C，而是 U'_A、U'_B、U_C'。

$U'_A = U_A + \Delta U$；$U'_B = U_B + \Delta U$；$U'_C = U_C + \Delta U$。

自产 $3U_0$，将有 $3U_0 = U'_A + U'_B + U'_C + 3\Delta U$。

ΔU 引起了零序方向（F0）的不正确动作。从图 7-46~图 7-50 五幅录波图可看出，故障虽为区外故障，但两线的正方向保护均动作发信，导致了两回线全跳事故。

正确接地如图 7-51（b）所示，取消室外的两个接地点，只在主控制室将 N600 一点接地，则不会产生上述的 ΔU。

此次故障是由于违反了 GB/T 14285—2023《继电保护和安全自动装置技术规程》中"电压互感器的二次回路只允许有一点接地"的规定。可见工作中必须正确执行二次回路的有关规定。

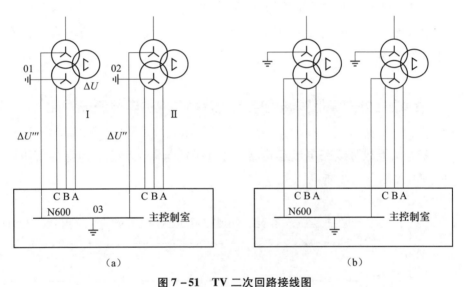

图 7-51 TV 二次回路接线图

（a）TV 错误接线：多点接地；（b）TV 正确接线：一点接地

产生 ΔU 的原因是变电站入地电流通过地网接地阻抗，使接地短路后的变电站地网电位高于大地电位，其值决定于地网接地电阻及入地电流大小。在计算入地电流时，还应当计及短路电流可能全偏移的情况，即最大峰值电压应取为计算地网电位升高值的 $2\sqrt{2}$ 倍。地网电位与大地电位不一致，会给零序电压带来严重的问题。

国外有报告指出，这个地电位的值一般不会超过 500V，国内也有报告指出："在同一网格状地网系统的变电站内，每 1kA 故障电流在完全位于同一地网范围内的最大期望纵向电压为 10V。"

本次故障测得的地网纵向电压已接近 500V，大大超过正常值，引发事故。

7.14.4 杜绝措施

牢记电压互感器的二次回路只允许有一点接地的规定。

7.15 220kV 线路光差保护因一侧采用测量电流互感器区外故障误动分析

线路光纤电流差动保护因一侧采用了测量电流互感器而误动，误动原因众所周知。选取本例的主要目的是介绍选用测量电流互感器后，互感器的电流传变发生了哪些问题？在互感器二次看到的电流波形如何解释？以方便以后的事故分析。

本例中连接片投闭锁重合闸沟通三跳位置，且电厂侧的电压互感器二次有多点接地，波形欠准确。

7.15.1 线路区外故障保护两侧电流互感器二次的电流波形对比

（1）变电站侧故障线路电流互感器选用保护用电流互感器，电流传变正确，电流、电压波形如图 7-52 所示。

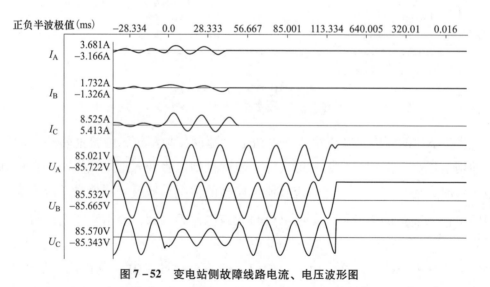

图 7-52 变电站侧故障线路电流、电压波形图

（2）发电厂侧故障线路选用了测量用电流互感器，传变失真，电流、电压波形如图 7-53 所示。

（3）比较变电站与发电厂波形图可知，两侧互感器二次电流波形有很大的不

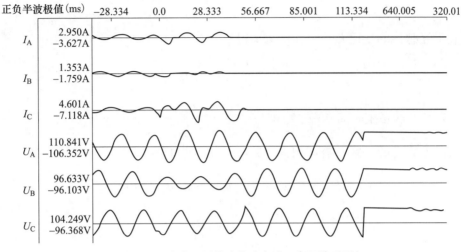

正负半波极值(ms)

图7-53 发电厂侧故障线路电流、电压波形图

同，变电站侧波形为正确传变波形，保护装置选用了保护用电流互感器。从变电站故障相电流互感器二次波形看出，故障时一次电流有直流分量，此直流分量在衰减中，大约只存在三个周期，当断路器切除时，已基本衰减完毕。而电厂侧故障相电流发生了严重畸变，因而一定会有差流出现，引起保护误动。

7.15.2 电流互感器在未饱和前对含有直流分量电流的传变

电流互感器理想等值电路如图7-54所示，图中R_s为二次绕组电阻（漏抗不计）及负载电阻之和。

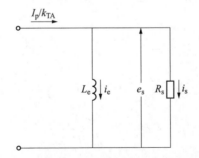

图7-54 电流互感器二次侧等值电路图

由图7-54可知

$$i_s = \frac{i_p}{k_{TA}} - i_e$$

$$e_s = R_s i_s = L_e \frac{\mathrm{d}i_e}{\mathrm{d}t}$$

假定互感器的变比 $k_{TA} = 1$，消去 i_s 得

$$\frac{\mathrm{d}i_e}{\mathrm{d}t} + \frac{1}{T_s} i_e = \frac{1}{T_s} i_p$$

式中：T_s 为二次系统时间常数，$T_s = \dfrac{L_e}{R_s}$。

故障发生后的一次电流可用式（7-1）表示，即

$$i_p = I_{1m} \left[\sin(\omega t + \theta - \varphi) - \sin(\theta - \varphi) \, \mathrm{e}^{-\frac{t}{T_p}} \right] \tag{7-1}$$

其中

$$\varphi = \arctan \frac{\omega L_p}{R_p}$$

$$T_p = \frac{L_p}{R_p}$$

式中：I_{1m} 为一次稳态故障电流的峰值；φ 为一次回路的相位角；T_p 为一次回路的时间常数；ωL_p 为电源到故障点的一次回路感抗及电阻；θ 为反映故障开始时的电压波位置。

当 $\theta - \varphi = 90°$，即故障发生在电压波为零值时，一次系统出现最大的直流分量电流。设故障后短路电流中含直流分量最大，令 I_{1SC} 为一次对称电流有效值。取 $\theta - \varphi = 90°$，式（7-1）成为

$$i_p = \sqrt{2} I_{1SC} \left(\mathrm{e}^{-\frac{t}{T_p}} - \cos\omega t \right) \tag{7-2}$$

依式 $e_s = R_s i_s = L_e \dfrac{\mathrm{d}i_e}{\mathrm{d}t}$ 和式（7-2）可解得互感器励磁电流和二次电流为

$$i_e(t) = \sqrt{2} I_{1SC} \frac{T_p}{T_s - T_p} \left(\mathrm{e}^{-\frac{t}{T_s}} - \mathrm{e}^{-\frac{t}{T_p}} \right) - \sqrt{2} I_{1SC} \frac{1}{\omega T_s} \sin\omega t \tag{7-3}$$

$$i_s(t) = \sqrt{2} I_{1SC} \frac{T_s}{T_s - T_p} \mathrm{e}^{-\frac{t}{T_p}} - \sqrt{2} I_{1SC} \frac{T_p}{T_s - T_p} \mathrm{e}^{-\frac{t}{T_s}} - \sqrt{2} I_{1SC} \sin\delta \cos\omega t \tag{7-4}$$

$$\sin\delta = \frac{\omega T_s}{\sqrt{\omega^2 T_s^2 + 1}}$$

$$\frac{1}{\omega T_s} = \frac{R_s}{\omega L_e}$$

在求解过程中，假定了 L_e 可以是常数。在铁芯未饱和前，L_e 很大，则 $\omega^2 T_s^2 \gg 1$。

由式（7-3）和式（7-4）可知：一次稳态分量电流在二次回路和励磁回路中，按支路阻抗成反比分配。在铁芯未饱和前，几乎全部传变到二次回路。一次暂

态分量（一次直流分量）按 T_s 和 T_1 正比分配传变到二次回路和励磁回路，均按一次系统时间常数 T_1 衰减，均可称为强制分量。为了满足 TA 励磁电感中电流不能突变，在励磁回路与二次回路中产生了按二次回路时间常数 T_s 衰减的自由直流分量。自由直流分量在二次回路中形成环流。所以在励磁回路中有三个分量，分别是交流稳态励磁电流分量、由一次直流分量传变过来的按一次系统时间常数 T_1 衰减的强制直流分量和在二次回路和励磁回路中产生的按二次回路时间常数 T_s 衰减的自由直流分量。在二次电流中也有三个分量，即稳态交流分量、由一次直流分量传变过来的按 T1 时间常数衰减的强制直流分量和在二次回路和励磁回路中产生的按二次回路时间常数 T_s 衰减的自由直流分量。由于 TA 对直流分量的传变能力比对交流分量的传变能力差得多，$i_e(t)$ 中的直流分量比基波分量大得多，并且直流分量不会改变符号，其极性始终与一次电流中的直流分量相同。i_p、$i_s(t)$、$i_e(t)$ 的波形如图 7-55 所示。

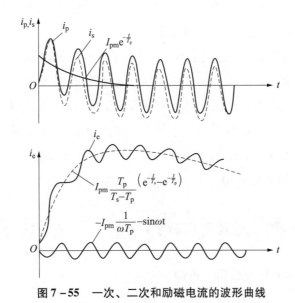

图 7-55　一次、二次和励磁电流的波形曲线

7.15.3　保护用电压互感器与测量用电流互感器的区别

（1）保护用电压互感器。对 220kV 而言，目前多用 P 级电流互感器。P 级电流互感器的误差限值见表 7-6。

表 7-6   P 级电流互感器的误差限值

准确级	额定一次电流下的电流误差（%）	额定一次电流下的相位误差		额定准确限值一次电流下的复合误差（%）
		±min	±crad	
5P、5PR	±1	60	1.8	5
10P、10PR	±3			10

例如铭牌为 1200/1 5P20 25VA 的 P 级电流互感器，表示在一次侧流过 24000A 正弦电流波、二次负荷为 $S/1^2 = 25\Omega$ 的情况下，它的复合误差为 5%。即保护用电压互感器在故障时，能正确传变一次电流。

（2）测量用电流互感器是指专门用于测量电流和电能的电流互感器。测量用互感器在正常运行情况下，精度要求相对较高，能正确测量一次系统的工作电流。另外，测量用互感器也要求在大电流情况下饱和，以防止发生系统故障时，大的短路电流造成测量表计的损坏。因此 DL/T 866—2015《电流互感器和电压互感器选择及计算规程》推荐性地提出了仪表保安系数的要求。

所谓保安系数（F_s），是指仪表保安电流与一次额定电流之比。而仪表的保安电流是指测量用电流互感器在额定二次负荷下，其复合误差不小于 10% 的最小一次电流。从理论上讲，如果对电流互感器规定了仪表保安系数，当电力系统的过电流倍数达到或超过仪表保安系数时，互感器的误差加大，二次电流增长速度变慢，但并不是不再增长，所以标准规定复合误差超过 10% 就认为合格。如果用户有要求，仪表的保安系统推荐取 5 或 10。

7.15.4   两侧故障相二次电流录波解释

1. 变电站侧故障相电流波形的解释

变电站侧使用保护用 P 级电流互感器，铁芯饱和拐点电压高，不容易产生饱和。在铁芯未饱和前，励磁阻抗大，一次交流分量基本上完全传变至二次；一次的直流分量在时间接近零时，按时间常数成正比分配，因为铁芯未饱和，励磁阻抗很大，二次时间常数远大于一次时间常数，因此也能基本传变到二次，自由分量并不大。一次时间常数小，在工作点未达到铁芯饱和前，就衰减完了。

本例的故障录波图为保护装置 A/D 采样后的数据所作，由第 2 章的讨论可知，主电流互感器选用保护用互感器，参数合理，可以认为能反映一次电流波形。

▶ 2. 电厂侧故障相电流波形的解释

电厂侧使用测量用电流互感器，铁芯饱和拐点电压很低，在正常传变负荷电流时精度高，在传变故障电流时，即使一次没有直流分量，也要求铁芯有保安系数。因此在故障时铁芯很快会出现深度饱和，在线性传变段的时间很短。在本次故障时，变电站的第一个半周为正半周，在发电厂侧就一定是负半周，电厂侧在负半周的线性段时间很短，从图 7 – 53 上看只有约 3ms。

之后铁芯饱和了，励磁阻抗下降，二次时间常数 T_s 下降，一次电流分配至励磁电流增加，形成了恶性循环，铁芯很快进入深度饱和。二次交流分量为零，但此时二次自由直流分量并非也为零，它要按原来的路径衰减，且因铁芯的深度饱和，T_s 变得很小，衰减快、电流大，所以出现了图 7 – 53 中的本应为负半周的波形而成为正半周的包头状的波形，这种现象称为续流。一次直流分量在衰减，按周期退出饱和，二次电流波形也趋于稳定的正弦波。

7.15.5 线路电流差动用电流互感器的选择

线路电流差动保护要正确动作，首要条件是两侧的电流互感器选择要正确。理想的情况应该是两侧均选择参数合理、变比相同、类别相同的电流互感器。对 220kV 参见 DL/T 886—2015《电流互感器和电压互感器选择及计算规程》附录。特别还要注意实际二次回路负荷情况，若两侧的二次负荷无法调整一致，则要按《国家电网有限公司十八项电网重大反事故措施（修订版）》中继电保护专业重点实施要求校核各侧二次负荷的平衡情况，并留有足够裕度。

7.16 220kV 线路充电保护误投造成断路器跳闸

7.16.1 保护动作情况

220kV 某风电场 35kV 集电线故障，220kV 电场联络线电场侧 CSC103A 保护装置 4ms 启动，383ms 三跳闭锁重合闸，闭锁重合闸开入，远传命令 2 开入，其他保护动作开入；CSC – 122B 保护装置 0ms 启动，301ms 过电流Ⅱ段出口动作。

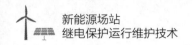

7.16.2　保护动作原因分析

此次 220kV 联络线断路器跳闸是由于充电过电流保护Ⅰ、Ⅱ段，充电零序过电流保护未退出，导致断路器三跳并闭锁重合闸。

7.16.3　整改措施

按照保护定值单要求，正常运行时，退出充电过电流保护Ⅰ、Ⅱ段，充电零序过电流保护。

严格执行送电启动方案和定值单要求，正常运行时退出断路器过电流保护。严格运行巡视，严禁巡视走过场、流形式。

7.17　现场误整定造成 220kV 线路瞬时故障未重合分析

7.17.1　故障简述

某日，220kV 某风电场联络线发生 B 相接地故障，该风电场 220kV 线路 – 变压器组 201 断路器差动保护动作跳闸，重合闸未重合。保护动作情况见表 7 – 7。

表 7 – 7　　　　　　　　　　保护动作情况表

线路保护 CSC103B	断路器保护 CSC121A
3ms，保护启动	5ms，保护启动
13ms，纵联差动保护动作	29ms，三相跟跳动作
69ms，重合动作	29ms，沟通三相跳闸动作
96ms，三跳闭锁重合	

7.17.2　事故分析

线路保护 CSC103B 和断路器保护 CSC121A 均具有重合闸功能。
线路保护 CSC103B 投入了单重方式。

断路器保护 CSC121A 投入了停用重合闸控制字、投入了停用重合闸连接片，而正式定值单要求退出停用重合闸控制字、退出停用重合闸连接片。该装置定值未按定值单整定。

断路器保护 CSC121A 的跟跳逻辑：有线路保护单相跳闸开入时保护会跟跳，若是在重合闸停用时，会三相跟跳重动，保护跳三相。

在本次事故中，断路器保护 CSC121A 实际的重合闸方式为停用重合闸，在线路保护 CSC103B 单跳之后，断路器保护 CSC121A 三相跟跳，断路器三相跳闸。线路保护 CSC103B 重合闸方式为单重方式，所以在断路器三跳之后闭锁重合闸，故重合闸未出口。

7.17.3 结论

本次事故是由于断路器保护 CSC121A 的误整定而造成重合失败断路器三跳。

7.17.4 启示

误整定是引起继电保护不正确动作的一个重要原因。在日常运维中应加强对定值整定的管理，对定值整定按期核查，及时纠正误整定。

7.18 操作箱跳闸插件故障引起断路器误跳分析

7.18.1 故障情况

某站 220kV 线路 271 断路器操作箱内部 B 相跳闸插件中的 12BJ 继电器（不启动重合闸、不启动失灵）绝缘降低导致放电击穿，此继电器动作触点因分别接入 C 相跳闸回路及闭锁两套保护重合闸回路之中，因此该继电器误动作后，引起 C 相出口跳闸，同时闭锁两套保护重合闸，最终 271 开关机构非全相继电器动作，从而造成 271 断路器误跳闸事故的发生。

7.18.2 故障后检查

故障后检查 271 开关机构非全相继电器动作，271 发"保护异常""机构非全

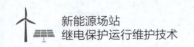

相"光字，断路器显示为分位，双套保护均无保护动作事项，检查故障录波器显示
271开关量"操作箱C相出口跳闸"启动；对侧296断路器发"光差1通道故障"
"光差1保护装置异常"光字，断路器在合位，检查所属一、二次设备均未发现异常。

站端监控画面显示：操作箱C相出口跳闸后，两套保护闭锁重合闸动作，之后
271开关机构非全相动作A、B相跳闸。

综合以上信息可以看出，故障开始两套保护均收到闭锁重合闸开入信号，说明
两套保护都接收到了操作箱的闭锁重合闸开入信号，从271断路器A、B、C相跳
闸位置分析，操作箱出口C相断路器跳闸之后，由于此时保护已经闭锁重合闸，开
关机构非全相继电器动作，A、B相断路器跳闸。因此排除线路及相应一次设备存
在故障造成断路器跳闸，初步分析判断是271操作箱内部元件存在故障先是造成C
相出口跳闸，同时又闭锁两套保护重合闸，而后271开关机构非全相动作，最终导
致271断路器误跳闸。

7.18.3 故障原因分析

将271断路器置合闸，分别模拟操作箱各个出口继电器动作行为，并查看操作
箱动作指示灯及两套线路保护的开入量变化，在模拟永跳断路器时操作箱B相跳闸
指示灯不亮，将操作箱断电后拔出插件检查发现B相跳闸插件电路板有放电痕迹，
如图7-56所示。

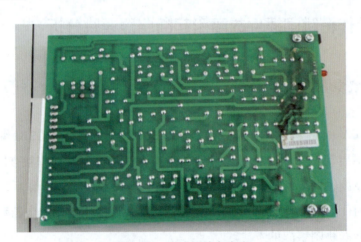

图7-56 电路板放电痕迹

对照操作箱相关图纸说明书发现：B相跳闸插件中的12BJ（不启动重合闸、不
启动失灵）继电器存在绝缘降低导致放电击穿，该继电器动作触点又分别接入C相
跳闸回路及闭锁两套保护重合闸回路之中，回路如图7-57、图7-58所示（为与

说明书一致，图中沿用旧符号）。

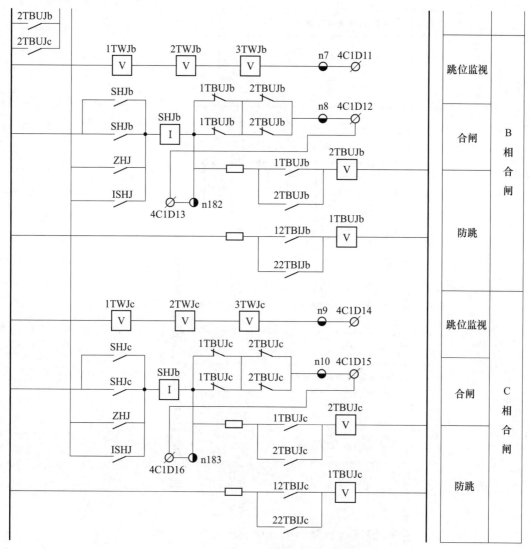

图 7－57　12BJ 动作触点启动 C 相跳闸回路

7.18.4　结论

由上可知，故障原因是 271 操作箱内部元件绝缘降低导致放电击穿造成 C 相出口跳闸，同时又闭锁两套保护重合闸，从而 271 开关机构非全相动作，最终导致 271 断路器误跳闸。

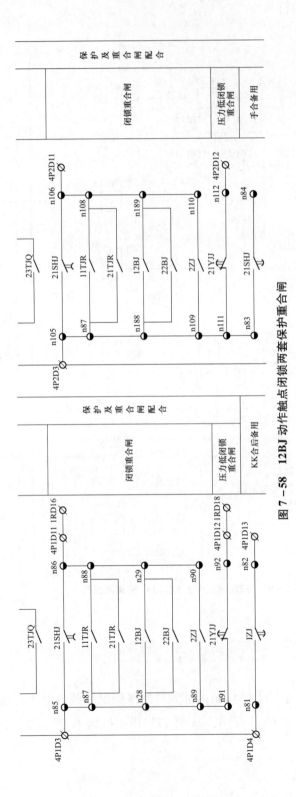

图 7-58 12BJ 动作触点闭锁两套保护重合闸

7.18.5　启示

（1）加强装置周期性检测，结合停电进行全项目检查，特别是绝缘检测。

（2）日常巡视过程中应加强对现场装置运行环境的检查，确保设备运行温湿度等环境参数达标，防止因设备受潮发生故障。

7.19　合闸回路接线松动致 220kV 线路瞬时故障重合失败

7.19.1　故障简述

某日，220kV 某风电场联络线 212 发生 B 相接地故障（34 号耐张塔遭雷击 B 相有放电点），线路保护动作 B 相跳闸，572ms 220kV 联络线重合闸（定值 0.5s）动作，联络线 212B 相断路器未合闸，非全相保护动作（定值 2s），跳三相断路器。

7.19.2　事故分析

（1）保护装置动作情况。

1）01 时 42 分 05 秒 923 毫秒，CSC－103B 装置保护启动；

15ms，CSC－103B 装置纵联差动保护动作，分相差动保护动作；

35ms，CSC－103B 装置接地距离Ⅰ段保护动作；

572ms，CSC－103B 装置重合闸动作。

2）01 时 42 分 05 秒 874 毫秒，PRS－753S 装置保护启动；

9ms，PRS－753S 装置分相比率差动保护动作；

23ms，PRS－753S 装置距离Ⅰ段保护动作；

568ms，PRS－753S 装置重合闸动作。

3）B 相断路器跳闸 2s 之后，非全相保护动作。

故障录波图如图 7－59 所示。

（2）原因分析。

1）一次设备故障点。巡视发现 34 号耐张塔（2B10－JC1－27）B 相（中导线）小号侧中吊引横担端瓷大伞帽绝缘子及导线端合成绝缘子下端部均压环、单联弯头连接处有放电点。确认为故障点为 34 号塔 B 相（中导线）。

2）线路保护动作。220kV 联络线接地故障，212 断路器保护分相差动动作跳 B 相，单相重合闸 72ms 启动，572ms 保护重合闸（定值 0.5s）动作出口。

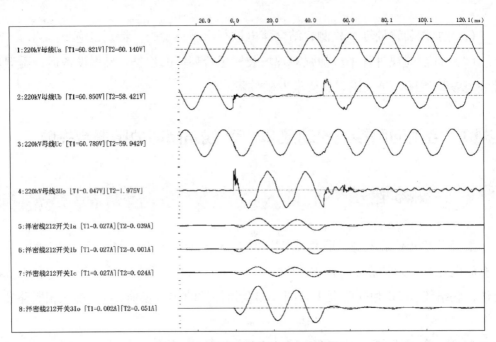

图 7 - 59   220kV 联络线 212 录波图

3）两套重合闸装置动作，212 断路器 B 相未合闸。试验远方、就地均合不上断路器，检查开关机构箱无明显的故障点，进一步发现机构箱中 11BN（负公共端）线松动，导致断路器合闸回路无负电，断路器合不上，检查监控后台有"控制回路断线"报警，紧固接线后，断路器就地、远方合跳正常。

4）212 断路器 B 相未合闸，非全相保护动作（定值 2s），跳三相断路器。

7.19.3 结论

本次事故原因为 220kV 联络线 212 断路器 B 相控制回路二次接线松动，造成 B 相断路器重合失败，导致非全相保护动作，跳三相断路器。

7.19.4 启示

二次回路螺钉紧固是继电保护专业日常运维的一项重要工作，通常在专业化巡检和停电检修时进行。螺钉松动属于隐蔽缺陷，维护人员应对螺钉紧固工作引起重视。

7.20 线路断路器无故障跳闸事故分析

7.20.1 事故经过

某330kV系统主接线如图7-60所示，某日330kV线路停电检修，在甲站进行线路保护校验。因乙站无工作，乙侧3340、3342断路器处于合环运行状态，线路处于充电状态。

图7-60 330kV系统主接线图

同日16时22分，乙站3340、3342断路器无甲站故障跳闸，重合闸装置动作成功。

7.20.2 事故分析

经查实，乙站断路器跳闸原因是甲站在进行线路保护校验过程中安全隔离措施考虑不周，试验过程中未按要求将该侧线路光纤保护通道置于自环状态，当施加故障电流时，造成线路对侧电流差动保护动作跳闸。

7.20.3 整改措施

（1）试验时要全面了解被检修装置的一次设备及相邻设备运行情况。

（2）加强继电保护作业过程的规范化管理，对于新型的保护装置，各单位应参照厂家调试大纲有关内容编写详细的保护装置检验方案和指导现场检验工作。

（3）在光纤保护装置及二次回路上工作时，必须按说明书要求将装置自环，工作结束要及时恢复正常。

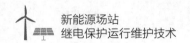
新能源场站
继电保护运行维护技术

7.21 误投退役保护装置设备导致线路跳闸分析

7.21.1 事故情况

某 220kV 线路复产送电,线路正常运行。某日,站内进行整流机组带载运行时,本侧 252 断路器跳闸,同时对侧变电站 281 断路器跳闸,造成该 220kV 线路失电。

7.21.2 事故分析

经检查,一次设备未见故障和异常情况。检查二次设备,发现除正常投运的两套线路保护外,现场另投运一套保护装置(SEL-351A)。

经确认,该装置(SEL-351A)为厂内投产配套线路保护装置,因与对侧变电站线路保护不匹配,一直处于退运状态。复产前,企业委托工程调试单位进行二次交接试验。由于对现场设备缺乏了解,调试单位误将该保护调试并投入运行。

该设备包含Ⅲ段过电流保护,因长期退运,未整定定值。在厂内进行整流机组带载运行时,电流达到 500A,装置过电流Ⅰ段动作,本侧 252 断路器跳闸,同时向对侧变电站发出远跳令,对侧 281 断路器跳闸。

7.21.3 启示

厂站内退运二次设备应及时封存并作明显标识,相关二次回路接线应及时拆除并与运行设备隔离。

加强外来人员管理,工作前认真进行设备、技术交底,确保每名工作班成员了解现场实际情况,熟悉现场工作环境和工作部位,防止误入非工作间隔和区域,同时强化检修送电前运维人员对二次设备的检查、核实工作。

7.22 电压互感器反充电故障分析

7.22.1 故障情况

某 110kV 站新投入一段 110kV 母线,准备用母联断路器对新上Ⅱ段母线充电,先合上两段母线 TV 隔离开关 1G 和 2G，当合母联断路器时，发现 110kV TV 切换装置上 TV 并列灯亮，两段母线 TV 二次空气小开关全部跳开，TV 并列插件上零序电压继电器烧坏。

7.22.2　电压互感器并列切换回路图

电压互感器并列直流切换回路图如图 7−61 所示（为与说明书一致，图中沿用旧符号）。

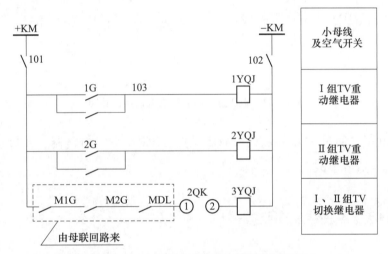

图 7−61　电压互感器并列直流切换回路图

电压互感器并列交流切换回路图如图 7−62 所示（为与说明书一致，图中沿用旧符号）。

图 7−61 中 1G 为 Ⅰ 母电压互感器隔离开关；2G 为 Ⅱ 母电压互感器隔离开关；M1G 为母联断路器的 Ⅰ 母隔离开关；M2G 为母联断路器的 Ⅱ 母隔离开关；MDL 为母联断路器的辅助触点。当 M1G、M2G、MDL 在合位时，两母线为等电位。若 2QK 置于合位，则继电器 3YQJ 闭合，两段母线电压二次回路可经图 7−62 实现并列。为防止电压互感器并列时出现反充电现象，通常不带电的 TV 二次空气断路器断开。

7.22.3　故原因检查

事故后检查，发现继电保护人员在对 Ⅱ 母充电时，没有断开 Ⅱ 母 TV 二次空气断路器 2ZKK，且直流切换回路中没有接入 MDL，2QK 置于合位，因此造成了 Ⅰ 母

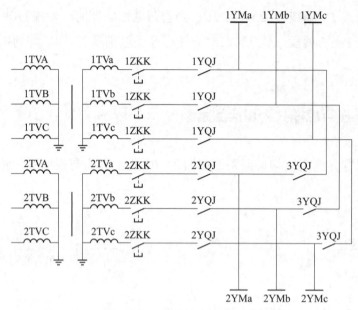

图 7-62　电压互感器并列交流切换回路图

TV 的二次电压，通过 3YQJ 触点、2YQJ 触点、2ZKK 空气断路器、Ⅱ母线 TV 向Ⅱ母线反送电，造成事故。

7.22.4　电压互感器反充电危害

由以上分析可知，当 TV 反充电时，除了会在 TV 一次侧产生高压之外，还将会造成 TV 二次空气断路器跳闸和烧坏 TV 并列装置内的插件和继电器。TV 的变比很大，在 110kV 系统，$K = 110/\sqrt{3}/0.1/\sqrt{3} = 110/0.1 = 1100$。下面以单相电压互感器为例，分析反充电带来的危害。

反充电的原理如图 7-63 所示。

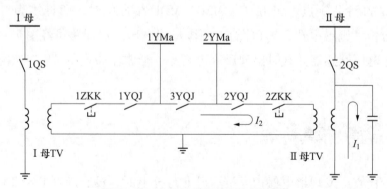

图 7-63　电压互感器反充电原理图

在图 7 - 63 中，在母联合闸前，Ⅰ母线有压，Ⅱ母线无压，图中1ZKK、1YQJ、2YQJ、3YQJ、2ZKK 都在合位，当母联合闸时，经以上回路Ⅰ母线对Ⅱ母线反充电。Ⅱ母线电压为 $0.1/\sqrt{3} \times K = 127$（kV），此电压将对大地产生电容电流，假若此电流为 6mA，则二次回路将产生 $6mA \times K = 6.6A$ 的电流。若母线对地电容电流再大些，则二次电压回路的电流还要大些。因此就会产生 TV 二次空气断路器跳闸和烧坏 TV 并列装置内的插件和继电器的事故。

7.22.5 杜绝措施

（1）严格检验二次回路的正确性，做好验收工作。

（2）按操作规程工作，当停用电压互感器隔离开关时，一定要断开其相应的 TV 二次空气断路器。

（3）注意断路器的辅助触点与断路器主触点的时间配合关系，一定要在主触点先合好以后，辅助触点才转换过来，严防辅助触点先合上而主触点后合上的事情发生，否则仍然会出现反充电事故。

7.23 保护装置电流端子接线错误引发零序Ⅰ段拒动分析

7.23.1 零序Ⅰ段拒动情况

某 110kV 线路施工完毕，对保护装置进行整组传动试验时，依设计图纸和定值单加入合理的交流量，零序Ⅰ段不能动作。

7.23.2 原因查找

1. 二次回路检查

认真核对安装接线，与设计施工图纸完全符合，包括二次回路接线、保护端子排。屏后二次线排列整齐、接线正确，无螺栓、线头松动现象。TA、TV 极性正确，各项反措到位。

2. 保护测试仪检查

更换保护测试仪，结果依旧。用此测试仪对其他保护进行测试，测试结果均符

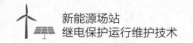

合要求，说明测试仪正常。

◐ 3. 保护装置本体检验

甩开所有二次回路，按照保护装置说明书的说明，直接加量于装置进行测试，零序保护正常启动，动作正确。此时发现施工设计图与说明书上的典型接线有所不同。

在施工设计图纸中，保护装置交流电流回路的外接零序电流端子没有任何接线，如图 7 - 64 所示。而说明书上的典型接线交流电流回路中，外接零序电流端子串在 TA 中性线上，如图 7 - 65 所示。按图 7 - 65 接线更改二次接线，再次试验，零序 I 段保护正确动作。

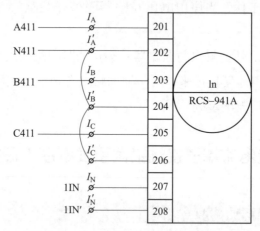

图 7 - 64   110kV 线路保护电流回路设计图

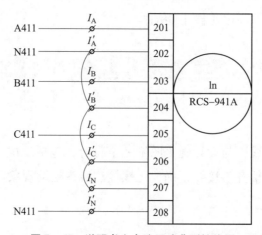

图 7 - 65   说明书上电流回路典型接线图

7.23.3 零序 I 段拒动原因分析

由以上试验结果可判断，零序 I 段拒动是外接零序电流没有接入之故。

通过仔细阅读说明书才知，虽然零序方向元件、零序过电流元件均采用自产的零序电流计算，但零序电流的启动元件仍由外部的输入零序电流计算，不接入外接零序电流，所有与零序电流相关的保护均不能动作。

7.23.4 用了自产零序电流还要用外接零序电流的原因

（1）由 $3U_0$ 构成的零序方向保护，"方向接反"的不正确动作延续了多年。这是 20 世纪 80 年代前传统保护长期动作统计的结果，其原因是确切掌握 $3U_0$ 实际进入保护装置的极性实非易事。为解决此问题，要求坚决地放弃引自互感器三次的 $3U_0$，而选用自产的 $3U_0$ 和 $3I_0$ 在保护装置内部确定它们的相量关系。

（2）保护装置的电流插件插接情况从来就是一个大问题，为了确保电流插件的可靠，就必须对其进行自检。引入外接 $3I_0$ 对自产 $3I_0$ 进行校对，当两者之间的差异超出一定范围时，说明电流插件插接出现了异常，必须采取一定的措施防止发生不正确动作。

7.23.5 防范措施

设计人员一定要熟悉保护的工作原理，认真学习典型设计的规定来由，做到知其然和所以然，才能做好设计工作。

7.24 非有效接地系统不同地点的两点接地现象分析

7.24.1 故障情况

某站有两台 220kV 变压器，220kV 侧、110kV 侧并列运行，2 号变压器 302 带 35kV I、II 负荷线路，1 号变压器 301 断路器冷备用。5 时 50 分左右，35kV 出线 I 线惬路 B 相接地；7 时 57 分，出线 II 电缆头 C 相爆炸并接地。

7.24.2 故障录波图

　　母线 TV 故障录波图和 2 号变压器低压侧电流录波图如图 7 – 66、图 7 – 67 所示。

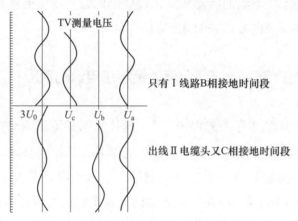

TV测量电压

只有 I 线路B相接地时间段

$3U_0$　U_c　U_b　U_a

出线 II 电缆头又C相接地时间段

图 7 – 66　母线 TV 故障录波图

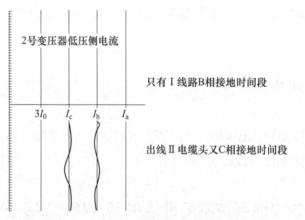

2号变压器低压侧电流

只有 I 线路B相接地时间段

$3I_0$　I_c　I_b　I_a

出线 II 电缆头又C相接地时间段

图 7 – 67　2 号变压器低压侧电流录波图

7.24.3 故障分析

　　35kV 母线 TV 的接地方式是三只单相电压互感器 N 点接地，零序电压用开口三角，三次额定电压是 100V/3。互感器的接线方式见图 7 – 68。

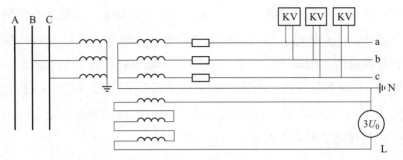

图 7-68　互感器接线

● 1. 35kV 出线 I 线惬路 B 相接地

5 时 50 分左右，35kV 出线 I 线惬路 B 相接地，B 相对地电压为零，A、C 相电压升高 $\sqrt{3}$ 倍，相角差为 60°，$3U_0$ 超前 U_{AN}30°，$3U_0$ 滞后 U_{CN}30°，$3U_0$ 电压升高为正常运行相电压 3 倍，B 相一点接地一次系统的电压相量图如图 7-69 所示。因零序电压用开口三角，三次额定电压是 100V/3，故 U_A、U_C、$3U_0$ 二次幅值相等，均为 100V，如图 7-66 所示。当非有效电流系统发生一点接地时，无故障电流，如图 7-67 所示。图 7-67 中，I 线 B 相接地时间段内三相电流均为零，根据相关规程规定，不接地系统发生单相接地时，系统允许连续运行 2h，可在此期间寻找故障线路。

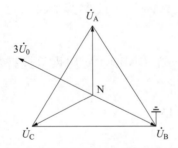

图 7-69　B 相一点接地一次系统的电压相量图

● 2. 出线 II 电缆头 C 相又爆炸并接地

7 时 57 分，出线 II 电缆头 C 相在另一地点爆炸并接地，即发生了不同线路上的两点接地。

从图 7-67 可知，2 号变压器低压侧 B、C 相电流大小相等，方向相反，与有效接地系统的相间故障类似。从图 7-66 可知，C 相电压幅值很小，A 相电压的幅值比 B 相接地时的电压稍低，约为 1.5 倍故障前额定相电压。我们知道，如果在同一个地点发生两相同时接地，则故障电压与有效接地系统的相间故障相同，则 B、

C 相电压应为同相位，相对中性点 N 的电压应为 $-0.5U_A$，对地电压均为零。由于本次故障并非在同一点接地，且两接地点之间存在着电阻，则这个故障接地电阻上要流过故障相间电流，因而产生接地电阻压降。现场检查结果表明：Ⅱ 出线 C 相接地点距离母线 TV 安装处很近，因而 C 相对地电压很小，接近于零；Ⅰ 出线 B 相接地点远离母线 TV 安装处，TV 一次绕组上得到的电压应为接地电阻上的压降，所以 B 相电压在 C 相接地后反而升高了。

7.24.4 启示

非有效接地系统不同地点发生两相接地的概率是很高的，特别是 35kV 系统。因为 35kV 线路的绝缘子由多节组成，若其中一节损坏，绝缘下降是发现不了的。当发生一点接地后，非故障相电压上升 $\sqrt{3}$ 倍，原来有损坏的部位绝缘会被击穿，形成两点接地，此时查找故障线路就比较困难了，因此希望故障测距能测到故障点。这个例子告诉我们，这种情况下的测距一定要考虑接地电阻的影响，否则是测不准的。

7.25 剩磁引起 100MW 机组差动保护误动实例分析

7.25.1 故障情况

某 100MW 机组主变压器高压侧两相短路恢复运行数日后，110kV 线路两相短路，引起机组差动保护误动。

差动保护启动定值为 $0.15I_N$。

7.25.2 发电机两侧电流故障录波图

发电机两侧电流故障录波图如图 7 - 70 所示，图中示出的两组电流分别为机端和中性点 TA 的电流，F 表示机端，M 表示中性点。

7.25.3 误动原因分析

图 7 - 70 所示故障录波图上，没有电流的刻度坐标，但这不影响分析，我们只看同相电流的波形即可。

图 7 – 70 中 C 相的电流畸变很大，特别是 F3 – Ic 的波形，在刚一开始故障，就出现了 TA 饱和，时间不到 4ms，而中性点一侧则饱和时间要晚一点，两者出现饱和的时间相差 20ms，因此 C 相一定会出现差流，使 C 相差动出口。

比较这两组 TA 饱和出现的时间可知，F3 – Ic 这组 TA 在上次受电流冲击后，铁芯的剩磁很大，故障起始 4ms 就深度饱和了。而 M3 – Ic 则剩磁要小些，还能传变 8ms 的直流分量后才饱和，然后都渐渐退出饱和区。应该说，C 相的两组 TA 工作条件和历史是相同的，出现这个问题说明其暂态退磁特性不一致。

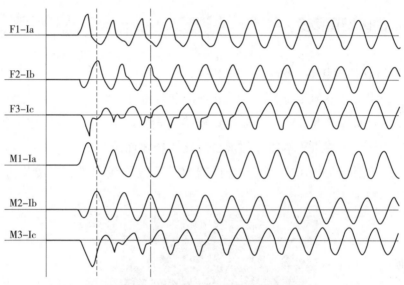

图 7 – 70　发电机两侧电流故障录波图

7.25.4　吸取教训

（1）发电机保护在 TA 选型时，最好选择 PR 和 TP 类对剩磁有限制的电流互感器。

（2）发电机差动保护一定要有抗 TA 饱和的措施。

7.26　35kV 母线电压互感器故障保护误动分析

7.26.1　故障情况

某站仅有 1 台主变压器。某日 12 时 55 分，监控后台机报出："35kV Ⅰ 段母线接地""35kV Ⅰ 段 TV 计量电压消失"信号。35kV 母线各相对地电压指示 U_a =

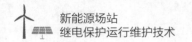

$24.5\mathrm{kV}$、$U_\mathrm{b} = 1.2\mathrm{kV}$、$U_\mathrm{c} = 12.8\mathrm{kV}$。

13 时 06 分，发现 35kV 西母 TV 本体 B 相二次接线盒短路起火。

14 时 25 分，值班员将 35kV 西母 TV 停止运行。

18 时 48 分，直流屏自检装置发出："Ⅰ段控母差压报警""Ⅰ段母线绝缘报警"信号。

在查找直流接地故障过程中，1 号主变压器高压侧断路器、35kV 西母及 10kV 西母失压。

7.26.2 故障调查情况

有关人员到达现场后，检查情况如下：

（1）直流屏上有直流接地信号。液晶显示：控母正对地 51V，母线负对地电压 168V。

（2）35kV 西母 B 相 TV 二次接线盒短路烧毁，B 相 TV 本体主绝缘没有损坏。如图 7-71 所示，B 相 TV 本体外部被二次接线烧毁而熏黑。

（3）35kV 西母 TV 柜二次线有烧损情况，二次接线端子、电缆均有外绝缘烧损，如图 7-72 所示。

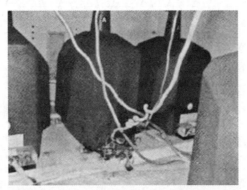

图 7-71 35kV 西母 B 相 TV 二次接线盒烧损情况

图 7-72 35kV 西母 TV 端子烧损情况

（4）1号主变压器保护屏后面，从屏顶小母线下来的35kV西母TV二次电压小母线、直流电源线有严重烧伤情况。

（5）对35kV西母TV本体接线情况进行检查核对。35kV西母TV是由4只TV组成的抗谐振接线。三相TV的高压侧"N"端子从下部引出（和二次引出端子同一个接线盒），三相"N"端子相互连接，再接零相TV的高压端子。零相TV的N端子接地。从原理上看，此接线正确无误。TV接线如图7-73所示。

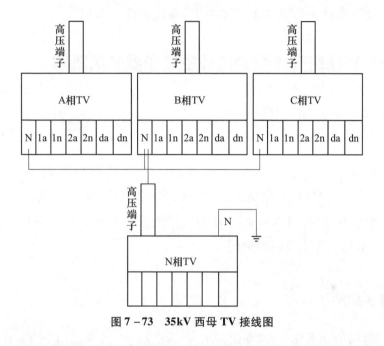

图7-73 35kV西母TV接线图

7.26.3 事故原因分析

（1）高电压窜入35kV西母TV二次线。报出"35kV I段母线接地"信号时，35kV西母各相对地电压$U_a = 24.5$kV，$U_b = 1.2$kV，$U_c = 12.8$kV。三相电压不一致，可能是一次系统发生了故障，也可能是系统谐波分量过大导致。由于电压互感器的一次"N"端子与二次端子在同一个接线盒内，中性点位移，"N"端子上的高电压将二次线绝缘击穿，导致35kV西母TV二次线多处烧损，并导致直流多点接地。

（2）1号主变压器高压侧断路器误跳闸故障。35kV西母TV属于半绝缘结构，其一次"N"端子与二次端子在同一个接线盒内，只要发生系统中性点位移、单相接地、谐振过电压等故障，"N"端子上都会有高电位。系统单相接地故障时，"N"端子上的电压高达21~23kV，很容易使电压互感器二次线窜入高电压，使111断路器误跳闸。

7.26.4 改进措施及教训

（1）一次"N"端子与二次端子在同一个接线盒内的半绝缘 TV，不能组成四 TV 消谐接线接入电网运行。事后将系统内四 TV 接线方式的半绝缘 TV 全部更换成全绝缘 TV。

（2）新建变电站不得选用半绝缘四 TV 接线方式。

7.27 35kV 线路开关拒动造成主变压器越级跳闸

7.27.1 故障简述

某日，220kV 某风电场 35kV 集电Ⅱ线 312 开关柜后 B 相电缆击穿接地，14.739s 后，转化为 AB 相短路接地，集电Ⅱ线 312 保护 300ms 动作，但因控制回路设计出错，断路器拒动。359ms 后，转为三相短路，越级引起 220kV 1 号主变压器高压侧 201、低压侧 301 断路器跳闸。

7.27.2 保护动作情况

35kV 集电Ⅱ线发生 B 相电缆绝缘击穿接地故障，14.739s 后，转为 AB 相短路接地；如果以 AB 相短路接地为 0ms，集电Ⅱ线 312 保护 300ms 动作，断路器未跳闸；359ms，转为三相短路；408、412ms 后 1 号主变压器 A、B 套保护低压侧过电流Ⅰ段 1 时限保护动作，应该跳低压侧 301 断路器，但主变压器保护出口矩阵整定错误，301 断路器未跳闸；507、508ms 后，低压侧过电流Ⅰ段 2 时限、高压侧过电流Ⅰ段 1 时限保护动作，主变压器两侧断路器跳闸，560ms 故障电流消失。保护动作报告数据见表 7-8，故障全过程低压侧波形见图 7-74。

表 7-8　　　　　　　　　保护动作报告

35kV 集电Ⅱ线 312	1 号主变压器	
RCS-9611C	RCS-978E	CSC326B
300ms 过电流一段动作	408ms Ⅲ侧过电流 T_{11}	411ms 中复流Ⅰ段 T_1 出口
	508ms Ⅲ侧过电流 T_{12}	507ms 中复流Ⅰ段 T_2 出口
	509ms Ⅰ侧过电流 T_{11}	516ms 高复流Ⅰ段 T_1 出口

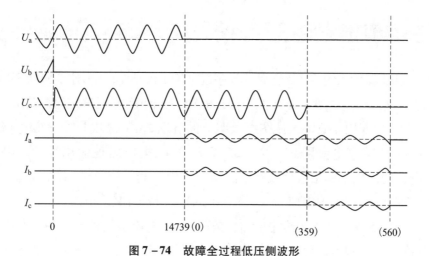

图 7-74 故障全过程低压侧波形

7.27.3 结论

本次故障中，35kV 集电 Ⅱ 线 312 线路保护动作正确，断路器拒动。越级到 1 号主变压器，1 号主变压器 A、B 套保护低压侧过电流 Ⅰ 段 1 时限动作，但出口矩阵整定错误，未跳低压侧 301 断路器，低压侧过电流 Ⅰ 段 2 时限、高压侧过电流 Ⅰ 段 1 时限保护动作，引起 220kV 1 号主变压器高压侧 201、低压侧 301 断路器跳闸。

7.27.4 启示

严格按定值要求进行定值整定，特别是主变压器出口矩阵，正确的出口矩阵必须经跳闸验证。并将每一位出口释义粘贴到保护面板上，以保证下次更改出口矩阵的正确性。

7.28 零序电流接线松动造成保护越级跳闸分析

7.28.1 故障情况

某日，220kV 某风电场 1 号主变压器 A 套 PRS-778S 保护装置"零序过电流 Ⅰ 段 1 时限"保护动作；1 号主变压器 B 套 SGT-756 保护装置"零序过电流 Ⅰ 段 2 时限"保护动作；1 号主变压器 35kV 侧 301 断路器跳闸，35kV Ⅰ 母及所带设备停运。

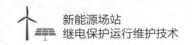

新能源场站
继电保护运行维护技术

7.28.2 故障过程分析

1号主变压器低压侧 A、B 套保护零序过电流Ⅰ段动作，1号主变压器 35kV 侧 301 断路器跳闸。检查 1 号主变压器保护信息、相关保护定值清单后确定保护动作正确。

通过 1 号主变压器故障录波图可以明显的看出 35kV 集电Ⅳ线 B 相电流突然增大的同时 35kV 零序电流随之增大，35kV 母线 U_b 电压出现大幅波动。由此判断 35kV 集电Ⅳ线出现了单相接地故障，故障相别为 B 相。35kV 集电Ⅳ线保护装置零序保护未动作，零序保护定值为（48A，0.3s），判断为保护拒动。

现场检查 35kV 集电Ⅳ线保护装置，发现零序电流接线松动，用手轻拽后接线松开，如图 7 - 75 所示，初步判断是接线松动导致零序电流未进入保护装置，造成保护未动作。

图 7 - 75　零序电流回路接线松动

检查确认 1 号主变压器 35kV 侧 301 断路器故障跳闸，是因为 35kV 集电Ⅳ线保护装置零序电流接线松动导致故障相零序电流未进入保护装置，造成保护拒动越级跳主变压器断路器。

7.28.3 结论

因 35kV 集电Ⅳ线 ISA - 367G 线路保护装置拒动，越级跳 1 号主变压器 35kV 侧 301 断路器关，导致 35kV Ⅰ 母失压。

7.28.4 启示

（1）现场设备安装调试复检工作必须到位，回路接线检查不能存在遗漏。

（2）现场工程质量验收把关必须严格，回路试验必须做到全覆盖全项目。

7.29 线路电缆屏蔽层接地不规范导致线路保护拒动主变压器跳闸

7.29.1 故障简述

某日，220kV某风电场集电Ⅱ线线路终端塔B相电缆头击穿，发生B相接地故障，集电Ⅱ线312断路器iPACS-5711保护未动作，CSC-326B主变压器保护零序过电流保护出口动作，跳主变压器低压侧301断路器。PRS-778主变压器保护启动，未出口动作。

7.29.2 故障原因分析

故障时312断路器电流、电压录波图见图7-76，故障时主变压器各侧电流录波图见图7-77。

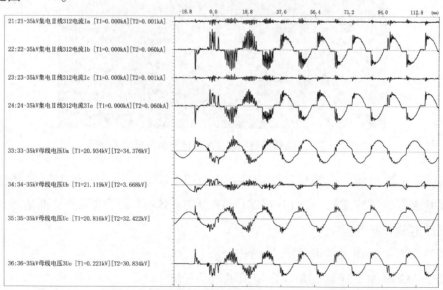

图7-76 故障时312断路器电流、电压录波图

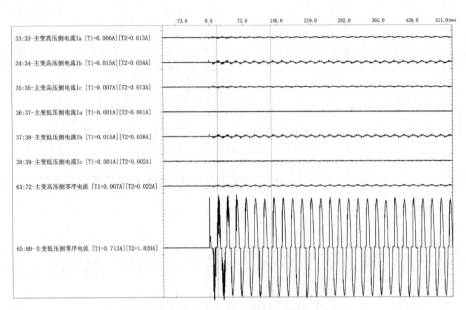

图 7-77　故障时主变压器各侧电流录波图

（1）集电Ⅱ线 312 断路器 iPACS-5711 保护拒动分析：

312 断路器零序Ⅰ段定值 0.6A，动作时间 1s，零序 TA 使用外接 TA，变比 50/1，当线路发生单相接地故障时，保护装置零序保护拒动，经排查发现零序 TA 电缆蔽层接地不规范，是导致零序保护拒动的主要原因，如图 7-78 所示。

图 7-78　312 断路器零序 TA 电缆屏蔽层接地不规范

如图 7-79 所示，电缆屏蔽线应穿过零序 TA 接地，图 7-78 实际现场中电缆屏蔽线并未穿过零序 TA，导致外接零序 TA 无法测量到零序电流，从而造成保护装置零序过电流保护拒动。

（2）CSC-326B 主变压器保护动作分析：

CSC-326B 主变压器保护零序定值见表 7-9。

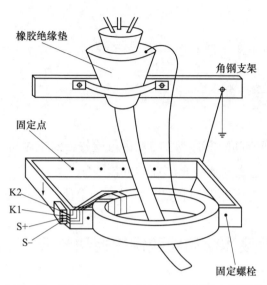

图 7-79　35kV 电缆零序 TA 及屏蔽线正确接线图

表 7-9　　　　　　　　　CSC-326B 主变压器保护零序定值

名称	定值	名称	定值
低压侧零序过电流 I 段	0.7A	低压侧零序过电流 II 段 T_1 时限	1.3s
低压侧零序过电流 II 段	0.7A	低压侧零序过电流 II 段 T_2 时限	1.6s
低压侧零序过电流 I 段 T_1 时限	1.6s		

从图 7-76、图 7-77 可知，故障时 $3I_0$ 为 1.93A，零序过电流达到定值，CSC-326B 主变压器保护启动，零序过电流 2 段 T_1 时限 1313ms、零序过电流 I 段 T_1 时限 1613ms、零序过电流 II 段 T_2 时限 1613ms 出口动作，跳主变压器低压侧 301 断路器，保护动作正确。

（3）PRS-778 主变压器保护拒动分析：

主变压器低压侧 TA 变比 2400/1，低压侧中性点零序 TA 变比为 50/1，PRS-778 装置定值计算主变压器中性点零序 TA 变比 50/1 整定为 0.7A，现场 PRS-778 装置中控制字"零序过电流 I 段用外附 TA"误整定为"1"，即采用自产零序。从装置故障可知自产零序电流最大为 0.038A，小于零序整定定值 0.7A，故装置未动作。

7.29.3　暴露问题

（1）施工单位零序 TA 及电缆屏蔽线安装不规范，验收时未发现电缆屏蔽线未

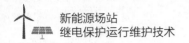

穿过零序 TA。

（2）未认真核对主变压器 PRS-778 保护控制字。

7.29.4　整改措施

（1）对 354kV 所有间隔零序保护 TA 进行检查，对电缆屏蔽层接地安装位置不规范整改，确保所有电缆屏蔽线全部穿过外接零序 TA。

（2）全面检查主变压器保护装置，核对保护定值，更正错误的控制字。

7.30　采样回路接线松动导致保护拒动分析

7.30.1　故障情况

某日，110kV 某风电场 35kV 集电Ⅰ线终端杆塔 A 相避雷器引线和通信光缆放电造成 A 相接地故障，35kV 集电Ⅰ线零序过电流保护保护拒动，110kV 1 号主变压器低压 1 侧零序过电流Ⅲ段 1 时限动作（动作电流 1.926A，保护定值 1.2A）。

与故障相关的系统接线图见图 7-80。

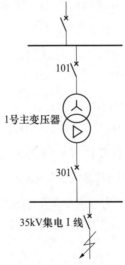

图 7-80　系统接线图

7.30.2 保护动作情况

▶ 1．故障录波图

故障录波图见图 7 − 81。

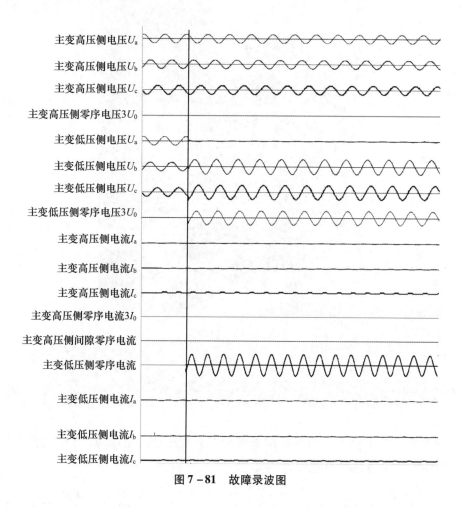

图 7 − 81　故障录波图

▶ 2．保护动作情况

1 号主变压器低压 1 侧零序过电流Ⅲ段 1 时限动作（动作电流 1.926A，保护定值 1.2A）。

35kV 集电Ⅰ线一次零序电流 91A，零序 TA 变比为 50/1，二次零序电流1.82A，（零序Ⅰ段保护定值为 0.6A，1.0s；零序Ⅱ段保护定值为 0.5A，1.3s），零序Ⅰ、Ⅱ段保护均拒动。

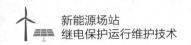
> **3. 保护拒动分析**

经检查，35kV 集电Ⅰ线 311 断路器保护装置零序保护二次接线 L4012 端子接线松动（见图 7 - 82），导致保护采集不到零序电流，保护拒动。

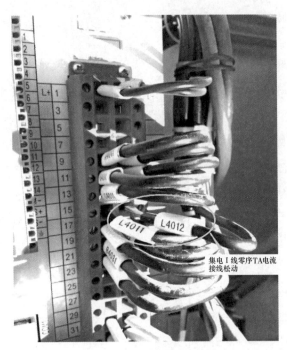

图 7 - 82　松动点

7.30.3　结论

本次故障中，1 号主变压器保护正确动作，快速切除了故障。35kV 集电Ⅰ线零序电流保护因二次回路断开拒动。

7.30.4　防范措施

加强基建验收、保护定检工作时的二次回路检查，确保螺钉紧固，连接可靠。

检查过程中还发现该风电场电缆屏蔽线接地线未穿过 TA 接地，导致线路单相接地后零序电流大部分不流过 TA，影响故障选线精度。铠装电缆外皮接地点在 TA 上部时，应将接地线穿过 TA 接地，该风电场已对屏蔽接地线进行改造，将电缆屏蔽线接地线穿过 TA。

第 8 章 新型电力系统继电保护及自动化新技术

我国能源转型快速发展，高比例可再生能源大量接入电网，截至 2024 年第一季度，全国全口径发电装机容量 29.9 亿 kW，非化石能源发电装机容量 16.4 亿 kW，占总装机容量比重为 54.8%，其中并网风电和太阳能发电合计装机规模达到 11.2 亿 kW，占总装机容量比重为 37.3%。高比例新能源的强波动性、时空随机性给电力系统安全稳定运行带来巨大挑战。2024 年我国各类装机容量占比如图 8-1 所示。

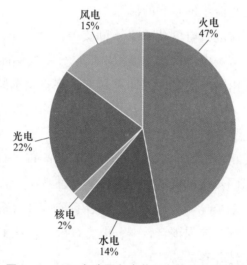

图 8-1　2024 年我国各类装机容量占比示意图

8.1　新型电力系统的特征

相比传统电力系统，新型电力系统在电源构成、电网形态、负荷特性、技术基础、运行特性等方面有很大变化，如图 8-2 所示。

电源构成方面，由以化石能源发电为主导，向大规模可再生能源发电为主转变。随着能源转型不断深化，新型电力系统电源构成从确定性的、可调可控的常规电源占主导，逐步演化为随机性、间歇性、波动性的新能源发电占主导的特征。

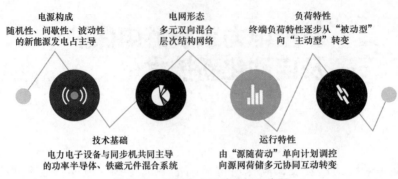

电源构成
随机性、间歇性、波动性
的新能源发电占主导

电网形态
多元双向混合
层次结构网络

负荷特性
终端负荷特性逐步从"被动型"
向"主动型"转变

技术基础
电力电子设备与同步机共同主导
的功率半导体、铁磁元件混合系统

运行特性
由"源随荷动"单向计划调控
向源网荷储多元协同互动转变

图 8-2　新型电力系统特征示意图

电网形态方面，由"输电、配电、用电"单向输电网络向多元双向混合层次结构网络转变。新能源规模化开发、高比例消纳和新型负荷广泛接入，使得电力系统源端汇集接入组网形态从单一的工频交流汇集接入电网，逐步向工频/低频交流汇集组网、直流汇集组网接入等多种形态过渡；输电从交流网架与直流远距离输送为主的形态过渡到交流与直流组网互联的形态。

负荷特性方面，终端消费电气化水平不断提升的背景下，电力负荷多元互动、产消融合新形态层出不穷。电动汽车、虚拟电厂、分布式储能等新型负荷的不断涌现，使得电力系统负荷由刚性向柔性的体系转变；终端负荷特性逐步从"被动型"向"主动型"转变；终端用户能源消费从刚性需求向高弹性柔性需求转变。

技术基础方面，由支撑机械电磁系统向支撑机电、半导体混合系统转变。新型电力系统呈现高比例可再生能源、高比例电力电子设备的"双高"特点，使得新型电力系统物理形态从以同步发电机为主导的机械电磁系统，转变为由电力电子设备与同步机共同主导的功率半导体、铁磁元件混合系统；电力系统动态特性从机电暂态和电磁暂态过程由弱耦合向强耦合转变；电力系统稳定从工频稳定性为主导的特性向工频和非工频稳定性并存的特性转变。

运行特性方面，由"源随荷动"单向计划调控向源网荷储多元协同互动转变。电力系统向源网荷储一体化和多能互补、电源构成清洁化，电力网络多形态融合，电力负荷多元化，新型储能建设等多方面发展。图 8-3 所示为新型电力系统多元混合网架结构和多能互补典型示意图。

8.2　新型电力系统下继电保护及自动化面临的挑战

随着风电、光伏发电等新能源发电的迅猛发展和源网荷储核心设备的电力电子化，电力系统呈现"双高"发展趋势，新型电力系统面临诸多挑战，核心是解决新

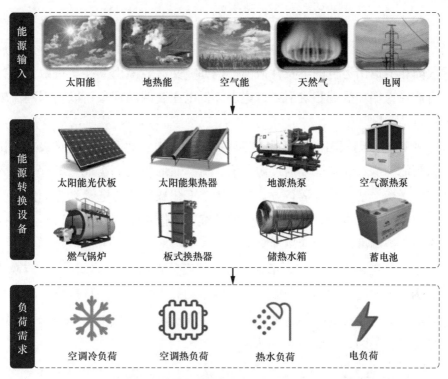

图 8-3 新型电力系统多元混合网架结构和多能互补典型示意图

能源波动性带来的时空不确定性与并网方式带来的高比例电力电子化两大关键科学问题。当源网荷中以电力电子换流器为并网接口的装置大规模取代以同步发电机为代表的电磁变换装置后，在短路故障等大扰动事件下，系统暂态过程受电力电子换流器暂态特性影响的机理不明，同时还要求电力电子换流器至少承担起原有同步发电机对电网的诸多支撑功能，长期形成的关于稳定和继电保护等方面的基础理论面临失效的风险。

8.2.1　新型电力系统稳定方面的挑战

电网在运行过程中，电网能够维持稳定是对运行的最基本要求。在同步机占主导地位的传统电力系统中，同步机承担电网的功角稳定、频率稳定和电压稳定。在新型电力系统中，以电力电子换流器为并网接口的各类电源、负荷和储能取代同步机占主导地位，因此带来一些电网功角稳定、频率稳定和电压稳定问题。电力电子换流器也带来传统电网不存在的宽频带振荡等新问题，将电力系统稳定分为功角稳定、频率稳定和电压稳定的传统大类分法已不适用，需要分析研究新型电力系统稳定性机理，创建电力电子换流器占主导地位的稳定理论。

主要表现如下：

（1）继发性和并发性联锁故障概率增大。由于系统中电力电子设备对故障的敏感度高，耐受故障能力差，电力电子化的电力系统呈现自治化的倾向，会造成多个元件因故障相继退出运行的继发性故障。例如，交流故障引发换相失败，导致直流闭锁，可能在送端和受端相继引发过电压、低电压脱网的现象，以及因潮流转移再引发的过负荷问题。

（2）预案式控制策略的局限性。随着新能源发电占比和电力电子设备占比的逐步增加，新能源的波动特征要通过源、网、荷、储的协同，实现系统有功功率和无功功率实时平衡，造成系统运行方式变化大、变化快，电力电子设备的模型呈现非线性、时变特征，使电力系统呈现更强的连续－离散系统特性，导致预案式控制策略效果变差，控制准确性和适用性降低。

（3）稳定问题的多重性。大量新能源经特高压直流跨区域输送，当传输通道故障时，会造成很大的有功功率和无功功率的波动和不平衡，并且造成风电、光伏与直流输电系统的动态特性叠加，可能会同时引发系统功角稳定、频率稳定、电压稳定和过负荷等多个问题，如图8-4所示。

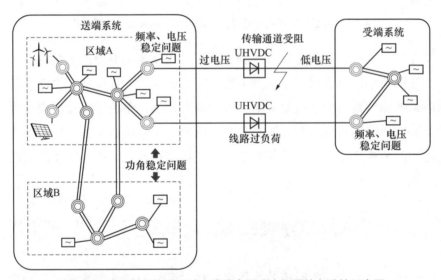

图8-4　高比例新能源区域交直流电网稳定问题的多重性示意图

（4）谐振场景增多。电力电子设备的波形变换及其非线性控制过程产生大量的谐波，电网的柔性输电技术改变电网的电路参数，叠加电力电子控制策略的作用使得电路的谐振频率更加宽泛。水电、风电机组的动力机械系统在低/超低频率可能呈现负阻尼特性，导致机械－电气系统共振。这种电网谐波源以及多种弱阻尼或负阻尼的谐波传播路径导致电网振荡（包括次同步振荡、超同步振荡、低频振荡、失步振荡）场景更多，安全控制难度增大。

对稳定控制问题产生的威胁原因主要包括以下几个方面（见图8-5）：

（1）新能源的控制算法主导取代同步机纯物理特性。采用多控制环（电流控制环、电压控制环、功率控制环等）驱动的电力电子换流器为接口进行相应的电能或能量变换，依靠控制算法而非物理特性保证装置的稳定运行，其稳态、动态和故障时的响应特性和调控能力与传统电力系统的同步发电机截然不同。

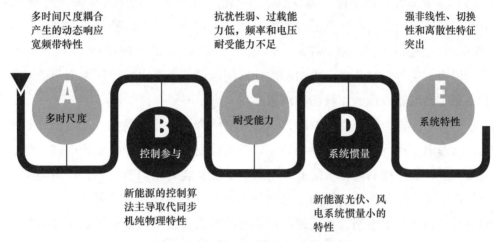

图8-5　稳定控制问题产生原因示意图

（2）多时间尺度耦合产生的动态响应宽频带特性。宽频带振荡发生的根源是电力电子换流器及其控制通过复杂电网耦合形成的多时间尺度动态相互作用，电力电子换流器内部的多级控制、多控制环蕴含多时间尺度耦合动态，如双馈风电主要有交流电流、直流电压、机械转速等多个控制目标，对应不同时间尺度的动态响应。因此，双馈风电可在非常宽阔的频带内响应电网侧扰动，导致多时间尺度控制相互作用，有时会引发不利的稳定问题。宽频带振荡的建模、分析与控制极为困难。宽频带下，设备和系统的建模需要兼顾不同时间尺度的动态及其复杂的耦合关系，存在宽频带精准建模难题；宽频带振荡中多模式并存且随源网方式变化而此消彼长，兼受扰动强弱影响，导致振荡模式的准确定位和振荡特征的定量分析面临前所未有的挑战；动态耦合的复杂多样、振荡模式的变化、运行方式的改变使得控制系统的整体配置和参数设计面临巨大的适应性难题。

（3）惯量小的特性。虽然风电的叶片具有相对较小的等效转动惯量，但采用电力电子换流器接口接入电网后，风电输入功率和电网侧输出电磁功率解耦，不再具有同步机基于旋转动能的惯量响应特性。光伏发电则基本没有转动惯量。目前所提出的基于控制的频率支撑和虚拟惯量技术，即使有持久的能量支持，也会因过载能力、控制模式、功能规范等原因作用受限，影响设备的工作效率和灵活性。

（4）抗扰性弱、过载能力低，频率和电压耐受能力不足。如风电、光伏发电等新能源发电涉网性能要求偏低，其频率、电压耐受能力与常规火电相比较差，电网故障期间易因电压或频率异常引起大规模脱网，甚至引发联锁故障。该问题会随着新能源发电的大规模集中接入而日益凸显。

（5）强非线性、切换性和离散性特征突出。电力电子器件的高频开通和关断，电力电子换流器因耐受水平低而设置的限幅、饱和等环节，以及不同控制模式（有功/无功功率控制、电压/频率控制）或运行工况（高/低电压穿越）下控制/保护策略的切换，使得新能源发电机组和柔性输配电设备呈现出较传统发电机组和输配电设备更复杂的非线性、切换性和离散性。

总而言之，电力电子换流器的多时间尺度耦合、非线性动态、控制模式切换等特性，电力电子换流器暂态失稳机理还未深入研究；电力电子换流器的惯量低、耐受能力不足、抗扰性弱等特征降低了电网的抗扰动能力和调节能力，严重时会影响电网的稳定性；强非线性会增加理论创新和技术攻关的难度；控制主导性和动态响应的宽频带特性也给电网的稳定控制带来新的机遇和选择，推动了稳定性分析、控制理论与方法的变革；非同步机电源没有运动的转子，没有传统意义上的功角，原有的"功角稳定性"理论有所局限。

8.2.2　新型电力系统继电保护方面的挑战

（1）继电保护速动性挑战。传统保护理论基于所采集的电气量，辨识出相应的稳态量或准稳态量，以此作出准确的故障判断并完成相应的保护动作。与常规电气设备不同，电力电子换流器存在控制模式切换，对外呈现强非线性，且故障耐受能力较弱，需要采用暂态量实现快速保护。电力电子换流器与同步机相似，其故障响应也可以分解为暂态分量和稳态分量，但电力电子换流器的暂态过程远短于交流同步机，通常仅持续几毫秒到几十毫秒；同时，电力电子换流器耐受故障的持续时间也相对较短。这就要求基于电力电子换流器的快速暂态故障响应，而不是同步机的缓慢暂态故障响应来建立性能更好、可解释性更强的保护方案，这也对保护的速动性、电力电子换流器的暂态过程故障特征分析和暂态故障建模的基础理论创新提出更高要求。

（2）故障特征识别的挑战。与常规电气设备不同，电力电子换流器随电网扰动的大小而呈现完全不同的特性。电力电子换流器控制模式的快速切换与同步机扰动应对方式存在本质区别。控制器的限幅、控制模式的切换都会增加故障响应的复杂性，也会增加故障建模和分析的难度。当电网发生轻微扰动时，电力电子换流器按预先设定的控制逻辑正常动作，实现预期的功能和性能；当电网发生一般性故障且故障电流达到限幅时，电力电子换流器将在限流条件下继续工作，此时可能发生控制模式的切换；当电网发生严重故障导致电压骤降或骤升时，电力电子换流器进入故障穿越状态，并按预定的策略向电网提供主动支撑。

初步研究结果表明，电力电子换流器的故障特征可分为短路电流特征、等值阻抗特征和故障谐波特征等。

一是短路电流特征受电力电子换流器提供短路电流的能力和控制模式影响。当电力电子换流器输出电流没有被限幅时，暂态短路电流特性主要受控制参数影响；当电力电子换流器输出电流被限幅时，处于非线性区，出现饱和现象，控制性能变差，超调量增大，稳定时间变长。

二是等值阻抗特征是电力电子换流器关键故障特性，影响故障线路保护的可靠动作。然而，电力电子换流器的等值系统阻抗会随着控制作用而改变，尤其当电力电子换流器的低电压穿越控制动作后，等效阻抗相角会发生改变。此外，通过适当的控制方法，可使故障期间电力电子换流器等值负序阻抗近似为无穷大。

三是对于故障谐波特征，通常认为电力电子换流器提供的短路电流中谐波成分丰富、比例增加，会影响基于谐波分量的保护动作性能，严重时可能引起误动或拒动。

（3）继电保护原理的挑战。如图8-6所示，在传统电力系统中，交流线路的主要保护策略是根据同步机的故障特点设计的，如过电流保护、距离保护和零序/负序保护等。在新型电力系统中，故障特征将取决于电力电子换流器的控制，传统的保护方法可能会失去其选择性。电力电子换流器提供的故障电流较小，会削弱电网故障后的电气特征，影响保护的灵敏性，如短路电流太小，将导致交流故障时过电流保护方案不再适用；过电流保护系统依赖于单个继电器的过电流检测算法和多继电器之间的协调配合，也会随之失效。受分布式电源接入电网的影响，阻抗继电器测量的故障线路阻抗大于（或小于）实际值，从而降低距离保护的灵敏性；电力电子换流器的正负序控制也会影响负序保护的正确性。传统的基于电磁原理实现的故障保护大部分基于工频分量，动作时间相对较长，无法满足毫秒级的短路电流控制需求。此外，柔性低频交流输电系统故障特性具有其独特性，需要创新与之相适应的新型故障识别保护原理及其配置方式。

图 8-6　新型电力系统继电保护方面的挑战示意图

8.3　新型电力系统下继电保护新技术

随着电力系统在电源构成、电网形态、负荷特性、技术基础、运行特性等方面出现新的转变，新型电力系统源网荷储各环节的技术需求在自身特征、发展水平等方面将产生系统性的深刻变化，现有技术无法满足新型电力系统构建的需求，亟须构建适应新型电力系统的技术体系，有力支撑能源电力系统继电保护专业发展。

新型电力系统的主要运行基础仍将是交流同步机制，但未来系统形态将从以大电网为主向大电网、微电网和局部直流电网并存的形态转变；新型电力系统的稳定模式将从传统源荷实时稳定模式向源网荷储协同互动的非完全源荷间实时稳定模式转变；系统末端将由单一的被动刚性负荷形态过渡到具有响应能力的柔性调节负荷和具有自平衡能力的"微电网-微能网"形态转变。电力系统技术创新将由源网技术为主向源网荷储技术延伸，由电磁输变电技术为主向电力电子技术、数字化技术延伸转变。

8.3.1　新型电力系统安全稳定分析与控制技术

在传统电力系统向新型电力系统转型过程中，电网格局与电源结构发生重大改变，给电力系统安全稳定运行带来全新挑战。一方面，电源结构发生重大改变，新能源装机容量不断增加，常规电源比重和系统调节能力下降，新能源出力波动大、耐受能力差、调节能力弱等问题对电网运行的影响加大。另一方面，电网格局发生重大改变，特高压交直流电网逐步形成，系统容量和远距离输送规模持续扩大，交直流耦合特性复杂，大直流、直流群与弱交流之间的矛盾更加凸显。新型电力系统安全稳定分析与控制技术热点主要集中在以下几个方面（见图8-7）：

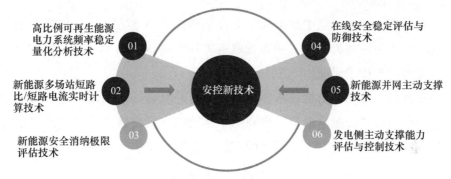

图8-7　新型电力系统安全稳定分析与控制技术

高比例可再生能源电力系统频率稳定量化分析技术方面，为有效应对新型电力系统高复杂性、高波动性、弱调节性带来的挑战，需要构建适应新型电力系统的安全稳定分析与控制技术体系，完善电力系统安全防御框架。此外，高比例可再生能源接入导致系统惯量持续减小，系统调频能力逐渐减弱，高比例可再生能源电力系统频率稳定量化分析技术能够实现系统扰动冲击后频率稳定裕度精准量化评估，为电网频率稳定量化分析提供坚强支撑。

新能源多场站短路比/短路电流实时计算技术方面，对于多电力电子设备并网系统，短路比/短路电流作为表征新型电力系统电压支撑能力的重要指标，在提升调度运行人员对新型电力系统稳定特性变化的掌握，指导各新能源场站运行在合理功率水平，降低系统因新能源故障穿越、脱网引起失稳风险，以及统筹提高新能源总体利用率等方面发挥重要作用。未来需要掌握新能源多场站短路比/短路电流实时计算技术，实现新能源并网可接纳极限的多维度评估，全面提升新能源安全消纳水平及对运行风险的掌控水平。

新能源安全消纳极限评估技术方面，推进新能源安全消纳极限评估技术，实现电网安全因素约束下系统新能源消纳能力的精准测算。

常规火电、水电机组灵活调节改造技术方面，在呈现"双高"特性的新型电力系统中，作为"压舱石"的传统电源在电力系统调节和支撑方面的基础性作用逐渐弱化。随着新能源装机容量占比不断提高，以同步机为主导的网源协调特性逐渐向电力电子化特性方向演变。常规电源灵活调节技术方面，需要大力推动常规火电、水电机组灵活调节改造技术应用，提升火电、水电机组调频、调压、调峰性能，充分发挥清洁高效先进节能常规电源的支撑作用。

新能源并网主动支撑技术方面，亟须准确把握新能源并网波动性、随机性强，支撑调节能力弱等特点，大力开展风电、光伏场站主动调频、调压基础理论研究，在新能源汇集地区选取试点应用和推广，切实提升风电场、光伏发电站等新能源场站的调频、调压性能。

基于实时信息的发电侧主动支撑能力评估与控制技术方面，应依托通信、信息技术，以广域协调控制为手段，开展新型电力系统电压、频率、阻尼支撑能力在线评估、预警与控制技术研究。

在线安全稳定评估与防御技术方面，面对日趋复杂的"双高"电网安全运行问题，应基于电网仿真或测量信息，研究信息驱动的电网在线安全稳定态势量化评估体系与自适应优化防控技术，提高电网在线安全防御实用化水平。

8.3.2 高比例可再生能源及电力电子设备接入的交直流保护技术

我国电力系统在转型过程中，新能源机组占比不断提升，同步电源占比不断下降，电力系统设备高度电力电子化，原有的同步电源故障特性被削弱，更复杂的故障动态特性被引入，相对确定的故障特性、控制框架被破坏。继电保护作为系统安全稳定的第一道防线至关重要，随着大规模新能源及电力电子设备接入电网，电网结构与故障特性的显著改变直接影响了现有交直流系统中继电保护的动作性能。

高比例可再生能源及电力电子设备接入电网的故障识别及保护新原理、柔性直流输电系统保护技术方面，以新型电力系统故障特征分析与提取为基础，考虑系统中的控制限流、故障穿越等因素，围绕相互补充、相互独立，提升继电保护"四性"，实现故障的精准切除，解决现有交直流系统中继电保护装置动作性能下降的问题。

新型场景下的保护控制协同技术方面，该技术能够针对远海新能源送出系统、沙漠光伏送出系统、新能源经柔性直流送出系统等新场景，利用电力电子设备的高度可控特性，通过继电保护和控制策略的协同，实现故障快速隔离及恢复，有效减少系统停电范围与时间，促进新能源消纳，提高系统运行效率。

新型电力系统故障模拟及测试技术方面，为提升继电保护装置性能，基于新型电力系统典型场景，通过数字与物理相结合的方式，可实现对故障特性的准确模拟及对新型保护的全面测试，是保护装置能够顺利运行的基石。

新型源荷接入的电网保护整定计算技术方面，以新型电力系统中的保护配置与整定原则为前提，建立适用于整定计算的新能源故障计算模型，能够有效提升短路电流计算与定值整定的准确性，确保继电保护装置动作性能得到充分发挥。

8.3.3　新型电力系统故障认知新技术

新能源电源的故障特征主要包括短路电流特征、等值序阻抗特征、频率偏移特性、波形及谐波特征等。目前，大规模新能源、高比例电力电子装备的接入以及常规/柔性直流等不同输电方式极大地改变了传统电网的形态，各种新能源和输电方式聚合后，电网形态及场景更加复杂，直流滤波器与平波电抗器、不同故障类型与位置、雷击、换相失败等因素均会对电压、电流的暂态特征造成明显影响，各类型新能源电源故障电流解析研究过于依赖新能源的控制策略和参数，解析表达式难以用于实际工程中新能源电源的短路电流计算，故障特征难以理论解析。

新型电力系统在形成过程中，不同阶段存在不同典型场景，对于新型电力系统背景下的典型应用场景研究至关重要。需要重点关注电源结构和网架形态以及不同发展阶段下新能源和储能占比及接入方式、新型输电方式等。对于"源"侧，新型电力系统的电源结构由可控连续出力的煤电装机占主导，向强不确定性、弱可控出力的新能源发电装机占主导转变；对于"网"侧，新型电力系统的电网形态由单向逐级输电为主的传统电网，向包括交直流混联大电网、局部直流电网的能源互联网转变。另外，基于新能源场站和储能设备在电网中的典型布局，需研究以风、光、储为代表的多类型新能源在不同组合模式、不同渗透率、不同并网形式下的典型工程场景与组合技术，结合安全性、可靠性、稳定性、经济性等的综合评价指标和相应的权重，提炼形成不同类型新能源电源和交流、常规/柔性直流等不同输电方式的典型聚合场景。

结合新能源场站内系统拓扑，分析新能源场站并网规模、运行工况、控制参数等因素对故障特性的影响，归纳不同阶段下故障特征的不同主导因素，并构造包含主要故障特性的用于系统级故障计算的新能源场站聚合等值数学模型，最终结合场景基础与模型基础，开展新能源和新型输电方式聚合情况下的故障特征及规律认知技术研究，分析故障后的电流、电压、阻抗等的特性。

新能源故障特征及认知技术还包括研究电力电子设备暂态特性近似解析方法与技术。包括电力电子设备故障穿越、限流及负序抑制等不同控制策略的控制环节和参数变化对故障特性的影响、不同控制策略的影响下的数学模型；基于电力电子设备的数学模型，考虑控制器响应前的行波阶段、控制器响应阶段、控制器响应后的稳态阶段，研究在控制策略作用下新能源单机及换流设备从故障发生初期到故障稳态的动态发展过程以及相关状态量变化；提出电力电子设备暂态故障电流、电压分阶段的近似解析方法，基于解析表达建立各阶段的等效模型，用于故障分析及整定等。

8.3.4 传统保护适应边界及性能提升技术

随着风、光等新能源和常规/柔性直流等电力电子设备的大量接入，现有的继电保护原理与方法已表现出不适用性。故障暂态期间新能源电源/柔性直流换流器接入系统存在大量的谐波，会加剧电容电流对纵联差动保护的影响，电力电子变流器在故障暂态期间正、负序阻抗相差较大且幅值远大于常规电网，会导致风电侧正、负序电流分支系数偏差较大，极大地降低了突变量保护元件的性能。电力电子变流器接入具有弱馈特性，逆变型电源的弱馈作用会导致场站侧过渡电阻的影响被放大，造成场站侧距离保护拒动。电力电子变流器的故障输出电流受控会导致序阻抗分支系数非实数，因此，传统的自适应整定距离保护、基于阻抗复数平面的距离保护和基于电压相量平面的距离保护会存在较大误差。

基于现有实际线路保护配置情况，从动作时间、保护范围、灵敏度以及可靠性指标入手，结合保护安装处短路比、电力电子装备短路电流占比等指标定量评价线路保护性能，明确保护适用边界。对于线路保护的性能提升技术，需要基于适用性分析结果进行相应改进，对于现阶段已发现的适用性问题，研究现有线路保护性能提升技术。目前线路保护提升技术主要集中在以下方面：

（1）针对新能源或电力电子设备电流受控造成差动保护灵敏性不足的问题，研究基于幅相平面的差动保护改进方案。

（2）对于新能源送出多点 T 接线路，研究多点 T 接线路差动保护的通信及数据同步方式、多端线路差动保护方案。

（3）对于新能源电源交流送出线路相间故障时造成距离保护拒动或误动问题，研究综合暂态信息的快速判别故障方向的自适应距离保护方法。

（4）对于新能源交流并网系统送出线路过渡电阻短路故障时距离保护灵敏度不足的问题，研究基于线路两侧保护相继速动的距离保护方法。

（5）针对电力电子设备接入下序分量选相元件不正确动作的问题，研究基于电压量的新型选相方法。

元件保护适应性提高的技术主要包括：研究故障时系统谐波特征与变压器、并联电抗器励磁涌流谐波特征的差异，提出不受新型电力系统谐波特性影响的励磁涌流判别技术；研究故障时系统谐波特征与电流互感器饱和时谐波特征的差异，提出不受谐波特性影响的差动保护 TA 饱和判别技术；研究新能源弱馈特性造成差动保护灵敏性不足的原因，提出差动保护灵敏度提升技术；研究换流器控制策略对并联电抗器匝间保护的影响，提出改进的匝间保护方法；分析宽频振荡对变压器、并联电抗器等主设备带来的损耗增加和异常发热等影响的机理，研究异常运行工况下主设备的耐受能力及保护方法等。

8.3.5 不依赖电源特性的继电保护新原理

为适应新型电力系统发电弱馈、高谐波、频率偏移等故障特征，相关学者基于时域模型识别的思想提出了距离保护原理，但目前相关方案对线路集中参数模型忽略分布电容而产生的模型误差的考虑仍不够充分。为了应对电力电子装置故障期间的弱馈特性和频偏特性会降低差动保护的灵敏度，部分学者提出了故障分量综合阻抗法、基于内部正序电压/电流的故障分量相位差的差动保护方案、带制动特性的正序阻抗纵联保护方案、多源网络下差动保护与自适应电流保护相结合的方案和技术。上述保护原理均为基于集中参数模型的工频量保护，且易受系统拓扑结构、电源特性、线路参数等因素影响，仍有完善空间。

随着电力电子装置的大规模接入，受控制策略影响，故障前后新能源电源内电势不再恒定，且正、负序阻抗不相等，基于故障分量的纵联方向保护会误拒动。针对以上问题，不依赖电源特性的继电保护新原理是新型电力系统继电保护一个发展方向。

对于故障初瞬阶段，研究行波波前、暂态电气量故障信息的描述方法和提取技术，基于暂态电气量信息提出输电线路单端快速保护新原理。对于换流器动态调节阶段，可采用将贝瑞隆模型与集中参数模型融合迭代的方式，最大程度消除线路分布电容的影响；分析时域距离算法的算法误差，可采用拟合误差权重的方式，以提高暂态信息的利用率与准确率，达到增强算法稳定性与收敛速度的目的，构建不依赖电源特性的单端量继电保护新原理。

对于故障稳态，可使用小波变换分析暂态电压/电流的时/频特征差异，推导暂态电压/电流与线路参数、线路长度、折/反射系数的关系，建立暂态信息的分布规律。需要详细研究数据窗的选取原则，寻求扩大暂态特征差异的时/频分析方法。尝试采用拟合的方法提取暂态信息中仅反映故障位置且不受故障类型、过渡电阻影响的指数系数，得出基于指数系数的反时限特性方程，以此为依据计算反时限动作时间，从而实现自适应整定的反时限级差配合。利用已有的定时限过电流保护定值实现稳态确认，提出暂态排序、稳态确认的单端量后备保护新原理。

研究区内、外故障模型的差异，在此基础上提出不受故障类型影响、仅反映故障位置特征的故障特征模型，揭示区内、外故障模型本质差异。基于等效原则寻求模型误差的简单表征，在保证保护可靠性的前提下研究降低模型误差计算量的方法。研究系统噪声、谐波及衰减非周期分量影响消除技术及快速相量提取技术，构建不依赖电源特性的双端量继电保护新原理。

构造能反映故障特征差异的模型/参数特征，研究基于综合阻抗的母线保护新原理。对于变压器保护，需研究基于励磁电感参数识别的变压器保护原理，并提出励磁电感数值大小和波动性的变压器保护判据。针对电抗器保护新原理，为保证电抗器容量调节时模型/参数识别的准确性，需提出利用电抗器模型/参数辨识实时修正保护参数的算法。同时，还需关注时/频域信息快速获取特征参数的数学计算方法，谐波及衰减非周期分量、互感器传变特性、系统噪声等因素对参数计算误差和算法收敛性的影响。

新型电力系统主要继电保护新技术、新原理分布如图 8-8 所示。

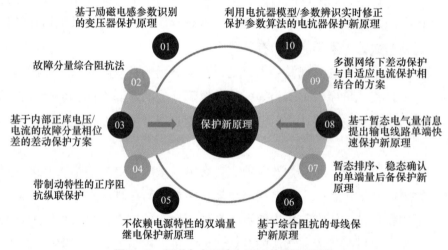

图 8-8　新型电力系统主要继电保护新技术

8.3.6　电力电子设备主动支撑保护需求的控保协同技术

高可控电力电子装备的本质为受控电源，通过改变其故障控制策略，可加强某些故障特征以满足现有交流保护辨识故障的需求，同时可利用控制系统主动注入信号构造保护。电力电子设备主动支撑保护需求的控保协同技术的研究主要包括：

（1）利用电力电子设备控制提升传统保护性能的研究。利用换流器的附加控制策略可以将其视为准线性系统，换流器表现出的某些故障特征适用于传统保护，进而提高传统保护性能。针对现有交流保护需求，通过附加控制使得电力电子装置表现出满足保护需求的相位、阻抗特征，通过电力电子化系统继电保护与多类型设备控制协同配合实现故障可靠灵敏判别。

（2）特征信号主动注入式保护研究。利用换流器的故障控制策略向系统注入特征信号，使得故障特征较其他条件下更具差异性，进而提高故障识别的可靠性和灵敏度。

（3）主动注入式故障性质判别和自适应重合闸研究。在重合闸和故障性质判别方面，在输电线路永久性故障判别时引入主动探测技术，能够实现控制与保护的融合，此法主要适用于故障动态调节阶段和故障稳态阶段。主动注入式自动重合闸主要分为利用换流器注入和利用直流断路器或辅助装置注入两大类。

（4）信号主动注入式保护在交流系统中的应用。研究不同故障阶段注入信号的选择原则、注入设备的选择依据、建立响应信号的选择原则以及响应信号与保护灵敏度的关联关系，并提出信号注入式保护在不同交流电网场景下的应用方案。

8.4 新型电力系统下自动化新技术

8.4.1 新能源友好并网与主动支撑技术

随着新型电力系统构建不断推进，"双高"电力系统特性愈发显著，随之而来的风电、光伏发电并网稳定问题愈发突出。风光发电友好并网、主动支撑控制的需求愈加迫切，成为影响高比例可再生能源电力系统安全运行的重要因素之一。

风光发电友好并网及主动支撑技术，通过优化机组布局及控制策略，一方面，提升风光发电对电网频率、电压波动的适应性，提高抗扰动能力；另一方面，通过内部算法实现风光发电机端电压和频率调节，可以"主动"地为电网提供必要的频率和电压支持，甚至提供构网支撑能力。

风光发电友好并网及主动支撑技术能够辅助电网故障恢复，为电网提供惯量、阻尼及电压支撑，在提高电力电子化电力系统稳定性、保障新能源高效消纳、提升系统弹性等方面发挥重要作用。目前，"跟网型"和"构网型"主动支撑技术主要从换流器控制的角度实现，但由于风电机组是机电耦合系统，机械系统在故障穿越、惯量与一次调频控制中的载荷冲击和应力约束对风电机组安全运行的影响不容忽视，而光伏发电前端无旋转惯性部件。同时，场群层面的主动支撑协同控制、"构网型"机组配置、海上风电送出技术，以及网源协调层面中对于随机波动性风光发电的状态感知、宽频谐振风险预警等方面的技术正在成熟。图 8-9 所示为新能源友好并网与主动支撑技术结构示意图。

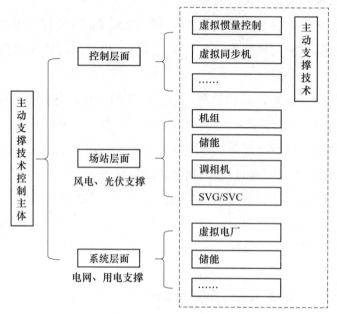

图 8-9　新能源友好并网与主动支撑技术

此外，"沙戈荒"地区、海上风电、"双高"电力系统、高比例分布式发电等典型电力系统下的风光发电主动支撑技术，正在从方法研究、关键设备研制、协调控制、网源协同等多方面开展。

8.4.2　新能源电量规划技术

电力系统规划技术是指研究未来一段时间内电力系统源网荷储各环节发展和建设方案的技术，包括规划仿真计算技术和规划分析技术等。

规划仿真计算技术主要从基于持续负荷曲线的、适应常规电源为主的电力系统随机生产模拟方法开展。基于时序负荷曲线和适应日调节平衡模式的电力系统时序生产模拟方法，能够评估新能源电力电量平衡情况，但随机生产模拟方法无法评估储能在电力电量平衡中的作用，无法考虑多时序、复杂时段耦合、网络传输容量约束等复杂情况。随着新能源占比逐步提升，考虑多源异构储能、新能源出力高度不确定性和需求响应的电力系统源网荷储一体化随机时序生产模拟方法的技术正在研究中，此技术有利于保障新型电力系统电力电量平衡分析的准确性。

规划分析技术方面，随着新能源和常规直流电源占比逐步提升，柔性直流、储能等新技术大规模应用，电力系统安全稳定特性和机理发生变化，针对新型电力系统面临的安全稳定问题，适应高比例可再生能源接入的频率、电压支撑和调节能力的评估指标和技术研究正在深入进行，能够构建柔性直流、构网型储能与交流电网的协调控制策略，为电网规划安全性评估提供技术支撑。

8.4.3 电力电量平衡优化技术

随着新能源电量占比的逐步提升，平衡能力供给与调节需求此消彼长，新型电力系统的供给与需求面临巨大挑战。

新能源发电受限于风光一次能源供给，经常面对"极热无风""晚峰无光"等矛盾性特点，在新能源出力较小期间，系统面临保障电力可靠供应难题。新能源发电具有短期大幅波动特征，为了跟随新能源波动，维持系统动态平衡，需要配置大量的调峰、备用资源。灵活性调节资源不足时，当新能源处于高发期，电力系统将面临新能源充分消纳难题。新能源发电强随机性、不可控性、一次能源供给多重性和叠加性、负荷波动性等随机性，会导致系统平衡点难以确定。

新型电力系统下维持电力电量平衡必须构建新型平衡体系，拓展平衡决策对象，将当前局部电网确定性的平衡决策方法调整为支撑全局一体化的随机+确定性平衡决策方法。

平衡机制技术方面，围绕"经济、低碳、节能"平衡目标的多样性、"时间、空间"平衡范围的广泛性、"发电、负荷"双向波动的不确定性，多时序滚动、多目标协调、多层级电网一体、源网荷储多要素协同的动态综合平衡体系技术研究正在开展。

平衡预警技术方面，风、光、煤、气等一次能源供给对发电能力的影响正在逐渐被量化，一次和二次能源联动分析模型的建立，将调节对象从单一的电源侧拓展至网源荷储等多元对象，挖掘负荷侧资源调节潜力，分布式负荷侧调节资源聚合方法的逐步提出，有助于多时间尺度电力电量平衡定量分析模型及平衡预警指标体系的建立。

平衡优化决策技术方面，提出发电检修安全管控多业务协调、源网荷储多元能源互动、多层级电网一体的大规模复杂约束优化模型构建技术；突破计及多重随机因素的优化调度模型构建及求解技术，提出模型数据交互驱动的电网前瞻优化调度方法，将数据驱动方法推演结果嵌入前瞻调度模型，提升电力系统应对不确定性的能力。

总之，新型电力系统中新型平衡模式的建立，其目的在于将源—荷双侧调节能力最大化发挥，大范围、多时空尺度、多控制对象的随机＋确定性平衡决策方法得到了突破，平衡业务由传统的电力电量分层分区平衡向全局优化的一、二次能源综合平衡转变，决策方式由人工经验确定向统筹优化决策转变，支撑实现新型电力系统调度组织全局化、多能协调智能化、电力生产低碳化和电能供应高可靠化。

8.4.4　电力大数据和云计算技术

先进的电力大数据和云计算技术，将在用电与能效、电力信息与通信、政府决策支持、电力需求侧领域发挥重要支撑作用。电力系统数据主要来源状态监测系统、数据采集与监控 SCADA 系统、营销系统、用电采集系统、企业资源计划系统等。在多源系统数据的基础上，基于电力大数据技术，可通过数据预处理、数据存储、数据计算和数据分析等关键技术进行电力业务大数据分析，有效解决电力数据源分布广泛、采集频率高、数据分析量大且处理时延和传输质量要求高的问题。

云计算可以提供无限的廉价存储和计算能力，为用户提供庞大的数据"云端"，通过海量信息的存储作为云计算的必要前提。"云"的本质在于系统本身的非实体化，能够为用户量身定制一台虚拟计算机，通过虚拟化技术作为云计算实现的关键技术。数据管理借助云计算中储存云、计算云、管理云等相关技术在基础设施、数据存储、提供计算能力、提供社交网络、协同办公等方面发挥的云计算基础支撑服务，能够实现利用计算机硬件和软件技术对数据进行有效的收集、存储、处理和应用。

8.4.5　电力设备数字孪生技术

数字孪生的一般概念是指以数字化的方式创建物理实体的多维度、多时空尺度、多学科、多物理量的动态虚拟模型，通过多源数据模拟物理实体在真实环境中的属性、行为、规则等，利用虚实交互联动、智能决策优化、跟踪回溯管理等手段，为物理实体升级或扩展新的功能需求。数字孪生的理念与技术最初形成于制造业，随着新一代信息技术、人工智能技术的兴起，世界各国均在大力推动制造业智能化转型、促进数字经济发展。目前，数字孪生已在城市、工业、电力、医疗、建筑等十余个领域、五十多个方向快速推广落地，这一理念技术已迅速成为工业界和学术界的研究前瞻与应用热点。数字孪生技术作为解决智能制造信息物理融合难题和践行智能制造理念与目标的关键使能技术，已成为推动新型电力系统数智转型的重要抓手。

虽然数字孪生的理念与共性技术相同，但不同领域对数字孪生的应用场景与攻克难题并不相同。面向新型电力系统电力设备的数字孪生可定义为一种由物理实体、数字实体、孪生数据、软件服务和连通交互构成的五维模型；电力设备数字孪生通过融合新一代信息技术，打破电力设备全生命周期包括设计 – 验证、制造 – 测试、交付 – 培训、运维 – 管控和报废 – 回收等环节之间呈现的开环壁垒，促进电力设备完成具有自感知、自认知、自学习、自决策、自执行、自优化等特征的数智化转型；通过数字孪生模型、孪生数据和软件服务等，基于人、机、物、环境一致性联动交互的机制，实现电力设备一体化多要素协同优化设计、智能制造、数字化交付、智能运检等目标，以扩展电力设备的功能，增强电力设备的性能和提升电力设备的价值。

8.4.6　人工智能技术

人工智能大模型技术是"大数据＋大算力＋强算法"结合的产物，包含预训练和大模型两层含义，即模型在大规模数据集上完成预训练后无须微调，或仅需要少量数据的微调，就能直接支撑各类应用，能够大幅提升人工智能的泛化性、通用性和实用性。人工智能大模型技术将人工智能从感知提升至理解、推理，甚至更多原创能力，具有参数量大、计算复杂度高、学习能力强等特点，能够在海量数据的支持下，实现更为准确、智能的任务处理和决策。

人工智能大模型技术的卓越表现得益于多项关键技术的支持配合，主要包括具有强大语言建模能力的大规模预训练模型，关注任务多样性的提示学习与指令微调技术，思维链推理能力，基于人类反馈的强化学习算法，以及为大模型训练提供算力、数据支撑的人工智能平台技术。

人工智能大模型技术在电力系统中具有广泛的应用前景，通过分析大量的电力资产与运行数据，可以用于电力负荷预测、电力市场交易决策、设备运维检修和智能调度决策等方面，提升系统效率、可靠性和安全性，为电力行业的智能化与可持续发展提供强大的技术支持。在实际应用中，需要结合电力系统的实际需求和特点，充分发挥人工智能大模型技术的优势，例如在电网调度运行方面、构建智能决策大模型框架，通过实时量测数据、镜像映射系统与人机混合增强的智能决策技术，为电网调度业务全流程提供仿真推演与辅助决策能力、保障电网智能决策的经济、高效、安全。在设备智能运检方面，通过建立电力设备运检业务预训练大模型，可以提高电力设备运检知识可检索、可生成等智能应用效果、推进电力设备健康状态综合评估、设备运行状态预测、设备缺陷识别与故障诊断、设备寿命评估与

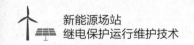
运检策略智能推荐等场景的智能化提升，在电力智能客服方面，通过智能客服问答"拟人化"、客户情感分析和意图识别，以及智能客服"智慧选代"，可以充分达成智能化客户服务的目标，尽可能地缓解人工座席的工作压力，实现工作效率及客户满意度的双重提升。

［1］国家电力调度通信中心．国家电网公司继电保护培训教材［M］．北京：中国电力出版社，2009.

［2］国家电力调度通信中心．电力系统继电保护实用技术问答［M］．2版．北京：中国电力出版社，2000.

［3］辛保安．新型电力系统与新型能源体系［M］．北京：中国电力出版社，2023.

［4］吴建明，魏毅立，张继红．基于有功电压正反馈防孤岛技术研究［J］．电气传动自动化，2017（2）．

［5］刘智亮，肖彪，陈锦华，等．光伏空调防孤岛方法探讨［J］．环境技术，2018，v.36；No.214（04）：100 – 104 + 111.

［6］王增平，林一峰，王彤，等．电力系统继电保护与安全控制面临的挑战与应对措施［J］．电力系统保护与控制，2023（6）．

［7］郑玉平，吕鹏飞，李斌，等．新型电力系统继电保护面临的问题与解决思路［J］．电力系统自动化，2023（22）．

［8］高洁，王彤，赵伟，等．提升电力系统安全稳定水平的风电光伏场站主动支撑技术发展及展望综述［J］．新型电力系统，2024（2）．

［9］景敏慧．电力系统继电保护动作实例分析［M］．北京：中国电力出版社，2012.